Theodor H. Erismann

# Grundprobleme der Kybernetik

*Zwischen Technik und Psychologie*

Zweite vollständig neubearbeitete Auflage

Mit 73 Abbildungen

Springer-Verlag
Berlin · Heidelberg · New York 1972

Prof. Dr. Theodor H. Erismann,
Eidgenössische Technische Hochschule, CH—8000 Zürich

Die erste Auflage erschien 1968 unter dem Titel
„Zwischen Technik und Psychologie"

ISBN-13:978-3-540-05821-2        e-ISBN-13:978-3-642-65386-5
DOI: 10.1007/978-3-642-65386-5

Alle Rechte vorbehalten.
Kein Teil dieses Buches darf ohne schriftliche Genehmigung des Springer-Verlages übersetzt oder in irgendeiner Form vervielfältigt werden.
© by Springer-Verlag Berlin · Heidelberg 1968 and 1972. Library of Congress Catalog Card Number 72-79324.
Die Wiedergabe von Gebrauchsnamen, Handelsnamen, Warenbezeichnungen usw. in diesem Werk berechtigt auch ohne besondere Kennzeichnung nicht zu der Annahme, daß solche Namen im Sinn der Warenzeichen- und Markenschutz-Gesetzgebung als frei zu betrachten wären und daher von jedermann benutzt werden dürften.
Herstellung: Konrad Triltsch, Graphischer Betrieb, 87 Würzburg

*Dem Andenken meines Vaters*

# Inhaltsverzeichnis

1. Vorwort . . . . . . . . . . . . . . . . . . . . . . 1
   1.1 Vorwort zur ersten Auflage . . . . . . . . . . . . . 1
   1.2 Vorwort zur zweiten Auflage . . . . . . . . . . . . 3

2. Präliminarien . . . . . . . . . . . . . . . . . . . . 6
   2.1 Definition und Illustration . . . . . . . . . . . . . 6
   2.2 Beziehungen zu anderen Wissenszweigen . . . . . . . . 7
   2.3 Vorgeschichte und heutiger Stand der Forschung . . . . . 8

3. Das Neuron als Mittel der Datenverarbeitung . . . . . . . . 11
   3.1 Die datenverarbeitende Funktion des Neurons . . . . . . 11
   3.2 Grundsätzlicher Aufbau eines Neuronenmodells . . . . . . 16
   3.3 Verhalten des Neuronenmodells und des Neurons unter verschiedenen Arbeitsbedingungen . . . . . . . . . . . . . . . . . 18
   3.4 Katalog der Funktionsmöglichkeiten eines Neurons . . . . 28

4. Synthese einfacher Neuronenschaltungen . . . . . . . . . . 31
   4.1 Bemerkungen zur Arbeitsmethode . . . . . . . . . . . 31
   4.2 Schaltungen für die Durchführung der logischen Grundoperationen . 33
   4.3 Die analog-digitale Doppelnatur des Neurons . . . . . . . 39
   4.4 Wichtige Elementarschaltungen . . . . . . . . . . . . 47
   4.5 Zeitmessung, Zählen, Integration, Differentiation . . . . . 49

5. Das Gedächtnis . . . . . . . . . . . . . . . . . . . 56
   5.1 Speicherungsmöglichkeiten ohne lernfähige Neuronen . . . 56
   5.2 Informationsspeicherung mit lernfähigen Neuronen beziehungsweise Synapsen . . . . . . . . . . . . . . . . . . . . . 60
   5.3 Intramolekulare chemische Informationsspeicherung . . . . 64
   5.4 Lernen und Vergessen . . . . . . . . . . . . . . . 67
   5.5 Bedingungen für die Organisation eines funktionstüchtigen Gedächtnisses . . . . . . . . . . . . . . . . . . . . . . 70
   5.6 Organisationsform „Lernmatrix" . . . . . . . . . . . 72
   5.7 Organisationsform „Holographie" . . . . . . . . . . . 77
   5.8 Organisationsform „Conjunctio rerum omnium" . . . . . . 84
   5.9 Kritische Betrachtung der dargelegten Organisationsformen . . 92

6. Gestaltserkennung . . . . . . . . . . . . . . . . . . 95
   6.1 Definitionen und Voraussetzungen . . . . . . . . . . 95
   6.2 Gestaltserkennung durch Koinzidenzvergleich mit einem gespeicherten Muster . . . . . . . . . . . . . . . . . . . . . 99

6.3 Gestaltserkennung durch Analyse nach Teilgestalten ...... 103
6.4 Gestaltserkennung durch Abtasten der Gestalt ........ 104
6.5 Gestaltserkennung durch Auswertung von Invarianzen ..... 107
6.6 Kritische Betrachtung der dargelegten Möglichkeiten der Gestaltserkennung und Versuch einer Synthese ........... 110
6.7 Bemerkungen zur akustischen Gestaltserkennung ....... 121

7. Leistungen komplexer Neuronenschaltungen ........... 125
7.1 Vorbemerkungen ................. 125
7.2 Datenaustausch zwischen unter- und übergeordneten Zentren ... 127
7.3 Parallelen und Unterschiede zwischen organischen und technischen Regelkreisen ................... 129
7.4 Wege ins Dunkel der „black boxes" ........... 135
7.5 Kybernetische Spitzenleistungen bei Tier und Mensch ...... 150
7.6 Verhaltensmodelle .................. 163
7.7 Bemerkungen zum Stand der Forschung .......... 166

8. Überblick der technisch-naturwissenschaftlichen Problemstellung .... 169
8.1 Auffüllen der Lücken in unserem Wissen .......... 169
8.2 Praktische Anwendungsmöglichkeiten kybernetischer Erkenntnisse . 170
8.3 Bau des Homunculus Sapiens Cybernetes .......... 173

9. Überblick der psychologisch-philosophischen Problemstellung ..... 176
9.1 Fragestellung nach Bewußtsein und Seele ......... 176
9.2 Bewußtsein als physikalisches Phänomen ......... 177
9.3 Bewußtsein als außerphysikalisches Phänomen ........ 180
9.4 Versuch einer Synthese ............... 183

10. Schlußbemerkungen .................. 186

Literatur ....................... 188

Namen- und Sachverzeichnis ................ 198

> Ce que nous sentons ... c'est qu'il
> nous faut prendre conscience de
> nous-même et de l'univers.
>
> SAINT-EXUPÉRY
> (Terre des Hommes)

# 1. Vorwort

## 1.1 Vorwort zur ersten Auflage

Wer sich intensiv mit kybernetischen Problemen befaßt, wird früher oder später unweigerlich an die Grenzen stoßen, die mangelndes Wissen seinen Bemühungen setzt. Diese Beschränkung liegt — wenigstens beim heutigen Stand der Forschung — in der Natur des behandelten Gegenstandes.

In der Tat ist die Kybernetik nicht nur eine sehr komplexe, sondern auch eine recht junge Wissenschaft. Viele Grundkenntnisse, die für eine erschöpfende Darstellung unentbehrlich wären, stehen uns heute noch gar nicht zur Verfügung. Beispielsweise sprechen wir gerne von den Analogien zwischen Denkprozessen und den Funktionen elektronischer Datenverarbeitungsanlagen. Dabei müssen wir uns aber eingestehen, daß bis zur Stunde noch nicht ein einziger Denkprozeß eines lebenden Organismus in seinen Hauptzügen — geschweige denn vollständig — als Aufeinanderfolge von Funktionen der Nervenzentren verfolgt und analysiert werden konnte. Ähnliche Beispiele ließen sich unschwer in großer Zahl finden. Verwiesen sei nur auf unsere Unkenntnis der Organisation des Gedächtnisses und vor allem auf die Tatsache, daß wir in der Erforschung des Grenzgebietes zwischen belebter und unbelebter Materie erst in den Anfängen stecken.

So kommt es, daß gerade der ernsthaft strebende Forscher die Begrenztheit seines Wissens erkennen und die Beschränkung auf Stückwerk als Gegebenheit hinnehmen muß. Mit um so größerem Interesse wird er die Arbeiten der kommenden Jahrzehnte verfolgen, deren Umfang das bisher Geleistete um ein Vielfaches übertreffen muß, wenn gesicherte Erkenntnisse auf einem zusammenhängenden Feld erwartet werden sollen.

Angesichts dieser Sachlage ist die Frage berechtigt, weshalb heute schon über die Grundfragen der Kybernetik geschrieben werden soll. Die Antwort ist einfach: Das behandelte Gebiet ist von so eminenter Bedeutung, daß Versuche einer zusammenfassenden (wenn auch keineswegs erschöpfenden) Betrachtung in jeder Entwicklungsphase vollauf gerechtfertigt erscheinen. Es ist nicht schwer, den Nachweis für die Wichtigkeit des Fragenkomplexes „Kybernetik" zu erbringen: Wir stehen an der Schwelle eines Wissenszweiges, der uns Aufschluß geben kann über die Funktionen des äußerst komplexen Apparates, welcher unsere höchsten Lebensfunktionen — und insbesondere das Denken — ermöglicht. Angesichts der großartigen Leistungen, zu denen dieser Apparat befähigt ist, kann es dem Techniker nicht gleichgültig sein, wie er organisiert ist. Es kann gar kein Zweifel darüber bestehen, daß eine vertiefte Kenntnis kybernetischer Zusammenhänge sich befruchtend auf analog gelagerte Gebiete der Technik auswirken muß.

Geradezu schicksalhaftes Gewicht erhält die Auseinandersetzung mit der Kybernetik für den Psychologen. Sollte eine vollständige kybernetisch-technische Durchleuchtung aller psychischen Vorgänge möglich werden, so sähe sich die Psychologie über weite Strecken in den Rang einer Sekundärwissenschaft degradiert, die sich mit dem integralen Zusammenwirken von Einzelfunktionen zu befassen hätte, deren Kenntnis die eigentliche und vielleicht einzige Grundlage psychologischen Wissens wäre. Die Psychologie verhielte sich dann zur Kybernetik ähnlich wie etwa die Strömungslehre zur Mechanik des Massenpunktes.

Es kann nicht ausbleiben, daß eine Wissenschaft, die auf weite Sicht sehr reale technische Fortschritte in Aussicht stellt und zugleich für mindestens ein hergebrachtes Wissensgebiet die Existenzfrage aufwirft, das Interesse breiter Kreise verdient, selbst wenn ihre Kompliziertheit eine Behandlung mit populärwissenschaftlichen Simplifikationen von vornherein weitgehend ausschließt.

Dieser Tatbestand war bei der primären Zielsetzung der vorliegenden Schrift wegleitend: Es soll versucht werden, die Grundlagen kybernetischer Denkungsweise in einer Form darzustellen, die auch dem nicht spezialisierten Leser ein Eindringen in die wesentlichen Zusammenhänge gestattet.

Dies soll keineswegs heißen, daß nicht auf einzelnen Teilgebieten bis zur Grenze des heute Erkennbaren vorgedrungen werden soll. Insbesondere wird versucht, an Hand von Beispielen den Nachweis zu erbringen, daß mit Neuronen als Basiselementen ebenso mühelos Funktionsschaltungen zusammengestellt werden können wie mit den Bausteinen der Analog- und Digitalrechentechnik (siehe Abschnitt 3). Die gewählten — durchwegs sehr einfachen — Beispiele, von denen einige neu sein dürften, sind so zusammengestellt, daß sie gewisse Möglichkeiten von Funktionsweisen anschaulich machen, die auf den ersten Blick so „primitiven" Organen wie den Neuronen nur auf dem Umweg über recht komplizierte Verkoppelungen zugemutet werden könnten.

Als letzte und vornehmste Aufgabe seiner Bemühungen betrachtet der Verfasser die Darlegung des psychosomatischen Grundproblems in kybernetischer Sicht. Hier dringt die Betrachtung auf philosophisches Gebiet vor mit der Frage nach Existenz und Wesen dessen, was unter die Begriffskategorien „Geist", „Bewußtsein" und „Seele" fällt. Diese Frage ist unausweichlich, wenn man — wie oben im Zusammenhang mit der Psychologie als Möglichkeit angedeutet — zur Vorstellung gelangen sollte, daß alle psychischen Vorgänge kybernetisch-technisch erfaßbar sind.

Auf den ersten Blick mag eine derartige Fragestellung spezifisch kybernetisch erscheinen. Sie ist es aber nur der Form, keineswegs dem tieferen Gehalt nach. Es zeigt sich nämlich, daß es sich hier um ein neues Gesicht der Auseinandersetzung handelt, die sich seit Menschengedenken um Determinismus und Indeterminismus im Zusammenhang mit dem psychosomatischen Grundproblem bewegt. Der neue Aspekt, den die Kybernetik hier zu bieten vermag, betrifft zunächst die (allerdings noch sehr entfernte) Aussicht auf eine vertiefte experimentell-analytische Durchleuchtung des Grenzgebietes von der physischen Seite her und — als letzte Konsequenz — die (noch viel utopischere, aber von vornherein nicht einfach zu ignorierende) Hoffnung auf synthetische Herstellung lebender, denkender und fühlender Organismen.

Lesern, die sich nicht gern mit der Entzifferung mathematischer Formeln und schematischer Schaltbilder befassen, kann das Überspringen der betreffenden Abschnitte unbedenklich empfohlen werden. Die übrigen Ausführungen bleiben trotzdem verständlich.

Schaffhausen, im Juli 1967                      THEODOR H. ERISMANN

## 1.2 Vorwort zur zweiten Auflage

Verschiedene neuere Forschungsergebnisse ließen es angezeigt erscheinen, einige Partien dieses ursprünglich unter dem Titel „Zwischen Technik und Psychologie (Grundprobleme der Kybernetik)" erschienenen Buches für die zweite Auflage gründlich zu überarbeiten. Hier seien kurz die betreffenden Teilgebiete erwähnt und gleichzeitig die Gesichtspunkte dargelegt, die bei der Vorbereitung der Neuauflage in erster Linie wegleitend waren.

Besonders interessante Arbeit wurde in den letzten Jahren auf zwei für die Kybernetik entscheidenden Gebieten geleistet: Einerseits sind die Kenntnisse über die Möglichkeiten irreversibler Veränderungen in den Synapsen wesentlich vorangekommen, ein Ereignis, dessen Bedeutung durch das gleichzeitige (wenn auch unabhängige) Auftauchen neuer Hypothesen über Organisationsstrukturen organischer Informationsspeicher akzentuiert wird; andererseits konnte da und dort ein partieller Einbruch in die terra incognita erzielt werden, die zwischen dem Einzelneuron und dem Gesamtorganismus besteht. Dementsprechend liegen die Schwerpunkte der Neubearbeitung auf den Kapiteln über das Gedächtnis und über komplexe Neuronenschaltungen.

Von nicht zu unterschätzender Bedeutung war angesichts der Breite des behandelten Stoffes die Auswertung der zahlreichen (in ihrer überwiegenden Mehrheit sehr wohlwollenden) Rezensionen. Die wenigen kritischen Äußerungen können in drei Gruppen eingeteilt werden: Fälle, in denen eine bestimmte Passage mißverstanden wurde; Fälle, in denen der Rezensent als Fachwissenschaftler eine ungenügende Darstellung des ihn speziell interessierenden Teilgebietes beanstandet (und in einem Fall sogar Mißverständnisse befürchtet); Fälle, in denen die ins Weltanschauliche gehenden Gedankengänge der letzten Abschnitte nicht akzeptiert werden. Während es wohl müßig gewesen wäre, ein philosophisches Streitgespräch mit den Kritikern der dritten Gruppe zu eröffnen, wurden die Bemerkungen der beiden anderen nach Möglichkeit beherzigt, indem einerseits verschiedene mißverstandene Stellen eine Neuformulierung erfuhren, andererseits da und dort vermehrtes Gewicht auf die explizite Darlegung der Zielsetzung des vorliegenden Buches gelegt wurde, die keineswegs in einem detaillierten Eingehen auf alle fachwissenschaftlichen Teilaspekte bestehen darf. Nicht zu helfen war allerdings dem Rezensenten, dessen Mißverstehen offenbar auf ein Nichtlesen zurückzuführen war. Denn anders wäre es kaum zu erklären gewesen, daß er dem Verfasser die Behauptung in die Schuhe schob, alles „Geistige" sei mit technischen Mitteln realisierbar und desgleichen auch der Bau eines künstlichen Menschen...

Nicht unerwähnt seien schließlich zwei Änderungen an der Aufmachung des Werkes: Einmal die Rochade, die am Titel vorgenommen wurde. Sie entsprang dem Wunsch des Verlages nach Verschiebung des entscheidenden Stichwortes „Kybernetik" vom Neben- in den Haupttitel. Angesichts der zunehmenden Verbreitung des Werkes ist dieser Wunsch gewiß berechtigt. Die zweite Änderung ist wichtiger. Sie betrifft die Einführung eines Sachregisters, das gerade im Hinblick auf den interdisziplinären Charakter und die Breite des behandelten Gebietes von einigem Nutzen sein dürfte.

## 1.2 Vorwort zur zweiten Auflage

Alle diese Maßnahmen berühren das zentrale Anliegen des Verfassers in keiner Weise. Dieses besteht nach wie vor im Versuch, auch dem nicht spezialisierten Leser die Grundzüge kybernetischer Denkungsweise zu vermitteln, die hier erstmals systematisch entwickelte Methode der Schaltungssynthese zu pflegen und in der philosophischen Betrachtungsweise bis zur Grenze des rational Erfaßbaren vorzudringen.

Zürich, im Dezember 1971 THEODOR H. ERISMANN

> Könnte man die Sprünge der Aufmerksamkeit
> messen, die Leistungen der Augenmuskeln, die
> Pendelbewegungen der Seele und alle Anstren-
> gungen, die ein Mensch vollbringen muß, um
> sich im Fluß einer Straße aufrecht zu halten,
> es käme vermutlich ... eine Größe heraus, mit
> der verglichen die Kraft, die Atlas braucht,
> um die Welt zu stemmen, gering ist, und man
> könnte ermessen, welche ungeheuere Leistung
> ein Mensch vollbringt, der gar nichts tut.
>
> ROBERT MUSIL
> (Der Mann ohne Eigenschaften)

## 2. Präliminarien

### 2.1 Definition und Illustration

Eine allgemein anerkannte Definition des Begriffes „Kybernetik" gibt es heute nicht. Gelegentlich wird Kybernetik als Wissenschaft von der Datenübermittlung und Datenverarbeitung in technischen Systemen und Organismen bezeichnet, nicht selten mit starker Betonung der technischen Seite. Werden auch noch die mit den genannten Funktionen verknüpften Regelkreise in die Definition einbezogen, liegt eine Verschmelzung mit dem Begriff „höhere Automatik" nahe. So ist es beispielsweise im osteuropäischen Raum üblich geworden, die beiden Worte praktisch als Synonyma zu verwenden.

In der vorliegenden Arbeit liegt das Schwergewicht eher auf dem Versuch, gewisse organische Phänomene aus ihrer Verwandtschaft mit ähnlichen technischen Phänomenen heraus verständlich zu machen, zugleich aber auch die Unterschiede der beiden Systemgruppen aufzuzeigen. Das läßt eine engere Fassung der Definition zweckmäßig erscheinen.

Die Kybernetik sei hier daher als die Wissenschaft von der Datenübermittlung und Datenverarbeitung in Organismen und von den entsprechenden Analogien zu technischen Systemen definiert. Das diesem Abschnitt vorangestellte Zitat umschreibt die Sachlage vielleicht weniger korrekt, aber sicher beträchtlich anschaulicher. Es darf daher als etwas wie eine inoffizielle Definition oder zumindest als wirksame Illustration betrachtet werden.

In der Tat ist es bei jeder ernsthaften Beschäftigung mit kybernetischen Problemen erforderlich, sich über das erstaunliche Niveau Rechenschaft zu geben, das schon allein auf dem Gebiet der regeltechnisch benötigten Datenverarbeitung in Organismen erreicht wird. Um bei dem vom Dichter so treffend gewählten Beispiel zu bleiben: Man stelle sich eine Maschine vor, die in der Lage wäre, die Leistungen eines Spaziergängers nachzuahmen, der nicht nur in aufrechter Haltung schreitend seinen Schwerpunkt hoch über einer bemerkenswert kleinen Stützfläche zu balancieren vermag, sondern diesen Bewegungsablauf, beeinflußt vorab durch optische und akustische Reize, so steuert, daß er den Gefahren eines regen Verkehrs ausweicht, Randsteine überwindet, den richtigen Weg nimmt, Pfützen umgeht, Bekannte grüßt, einer hübschen Frau nachsieht, den Fortschritt eines Neubaus registriert und vieles andere mehr.

Jede einzelne dieser Leistungen (etwa das Abschätzen der Möglichkeit einer Straßenüberquerung beim Herannahen eines Fahrzeuges oder gar die Unterscheidung einer hübschen von einer häßlichen Frau) würde bei maschineller Verwirklichung ein sehr kompliziertes Steuerungs- und Datenverarbeitungssystem bedingen, obwohl der betreffende Mensch „gar nichts tut", da seine höheren geistigen Fähigkeiten im Laufe des Spazierganges kaum nennenswert strapaziert werden.

## 2.2 Beziehungen zu anderen Wissenszweigen

Kybernetik ist keine in sich geschlossene Wissenschaft, die ohne Rücksicht auf angrenzende Gebiete behandelt werden könnte. Das Gegenteil ist der Fall: Kybernetik ist im eigentlichen Sinne eine Wissenschaft zwischen den Fakultäten. Diese Eigenschaft ist eine unmittelbare Folge der auftretenden Probleme.

Die Untersuchungen am lebenden Organismus gehen von Erkenntnissen der Neurologie und der Gehirnforschung aus, die ihrerseits ohne physikalisch-chemischen, biologischen und physiologischen Untergrund in der Luft hingen. Dabei läßt sich schon heute feststellen, daß speziell dem biochemischen Aspekt bis über die Grenze der Molekularbiologie hinaus besondere Aufmerksamkeit zu widmen sein wird.

Von der unbelebten Seite her ist es vor allem die Datenverarbeitung, die den Zugang zu kybernetischen Betrachtungen ermöglicht. Neben diesem jungen Zweig der angewandten (und technisierten) Mathematik sind naturgemäß auch die Regeltechnik, die Fernmeldetechnik und die Informationstheorie von entscheidender Wichtigkeit für das Verständnis kybernetischer Funktionsweisen.

Die Auseinandersetzung mit höheren Leistungen organischer Systeme führt unweigerlich zur Berührung mit den entsprechenden Wissenszweigen. Die Bedeutung eines solchen Kontaktes für die Psychologie (die hier unter Einschluß der Psychoanalyse gemeint ist) wurde schon im Vorwort kurz gestreift. In den gleichen Gesichtskreis gehören aber auch die Ergebnisse der Verhaltensforschung und — bei der Betrachtung von Defekten — diejenigen der Psychiatrie. Es ist klar, daß ein Stoff mit derart heterogenen Komponenten nur durch ein koordiniertes Team von Spezialisten umfassend im Sinne des gegenwärtigen Wissens behandelt werden könnte. Die bereits dargelegte Zielsetzung der vorliegenden Schrift verlangt eine solche Bearbeitung auf breitester Basis glücklicherweise nicht. Vielmehr sollen diejenigen Aspekte im Vordergrund stehen, die für das Verständnis der Grundprobleme entscheidend sind. Es wird daher von der Betrachtung der Nervenzelle aus der Sicht der Datenverarbeitung auszugehen und über einfache Verkoppelungen zu den Leistungen höherer organischer Schaltkreise vorzudringen sein, von wo der Übergang zur Beschreibung des Verhaltens und zum psychologisch-philosophischen Problemkreis erfolgen soll.

## 2.3 Vorgeschichte und heutiger Stand der Forschung

Schon vor dem zweiten Weltkrieg gab es technische Systeme (beispielsweise Kommandogeräte für die Fliegerabwehr), deren logischer Aufbau gewisse Analogien aufweisen mußte zu zentralnervösen Schaltkreisen, welche gelegentlich ähnliche Aufgaben zu bewältigen haben. Ein Beispiel: Bei einem schweizerischen Nationalsport, dem sogenannten „Hornussen", wird ein kleiner Ball von einem Spieler der einen Partei mit Hilfe eines speziellen Schlägers auf eine weite Flugbahn gebracht. Die Spieler der Gegenpartei stehen, mit entsprechend geformten Brettern bewaffnet, im überflogenen Gebiet verteilt. Ihre Aufgabe besteht darin, den Ball durch Hochwerfen der Bretter „abzuschießen". Die Analogie zur ballistischen Fliegerabwehr ist somit evident. Sie geht mit Sicherheit über die äußere Aufgabestellung hinaus: In beiden Fällen müssen Mittel vorhanden sein, um aus den gemessenen oder geschätzten Elementen des Zielflugweges (augenblickliche Lage, Bewegungsrichtung, Bewegungsgeschwindigkeit) die Elemente des eigenen Schusses oder Wurfes (Abschußrichtung, Schußdistanz) zu ermitteln, wobei es sich größtenteils um mehrdimensionale Größen handelt und eine Vorhersage der Lage des Zieles im Augenblick des Zusammentreffens mit dem eigenen Geschoß unerläßlich ist.

Trotz dieser offensichtlichen Analogie wurde in jener Zeit kein systematischer Versuch unternommen, allfälligen Ähnlichkeiten des organischen Apparates mit dem technischen System nachzugehen. Solche Ähnlichkeiten wären bei den damals verwendeten vorwiegend mechanischen Geräten auch

## 2.3 Vorgeschichte und heutiger Stand der Forschung

keineswegs augenfällig gewesen, so daß es heute durchaus nicht erstaunlich ist, wenn man die Dinge einfach auf sich beruhen ließ.

Die Situation mußte sich ändern, als mit der fortschreitenden technischen Entwicklung Systeme mit einem wachsenden Anteil elektrischer und elektronischer Komponenten herausgebracht wurden, welche unter anderem eine weitgehende Freizügigkeit in der räumlichen Anordnung (dank elektrischer Fernübertragung der Information) mit dem Nervensystem gemeinsam hatten. Diese Verwandtschaft, die sich übrigens in der äußerlichen Ähnlichkeit eines Nervenstranges mit einem Leitungskabel anschaulich manifestiert, war für die technische Vervollkommnung von großer Wichtigkeit, weil erst die Loslösung vom topographischen Zwang einer mechanischen Konstruktion (räumliche Nachbarschaft des logisch Zusammengehörigen) Systeme zu bauen gestattete, deren Kompliziertheit diejenige ihrer Vorgänger um ein Mehrfaches übertreffen konnte.

Diese zunehmende Kompliziertheit ging parallel mit einer entsprechenden Steigerung der sichtbaren Leistungen einher, die bei den ersten programmgesteuerten Rechenautomaten in Gebiete vordrangen, welche bislang als Reservate des Geistigen angesehen wurden. Es ist kein Zufall, daß journalistische Formulierungen wie „Elektronengehirn" der gleichen Epoche entstammen wie die ersten tastenden Schritte einer neuen Wissenschaft.

Es ist als Verdienst von NORBERT WIENER zu werten, daß er schon damals (ROSENBLUETH et al., 1943; WIENER, 1948/61, 1950) die Wichtigkeit der an sich ziemlich offenkundigen Analogien erkannte und die Grundlagen für eine wissenschaftliche Betrachtungsweise ableitete. Am Rande sei noch vermerkt, daß er den Namen „Kybernetik" (englisch „Cybernetics") einführte, der dem Griechischen ($\kappa\upsilon\beta\varepsilon\varrho\nu\acute{\eta}\tau\eta\varsigma$ = Steuermann) entlehnt ist. Etwa gleichzeitig verfolgte ASHBY (1952) völlig unabhängig ähnliche Gedankengänge. Erste Anläufe in Deutschland (SCHMIDT, H., 1941) gelangten nicht über rein regeltechnische Betrachtungen hinaus (HENN, 1971).

Die so entstandene „Steuerungskunde" hat in der Zwischenzeit eine bedeutsame Entwicklung nach verschiedenen Richtungen hin durchgemacht. Träger dieser Entwicklung waren auf der einen Seite in erster Linie Spezialisten der Fernmeldetechnik und der Datenverarbeitung, auf der anderen Neurologen und Molekularbiologen. Dagegen ist die äußerst wichtige (und in mancher Hinsicht verlockende) Einschaltung der Verhaltensforscher, Psychologen und Philosophen bisher nur in völlig ungenügendem Maß erfolgt.

Wollte man heute eine graphische Darstellung des Erreichten entwerfen, die Ähnlichkeit mit einer Karte von Afrika aus der Mitte des 19. Jahrhunderts wäre auffallend: Von verschiedenen Seiten her sind Randgebiete erforscht, die zum Teil untereinander in Kontakt stehen. Weite Flächen des

Inneren sind aber unberührtes Neuland, dessen Durchquerung von einem Ende zum anderen einstweilen nicht geglückt ist. Das ist auch nicht verwunderlich, denn obgleich einerseits die datenverarbeitende Funktion der Nervenzelle einigermaßen bekannt ist und andererseits die integralen Leistungen des gesamten Nervensystems uns eindrücklich vor Augen stehen, liegt dazwischen als Hindernis die Tatsache, daß Neuronenschaltungen aus Tausenden und Abertausenden von einzelnen Zellen bestehen, die äußerst klein und empfindlich sind, so daß eine experimentelle Erforschung ihrer Tätigkeit am lebenden Organismus höchste Anforderungen stellt.

Die Analyse dieser Schaltkreise, die sich ohne Zweifel häufig als übergeordnete Kombinationen relativ einfacher Teilschaltungen herausstellen werden, sowie das Erarbeiten einer entsprechenden Systematik wird eine wesentliche Aufgabe zukünftiger Untersuchungen darstellen.

> Im plumpen Körper der Großen Ameise (d. h. des Menschen)... sind die hypertrophierten Augen und die entarteten Ohren durch eine dritte Größe verkoppelt, die die Große Ameise das Gehirn nennt... Um diese Mißbildung nachzubilden, haben wir unsere Denkspezialisten züchten müssen. Bei diesen ist der Kopf nur noch mit Zerebralsubstanz vollgestopft...
>
> ADRIEN TUREL
> (Reise einer Termite zu den Menschen)

## 3. Das Neuron als Mittel der Datenverarbeitung

### 3.1 Die datenverarbeitende Funktion des Neurons

Das organische System, das nach dem heutigen Stande unseres Wissens in erster Linie zur Lösung von Datenverarbeitungsaufgaben geeignet erscheint, ist das Nervensystem. Von einer Ausschließlichkeit in dieser Hinsicht zu sprechen wäre aber unvorsichtig. Denn in letzter Konsequenz kann jede regeltechnische Operation, ja überhaupt jede gesetzmäßig ablaufende organische Reaktion als Datenverarbeitung angesehen werden, sofern dieser letztere Begriff nur weit genug gefaßt wird (beispielsweise als „gesetzmäßig erfolgende Umwandlung von außen an ein Organ herankommender physikalischer Daten in andere, die nach außen abgegeben werden"). Daß sehr komplizierte Systeme dieser Art tatsächlich bestehen, bei denen die Nerven nicht (oder nicht allein) mitwirken, erkennt man beispielsweise bei der Betrachtung des Zusammenwirkens der Hormone untereinander oder in Kombination mit anderen Teilen der „chemischen Fabrik", die jeder Organismus darstellt.

Es besteht aber kein Zweifel darüber, daß das Nervensystem im vorliegenden Zusammenhang eine Sonderstellung einnimmt. Diese Tatsache ist auf die folgenden Eigenschaften zurückzuführen, die die Nervenzelle (das Neuron = Ne) gegenüber anderen Körperzellen auszeichnen und die sich durchwegs — mutatis mutandis — in den Elementen der von Menschenhand geschaffenen Datenverarbeitungstechnik wiederfinden:
1. Das Ne ist klein. Sein Durchmesser beträgt im allgemeinen einige Tausendstel- bis Hundertstelmillimeter. Millionen von Ne lassen sich auf engstem Raum unterbringen. Ihre Zahl im menschlichen Gehirn liegt etwas über $10^{10}$. Bedenkt man, daß dies einem elektronischen System

mit fast $10^{11}$ Transistoren entspricht, so kann man ermessen, wie weit die Natur der menschlichen Technik auf dem Gebiet der Miniaturisierung überlegen ist.
2. Das Ne ist räumlich anpassungsfähig. Seine äußere Form kann fast kugelförmig geballt, aber auch fadenartig gestreckt sein und zudem fast beliebige Verästelungen (Dendriten) aufweisen. Innerhalb einer Massierung (eines Ganglienknotens) können die einzelnen Ne einander in fast beliebiger Anordnung an fast beliebig vielen Stellen berühren. Die Analogie zur Kombination elektrischer Schaltelemente mit den dazugehörigen Leitungen ist offensichtlich.
3. Das Ne ist funktionell anpassungsfähig. Unter gewissen Umständen kann es durch einen einzigen Signalimpuls in Tätigkeit gesetzt werden; unter anderen sind dazu Tausende von Signalen erforderlich. Wieder besteht eine Analogie zu den verschiedenen Eingangsdaten elektronischer Schaltungen.
4. Das Ne ist schaltungstechnisch anpassungsfähig. Es kann einen einzigen Eingang, aber auch Tausende davon besitzen, also mehr als die bisher gebauten elektronischen Schaltelemente.
5. Das Ne ist in seiner zeitlichen Reaktion anpassungsfähig. Die Zeit zwischen dem Eintreffen eines Reizes und der nach außen abgegebenen Reaktion liegt normalerweise in der Größenordnung von einigen Millisekunden. Sie kann aber ein Vielfaches davon betragen. Insbesondere scheint schon auf der Stufe des einzelnen Ne oder darunter die Möglichkeit zu bestehen, Reize über längere Zeit aufzubewahren und erst nach Jahren „auf Anfrage" abzugeben. Hier (und nur hier) hat die Technik den lebenden Organismus überholt, indem Elemente mit Schaltzeiten von Nanosekunden (also $10^6$mal schneller als beim Ne) zur Verfügung stehen, daneben auch solche für unbegrenzte Dauer der Informationsspeicherung.
6. Das Ne kann in genormtem Informationscode arbeiten. Die Signale, die vom Ne als Reize empfangen werden, sind ihrem Wesen nach gleichartig denen, die es als Signale aussendet. Ne können also mit gleicher Leichtigkeit zu Schaltungen zusammengesetzt werden wie die genormten Komponenten eines analog oder digital arbeitenden Rechengerätes.
7. Das Ne verhält sich energetisch aktiv. Die zur Erzeugung der Ausgangssignale erforderliche Energie wird nicht etwa den Eingangssignalen entnommen, sondern stammt aus dem internen elektrochemischen Haushalt des Ne. Dieses hat man sich also als gesteuerten Energiewandler mit Verstärkungseffekt vorzustellen. Diese Tatsache ist für das Funktionieren von Neuronenschaltungen von ausschlaggebender Bedeutung. Nur

## 3.1 Die datenverarbeitende Funktion des Neurons

mit Verstärkung ist es möglich, vom Ausgang eines Ne die Energie für die Beeinflussung der Eingänge einer Vielzahl anderer Ne zu beziehen, was zur Sicherstellung der nötigen Freizügigkeit in den Schaltungskombinationen unerläßlich ist.

In der Folge sollen die Gegebenheiten beleuchtet werden, die das Ne zu einem Datenverarbeitungselement par excellence machen. Es wird sich zeigen, daß nicht nur eine Weiterleitung von Signalen, sondern eine eigentliche Verarbeitung, also eine Umformung möglich ist. Dagegen sollen der anatomische Aufbau des Ne und die physikalisch-chemischen Details der Vorgänge in seinem Inneren nur so weit gestreift werden, als dies für ein globales Verständnis der damit verbundenen datenverarbeitenden Funktio-

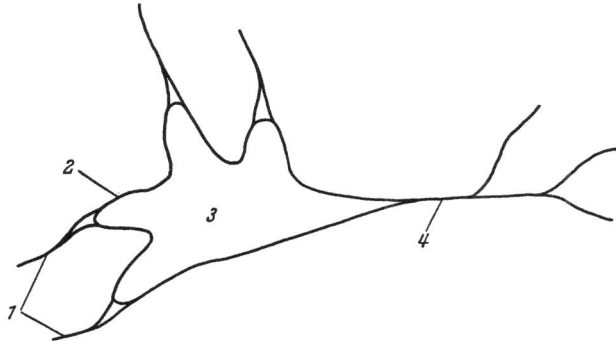

Abb. 1. Stark schematisierte Darstellung eines Neurons. 1 = Signal-Eingänge mit Anschluß durch Synapsen. 2 = Zellmembran. 3 = Zellkörper. 4 = Signal-Ausgang (Axon) mit Verzweigungen

nen unbedingt notwendig ist. Angesichts der Zielsetzung dieser Arbeit wird also das Ne hier in anatomischem und physikalischem Sinn weitgehend als „black box" behandelt. Eingehendere Angaben über das auf diese Weise ausgeklammerte Gebiet sind — zum Teil auch mit Bezug auf datenverarbeitende Funktionen — sowohl in der spezialisierten Literatur als auch in Sammelwerken zu finden (AKERT/WASER, 1969; ECCLES, 1957, 1964; FISCHER, 1971; FLECHTNER, 1966; HODGKIN/HUXLEY, 1952; KATZ, 1966; KÜPFMÜLLER, 1959; KÜPFMÜLLER/JENIK, 1961; LEIBOVIC/SABAH, 1969; NISHI/KOKETSU, 1960; TERZUOLO/BAYLY, 1968; THOENEN et al., 1969).

In solchermaßen vereinfachter Darstellung (siehe Abb. 1) kann man den Zellkörper mit seinen Dendriten als Behälter betrachten, der von der Zellmembran umschlossen ist. Außerhalb der Membran befinden sich die Signal-

Eingänge (Synapsen), aus dem Zellinneren entspringt der Signal-Ausgang (das Axon), der sich in mehrere Zweige teilen kann.

Die ankommende Information wird dem Ne durch elektrische Impulse zugeführt, die an den Eingängen eintreffen. Dabei erfolgt der Impulstransport weniger durch elektrische Leitung als durch komplizierte elektrochemische Vorgänge, deren Erforschung noch nicht abgeschlossen ist. Seinerseits gibt das Ne am Ausgang gleichgeartete Impulse ab, die demzufolge als Eingangsimpulse anderer Ne wirken können. Dank der Vielzahl seiner Synapsen (bis zu vielen Dutzenden, ja bei gewissen Zellen bis zu Zehntausenden) und der Verzweigung seines Ausganges kann jedes Ne nicht nur die Information mehrerer anderer Ne verarbeiten, sondern auch seine Ausgangsinformation mehreren anderen Ne weitergeben.

Jeder Eingang eines Ne wirkt entweder erregend oder hemmend auf die Tendenz zur Abgabe eigener Impulse. Ein Eingang kann nur erregend oder nur hemmend wirken. Was in der Folge über die Wirkung eines erregenden Einganges gesagt wird, gilt in umgekehrtem Sinn auch für einen hemmenden. Ein Ne sendet entweder nur erregende oder nur hemmende Impulse aus.

Betrachtet man — wiederum in einer gegenüber den erwähnten eingehenderen Darstellungen vereinfachten, aber vom Standpunkt der Datenverarbeitung ausreichenden Form — zunächst den Einfluß eines einzigen erregenden Einganges auf ein Ne, so stellt man folgendes fest: Die ankommenden erregenden Impulse bewirken in der betreffenden Synapse die Bildung sogenannter „Übertragerstoffe", welche die Eigenschaft haben, einen elektrischen Strom durch die Zellmembran hervorzurufen, der seinerseits zu einer Veränderung der elektrischen Spannungsverhältnisse in der Zelle führt. Wird dabei eine bestimmte Schwelle — die Zündschwelle — überschritten, so gibt das Ne an seinem Axon einen Impuls ab, es „feuert". In der Folge ist das Ne während einer bestimmten Zeit, der Refraktärzeit, nicht in der Lage, weitere Impulse abzugeben; es ist gesperrt.

Der Spannungszustand in der Zelle hat — abgesehen von der Beeinflussung durch ankommende Impulse — die Tendenz, sich im Sinne einer Annäherung an den Ruhezustand abzubauen. Dabei ist die Änderungsgeschwindigkeit etwa proportional der jeweiligen Abweichung vom Ruhezustand, so daß ein exponentieller Verlauf in Funktion der Zeit entsteht.

Das Verhalten des Ne als Mittel der Datenverarbeitung (sofern es für die nachfolgenden Ausführungen von Belang ist) wird durch das Zusammenwirken des soeben dargelegten Entladungsvorganges mit dem Einfluß erregender und hemmender Eingänge bestimmt. Da die Eingangssignale sich infolge des Impulscharakters der ankommenden Information fast sprung-

## 3.1 Die datenverarbeitende Funktion des Neurons

haft auswirken, während die Entladung langsamer erfolgt, ergibt sich ein charakteristischer Spannungsverlauf im Ne, wie in Abb. 2 dargestellt. Da die „Apparatekonstanten", nämlich die Zündschwelle, die Refraktärzeit und die Zeitkonstante der Entladung von Fall zu Fall verschiedene Werte annehmen können, besteht die Möglichkeit einer recht verschiedenartigen Funktionsweise und damit auch der Anpassung an verschiedene Erfordernisse. Die theoretisch-mathematische Untersuchung dieser Verhältnisse ist nicht ganz einfach, weil die verschiedenen Phasen des Funktionsablaufes einzeln behandelt werden müssen. Daher sind — vorab um 1960 — verschiedene Neuronenmodelle gebaut worden (FREYGANG, 1959; FUKUTOME

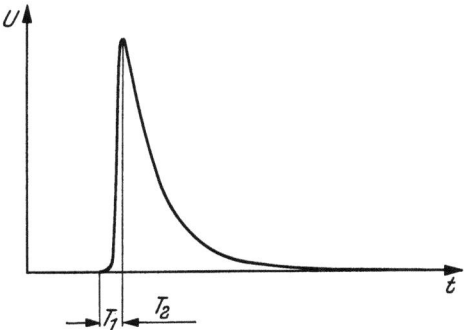

Abb. 2. Charakteristischer Spannungsverlauf in einem Neuron bei Empfang eines Eingangsimpulses. $U$ = Spannung. $t$ = Zeit. $T_1$ = Dauer der Aufladung durch den Eingangsimpuls. $T_2$ = Entladung

et al., 1963; HARMON, 1959, 1961; HILTZ, 1963; JENIK, 1962; KÜPFMÜLLER, 1959; KÜPFMÜLLER/JENIK, 1961; MAZZETTI et al., 1962; McCULLOCH/PITTS, 1943; MINSKY, 1953), die zwar gewiß Simplifikationen gegenüber lebenden Ne darstellen, dafür aber ein müheloses empirisches Studium des Verhaltens unter verschiedenen Umständen gestatten. Diese Arbeitsweise weicht nur langsam der Simulation auf digitalen Computern (JENIK/HOEHNE, 1966; PERKEL, 1964; v. SEELEN, 1968; THOMPSON, 1969; UHLEMANN/v. SEELEN, 1970), obwohl sie beim heutigen Stand der Dinge ohne Zweifel aufwendiger ist. Wahrscheinlich spielt dabei die häufig gemachte Erfahrung mit, daß der Nichtmathematiker dem anschaulich arbeitenden Analogmodell gerne den Vorzug gegenüber der höhere Abstraktion bedingenden digitalen Anlage gibt. Voraussetzung ist allerdings eine ausreichende Leistung des Modells, die bei steigender Komplexität der gestellten Aufgaben immer schwerer zu erreichen ist. Für Schaltungsexperimente größeren Ausmaßes ist daher der Übergang zum Großcomputer unvermeidlich.

Angesichts der in der Literatur (HARMON, 1961) bereits vermerkten Tatsache, daß das Modell heute besser bekannt ist als das lebende „Original", soll das Verhalten beider erst nach einer grundsätzlichen Beschreibung der Modelltechnik besprochen werden.

## 3.2 Grundsätzlicher Aufbau eines Neuronenmodells

Es ist nicht erstaunlich, daß der überwiegende Teil der bisher gebauten Neuronenmodelle mit elektronischen Mitteln arbeitet. Ältere Ausführungen waren noch mit Röhren bestückt. Seit etwa 1960 sind Transistoren als normal zu bezeichnen. Dabei wurde gelegentlich versucht, neben den oben dargelegten Funktionsweisen noch weitere einzubauen, die dem Ne vielleicht zukommen, beispielsweise eine Lernfähigkeit, die sich in einer Senkung der Zündschwelle für Impulse manifestiert, welche in großer Häufigkeit immer an ein und demselben Eingang empfangen werden (MAZZETTI et al., 1962).

Grundsätzlich sind auch elektrochemische Neuronenmodelle möglich (LILLIE, 1936), die in ihrem inneren Aufbau dem lebendigen Ne sicher näher kommen als die elektronischen. Wenn sie einstweilen als Außenseiter zu betrachten sind, so ist dies auf die Tatsache zurückzuführen, daß sie nicht in gleichem Maße auf die ausgefeilte Technologie der Erzeugnisse eines großen Industriezweiges gestützt werden können. In der Folge soll sich die Betrachtung daher auf ein elektronisches Modell beschränken.

Der grundsätzliche Aufbau der meisten elektronischen Neuronenmodelle ist wenigstens auf der Eingangsseite ziemlich einheitlich: Die Eingangsleitungen werden über hochohmige Eingangswiderstände an eine Sammelleitung gelegt, die vermittels eines RC-Gliedes mit der Erde verbunden ist (siehe Abb. 3). Dieses RC-Glied wird so bemessen, daß die gewünschte Zeitkonstante für die Entladung der Zelle entsteht. Dabei dient das Erdpotential als Ruhepotential. Natürlich muß darauf geachtet werden, daß der Widerstand des RC-Gliedes niedriger ist als alle übrigen an der Sammelleitung angeschlossenen Widerstände, damit der Entladungsvorgang in gewünschter Weise erfolgen kann.

Wird das Modell über seine Eingänge von Impulsen angesteuert, deren Potential gegenüber dem Ruhepotential positiv oder negativ ist, so entsteht durch das Zusammenwirken dieser Impulse mit der Entladung über das RC-Glied in der Sammelleitung ein Potentialverlauf, der qualitativ demjenigen der Abb. 2 entspricht und somit auch dem Spannungsverlauf in einem arbeitenden Ne.

## 3.2 Grundsätzlicher Aufbau eines Neuronenmodells

Der über einen weiteren hochohmigen Widerstand an der Sammelleitung angeschlossene Multivibrator ist in seinem materiellen Aufbau komplizierter als in seiner Logik, weshalb er in Abb. 3 nur als „black box" dargestellt ist. Seine Funktion ist eine doppelte: Einerseits sendet er einen Impuls in die Ausgangsleitung des Modells, sobald das Potential der Sammelleitung einen bestimmten Schwellwert überschreitet, der die Zündschwelle des Ne reprä-

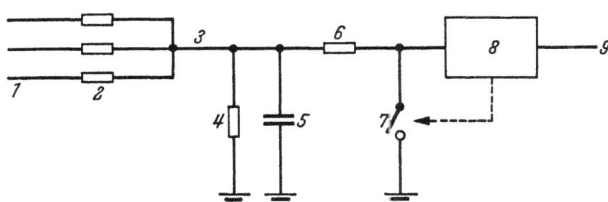

Abb. 3. Vereinfachte Darstellung des Funktionsprinzips eines elektrischen Neuronenmodells. 1 = Signaleingänge. 2 = Eingangswiderstände (hochohmig). 3 = Sammelleitung. 4 = Widerstand des RC-Gliedes (niederohmig). 5 = Kapazität des RC-Gliedes. 6 = Eingangswiderstand des Multivibrators (hochohmig). 7 = Hilfsschaltung zur Sperrung während der Refraktärzeit (als Schalter schematisiert). 8 = Multivibrator. 9 = Signalausgang

sentiert. Das Vorzeichen dieses Impulses gegenüber dem Ruhepotential ist für ein bestimmtes Modell stets ein und dasselbe und richtet sich nach der über die Definition der Signale als „erregend" oder „hemmend" zu treffenden Konvention. Andererseits sorgt eine Hilfsschaltung dafür, daß der Eingang des Multivibrators nach Abgabe eines Impulses während der Refraktärzeit an Erde gelegt wird, so daß während dieser Zeit keine weiteren Impulse an den Ausgang des Modells abgegeben werden können.

Damit entspricht das Verhalten des Modells den im vorhergehenden Abschnitt dargelegten Forderungen. Unter der (im nächsten Abschnitt näher zu kommentierenden) Annahme, daß diese Forderungen die datenverarbeitenden Funktionen des Ne wenigstens qualitativ in einigen wesentlichen Grundzügen umschreiben, kann das Modell für die Untersuchung der Arbeitsweise des Ne herangezogen werden. Eine Betrachtung dieser Verhältnisse wird im folgenden Abschnitt durchgeführt, der sich vor allem auf die systematischen Arbeiten KÜPFMÜLLERs und seiner Mitarbeiter (BECKER, 1966; KÜPFMÜLLER, 1959; KÜPFMÜLLER/JENIK, 1961) stützt, wobei aber versucht werden soll, die verschiedenen Funktionsweisen ohne Verwendung umständlicher mathematischer Formulierungen verständlich zu machen. Die durchgeführten empirischen Untersuchungen bestätigen übrigens den dargelegten Gang der Überlegung, wie auch das Verhalten des Modells mit demjenigen gewisser lebender Ne gut übereinstimmen soll (GRÜSSER et al., 1962).

Am Rande sei noch vermerkt, daß ein Neuronenmodell der beschriebenen Art heute mit sechs Transistoren hergestellt werden kann. Diese Angabe vermittelt eine Idee vom erforderlichen Aufwand für Schaltungsversuche.

## 3.3 Verhalten des Neuronenmodells und des Neurons unter verschiedenen Arbeitsbedingungen

Um Mißverständnissen vorzubeugen, muß diesem Abschnitt eine Warnung vorangestellt werden: Es wird hier keineswegs der Anspruch erhoben, das dargelegte Modell liefere ein vollständiges Bild aller datenverarbeitenden Funktionsmöglichkeiten eines Ne beliebigen Typs. Angesichts gewisser Hinweise — zum Beispiel auf die im Zusammenhang mit dem Gedächtnis zu diskutierende Lernfähigkeit oder auf den Einfluß der topographischen Anordnung der Synapsen (ANDERSEN, 1966; ECCLES, 1964) — wäre eine solche Vorstellung nicht haltbar. Dem Verfasser geht es in den folgenden Abschnitten vielmehr um den Nachweis der praktisch unbegrenzten Vielfalt von Funktionsweisen, die selbst bei Beschränkung auf das hier berücksichtigte (wahrscheinlich sehr unvollständige) Repertoire des einzelnen Ne zugänglich sind. Mit anderen Worten: Jede Beobachtung einer komplexeren Datenverarbeitung im Einzelneuron entwertet nicht etwa die in der Folge betrachteten (oft hypothetischen) Schaltungskombinationen. Sie kann aber eine Vereinfachung der einen oder anderen Schaltung mit sich bringen.

Bevor auf Einzelheiten des Verhaltens eingegangen wird, muß festgelegt werden, welche Arbeitsgrößen in den Ne zur Lösung von Datenverarbeitungsaufgaben verwendet werden. Es ist seit langem bekannt, daß die Signale in Nervensträngen in Paketen von mehreren Impulsen übertragen werden, wobei wachsende Erregung sich durch eine größere Anzahl von Impulsen pro Paket und/oder eine raschere Aufeinanderfolge der Pakete manifestieren kann. Daher wird im allgemeinen angenommen, daß die mittlere Impulsfrequenz als Maß für die Stärke des übertragenen Signals zu betrachten ist und somit die Rolle einer Analoggröße im Sinne eines Rechengerätes spielt. Von einer strengen Proportionalität kann allerdings aus zwei Gründen nicht gesprochen werden: Einmal, weil gelegentlich ein einziger Impuls — also ein diskretes Ereignis — eine Reihe von weiteren Operationen auslösen kann (siehe Diskussionsbeiträge in ECCLES et al., 1966). Zum zweiten, weil auch bei völliger Ruhe, etwa im Schlaf, eine gewisse Tätigkeit der Ne aufrechterhalten bleibt (MORUZZI, 1966). Offen bleibt auch die Frage, ob es sich hier um die einzige Möglichkeit einer Darstellung in Ana-

## 3.3 Verhalten des Neuronenmodells und des Neurons

logform handelt, wie dies von verschiedenen Autoren angenommen wird (GRÜSSER et al., 1962; MCKEAN et al., 1970). Daß die Amplitude und die Energie eines Impulses kaum allein maßgebend sein dürften, erscheint plausibel, wenn man bedenkt, daß es Ausgänge gibt, die nur einen Eingang bedienen, neben solchen, die an eine ganze Anzahl angeschlossen sind; zudem besteht nach neueren Forschungsergebnissen (THOENEN et al., 1969) eine von Enzymen beeinflußte Anpassungsfähigkeit der Eingänge (durch Regelung der Zündschwelle), was die Möglichkeit der Verwendung der Amplitude oder der Energie als informationstragender Größen stark relativiert, wenn auch keineswegs ausschließt. BARLOW (1963) weist hingegen darauf hin, daß beim stereophonischen Hören Zeitdifferenzen beträchtlich unterhalb von $10^{-4}$ s wahrgenommen werden, die bei Impulsfrequenzen der üblichen Größenordnung (unter $10^3$ Hz) den Aufbau einer Impulsfrequenz als Meßgröße zumindest in unmittelbarer Form nicht gestatten, so daß wohl auch die gegenseitige Phasenlage zweier Impulse eine Rolle spielen kann. [Auch bei der Übertragung akustischer Signale im Frequenzbereich oberhalb des mit Ne direkt zu bewältigenden Bandes dürfte nach WEVER (1949) eine Parallelschaltung mehrerer Fasern mit „verteilten Phasen" vorliegen. Für Einzelheiten siehe Abschnitt 6.7.]

An geeigneter Stelle soll dem wichtigen Problem der analog-digitalen Doppelnatur des datenverarbeitenden Ne eine spezielle Betrachtung (Abschnitt 4.3) gewidmet werden. Hier sei lediglich festgehalten, daß die geschilderte Analogform mit großer Wahrscheinlichkeit nicht die einzige, gewiß aber eine sehr wichtige Darstellungsmöglichkeit für die verarbeiteten Daten ist.

Die einfachste Arbeitsweise eines Ne besteht in der Weitergabe eines einzelnen erregenden Eingangssignals. Auch hier liegt schon eine einfache Datenverarbeitung vor, weil es sich keineswegs immer um eine unveränderte Weitergabe im Sinne eines Relaisverstärkers handelt.

Betrachtet man zunächst unterschwellige Impulsfolgen, das heißt solche, bei denen ein einzelner Eingangsimpuls nicht in der Lage ist, das Ne zur Abgabe eines Ausgangsimpulses anzuregen, so stellt man fest, daß bis zu einer bestimmten Frequenz überhaupt keine Ausgangsimpulse entstehen, selbst wenn die Eingangsimpulse nicht Pakete, sondern eine ununterbrochene Folge bilden. Dies ist immer dann der Fall, wenn die Entladung zwischen zwei aufeinanderfolgenden Impulsen genügend wirksam ist, um einen Gleichgewichtszustand aufrechtzuerhalten, der dauernd unterhalb der Zündschwelle liegt (siehe Abb. 4). Bei Erhöhung der Impulsfrequenz steigt dieser Gleichgewichtszustand, so daß die Spannungsspitzen nach den einzelnen Impulsen über der Zündschwelle liegen. Bei kurzen Impulspaketen muß eine Auslösung von Ausgangsimpulsen immer noch nicht einsetzen; bei ununterbrochener Impulsfolge dagegen tritt eine Weitergabe jedes eintreffenden Impulses ein (siehe Abb. 5). In diesem Bereich ist die Frequenz der Ausgangsimpulse offenbar nicht eine eindeutige Funktion der mittleren Eingangs-

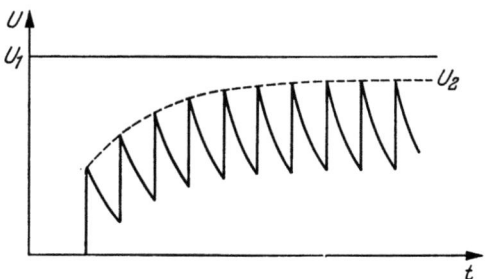

Abb. 4. Beispiel eines stark unterschwelligen Spannungsverlaufes in einem Neuron. Die Spannung bleibt ständig unterhalb der Zündschwelle. $U$ = Spannung. $U_1$ = Zündspannung. $U_2$ = Hüllkurve des Spannungsverlaufes. $t$ = Zeit

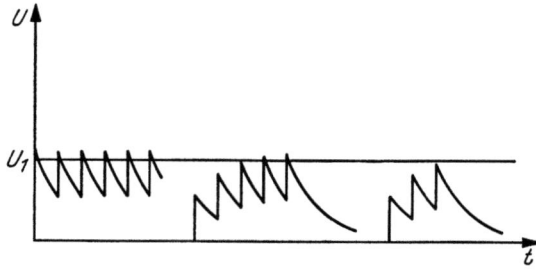

Abb. 5. Beispiel eines mäßig unterschwelligen Spannungsverlaufes in einem Neuron. Bei ununterbrochener Impulsfolge (links) bewirkt jeder Eingangsimpuls einen Ausgangsimpuls. Bei einem mittleren Impulspaket ist die Zahl der Ausgangsimpulse gegenüber derjenigen der Eingangsimpulse reduziert. Bei einem kurzen Impulspaket bleiben Ausgangsimpulse völlig aus. $U$ = Spannung. $U_1$ = Zündspannung. $t$ = Zeit

impulsfrequenz, da sie auch von der Zahl der Impulse pro Paket, allenfalls auch vom Zeitraum zwischen zwei Paketen abhängt. In Abb. 6 ist dies der Bereich, dessen Obergrenze eindeutig durch das Übertragungsverhältnis 1 : 1 gegeben ist, während die Untergrenze nur in qualitativer Form dargestellt ist. Eine weitere Steigerung der Eingangsfrequenz führt schließlich dazu, daß die Zeit zwischen zwei Eingangsimpulsen kürzer wird als die Refrak-

## 3.3 Verhalten des Neuronenmodells und des Neurons

tärzeit des Ne. Von diesem Grenzwert an bleibt die Ausgangsfrequenz konstant und hängt nur noch von der Refraktärzeit ab.

Bei überschwelligen Impulsfolgen überschreitet der Spannungszustand im Ne bei jedem Eingangsimpuls die Zündschwelle. Somit bewirkt schon

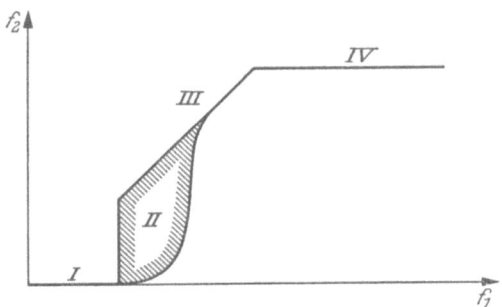

Abb. 6. Vereinfachte Darstellung des Zusammenhanges zwischen der Frequenz $f_1$ an einem unterschwelligen Eingang und der Ausgangsfrequenz $f_2$ eines Neurons. I = Gebiet ohne Ausgangsimpulse gemäß Abb. 4. II = Gebiet mit nicht eindeutig gegebener Frequenzreduktion. III = Gebiet des Übertragungsverhältnisses 1 : 1. IV = Gebiet der durch die Refraktärzeit festgelegten Maximalfrequenz

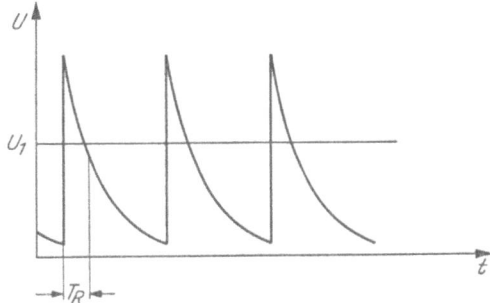

Abb. 7. Beispiel eines überschwelligen niederfrequenten Spannungsverlaufes. Jeder Eingangsimpuls führt zum Überschreiten der Zündschwelle. Die Refraktärzeit läuft erst nach Absinken unter die Zündschwelle ab. Somit löst jeder Eingangsimpuls einen und nur einen Ausgangsimpuls aus. $U$ = Spannung. $U_1$ = Zündspannung. $T_R$ = Refraktärzeit. $t$ = Zeit

bei niedriger Frequenz jeder Eingangsimpuls mindestens einen Ausgangsimpuls. Den zeitlichen Spannungsverlauf zeigt Abb. 7. Bei erhöhter Frequenz kann der Spannungszustand derart gehoben werden, daß nach Ablauf der Refraktärzeit die Zündschwelle noch nicht unterschritten wird, so daß eine

Doppelzündung auftritt (siehe Abb. 8). Ähnlich wie beim ersten Zünden im unterschwelligen Fall ist somit eine sprunghafte Erhöhung der Ausgangsfrequenz festzustellen, wobei auch hier je nach der Zahl der Impulse pro Paket eine gewisse Dämpfung dieser Unstetigkeit möglich ist. Eine weitere Steigerung der Frequenz kann zu einer weiteren Frequenzvervielfachung führen, bis wiederum die Refraktärzeit der Ausgangsfrequenz eine endgül-

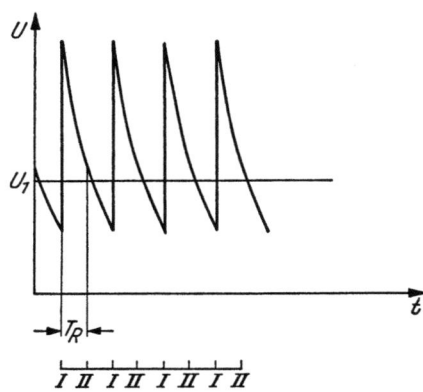

Abb. 8. Beispiel eines überschwelligen Spannungsverlaufes erhöhter Frequenz. Jeder Eingangsimpuls führt zum Überschreiten der Zündschwelle. Die Refraktärzeit läuft wegen des erhöhten Spannungsniveaus vor Absinken unter die Zündschwelle ab. Somit löst jeder Eingangsimpuls neben dem ersten Ausgangsimpuls (I) einen zweiten (II) aus. $U$ = Spannung. $U_1$ = Zündspannung. $T_R$ = Refraktärzeit. $t$ = Zeit. I und II = Ausgangsimpulse

tige Grenze setzt. Den charakteristischen Verlauf zeigt Abb. 9. Es ist natürlich auch möglich, daß eine Mehrfachzündung dank entsprechend tiefer Zündschwelle schon bei Einzelimpulsen auftritt.

Von entscheidender Bedeutung im Sinne der Datenverarbeitung ist die Tatsache, daß die Frequenzfunktionen der Abb. 6 und 9 je nach den vorliegenden „Apparatekonstanten" (Zündschwelle, Entladungszeitkonstante, Refraktärzeit) sehr unterschiedliche Verläufe annehmen können. Ist beispielsweise im unterschwelligen Fall die für das erste Zünden erforderliche Eingangsfrequenz höher als die durch die Refraktärzeit gegebene maximale Ausgangsfrequenz, so entsteht ein sehr steiler Anstieg der Frequenzfunktion, der bei ununterbrochener Impulsfolge sogar Sprungcharakter erreicht (siehe Abb. 10). Das Ne wird zum digitalen Schaltelement, wobei der Schaltpunkt von der Zündschwelle abhängt. Andererseits ergibt eine sehr niedrige Zünd-

3.3 Verhalten des Neuronenmodells und des Neurons 23

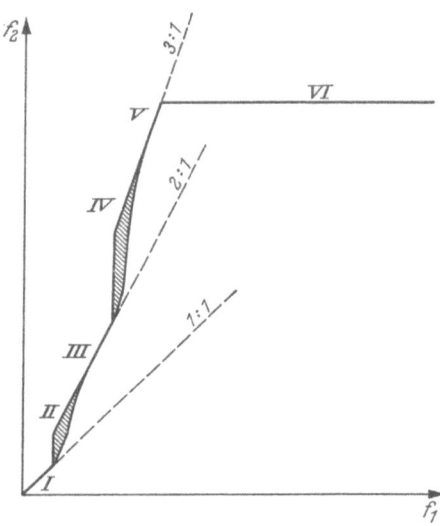

Abb. 9. Vereinfachte Darstellung des Zusammenhanges zwischen der Frequenz $f_1$ an einem überschwelligen Eingang und der Ausgangsfrequenz $f_2$ eines Neurons. I = Gebiet des Übertragungsverhältnisses 1 : 1. II, IV = Gebiete nicht eindeutig gegebener Frequenzerhöhung. III = Gebiet der Frequenzverdopplung. V = Gebiet der Frequenzverdreifachung. VI = Gebiet der durch die Refraktärzeit festgelegten Maximalfrequenz

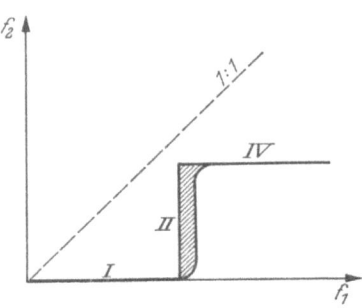

Abb. 10. Vereinfachte Darstellung des Zusammenhanges zwischen der Frequenz $f_1$ an einem unterschwelligen Eingang und der Ausgangsfrequenz $f_2$ eines Neurons mit sehr langer Refraktärzeit. Das in Abb. 6 dargestellte Gebiet III fällt weg, weil die Maximalfrequenz kleiner ist als die zum Überschreiten der Zündschwelle erforderliche Eingangsfrequenz. I = Gebiet ohne Ausgangsimpulse. II = Gebiet nicht eindeutig gegebener Frequenzreduktion. IV = Gebiet der durch die Refraktärzeit festgelegten Maximalfrequenz

schwelle bei rascher Entladung und genügend niedriger Refraktärzeit praktisch im gesamten Bereich eine einfache Wiedergabe jedes Eingangsimpulses. Hier wird das Ne zum Relaisverstärker.

Ehe das Verhalten eines Ne mit mehr als einem Eingang an Hand einiger Musterfälle analysiert wird, sollen die Frequenzen der Impulsfolgen in drei wohldefinierte Bereiche eingeteilt werden:

1. Niederfrequente Impulsfolgen: Die Refraktärzeit und die Entladungszeit sind im Rahmen der für einen bestimmten Fall maßgebenden (meist recht bescheidenen) Genauigkeitsbedingungen vernachlässigbar kurz gegenüber der Zeit zwischen zwei Impulsen innerhalb eines Impulspaketes.
2. Mittelfrequente Impulsfolgen: Der Frequenzbereich liegt zwischen denjenigen niederfrequenter und hochfrequenter Impulsfolgen.
3. Hochfrequente Impulsfolgen: Die Frequenz wird durch die Refraktärzeit bestimmt oder liegt unmittelbar unter der so definierten Grenze.

Ferner sei vorausgeschickt, daß bei der Betrachtung des Verhaltens eines Ne mit zwei Eingängen die beiden Impulsfolgen sowohl hinsichtlich der Lage der Einzelimpulse als auch derjenigen allfälliger Impulspakete als inkohärent angesehen werden. Diese Vorschrift ist nötig, weil jeder Synchronismus zwischen den beiden Impulsfolgen zwangsläufig zu einer systematischen Abweichung vom maßgebenden statistischen Mittelwert führen würde. Damit ist auch gesagt, daß im vorliegenden Bereich eine gültige Information stets von einer größeren Anzahl von Impulsen getragen werden muß.

Musterfall 1: Zwei erregende überschwellige nieder- oder mittelfrequente Eingänge mit den mittleren Frequenzen $f_1$ und $f_2$. Zunächst beschränke sich die Betrachtung allerdings auf den niederfrequenten Bereich. Bis auf die seltenen Fälle fast gleichzeitigen Eintreffens je eines Impulses der beiden Folgen führt jeder Eingangsimpuls einen Ausgangsimpuls herbei. Somit ist für das Ausgangssignal (mittlere Frequenz $f_3$) die Beziehung

$$f_3 \approx f_1 + f_2 \qquad (1)$$

richtig. Eine strenge Gleichheit ist nur darum nicht sichergestellt, weil beim gelegentlich vorkommenden fast gleichzeitigen Eintreffen je eines Impulses der beiden Folgen keine Garantie für eine getreue Wiedergabe beider Impulse besteht. Wollte man dies erreichen, so müßten die Apparatekonstanten folgende Nebenbedingung erfüllen: Beim Eintreffen eines Impulses innerhalb der Refraktärzeit nach dem vorhergehenden müßte am Ende der Refraktärzeit der Spannungszustand im Ne über der Zündschwelle, am Ende der doppelten Refraktärzeit darunter liegen; beim Eintreffen des zweiten Impulses nach Ablauf der Refraktärzeit des ersten dürfte die Spannung nicht bis zu der für eine Doppelzündung erforderlichen Schwelle ansteigen

## 3.3 Verhalten des Neuronenmodells und des Neurons

(siehe Abb. 11). Es ist nicht wahrscheinlich, daß diese Bedingung im lebenden Ne erfüllt wird. Eine ungefähre Fehlerkompensation in diesem Sinne ist aber nicht ganz ausgeschlossen, da sie eine bessere Unabhängigkeit der Resultate von den Eingangsfrequenzen erlaubt. Schließt man nun auch den mittelfrequenten Bereich in die Untersuchung ein, so werden die Verhältnisse beträchtlich komplizierter, besonders bei Berücksichtigung von Impuls-

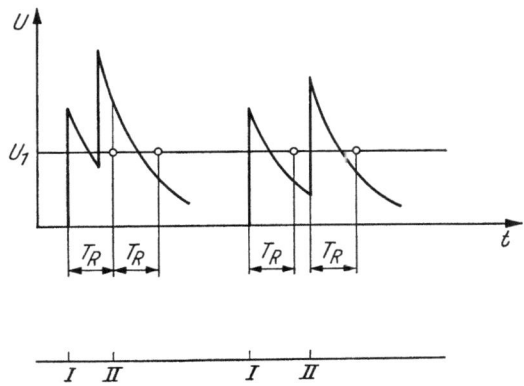

Abb. 11. Beispiel einer sauberen Frequenz-Addition trotz raschem Aufeinanderfolgen je eines Impulses der beiden addierten Impulsfolgen. Links: Der Impuls der zweiten Folge trifft innerhalb der durch den Impuls der ersten Folge bewirkten Refraktärzeit ein. Nach Ablauf der Refraktärzeit liegt die Spannung über der Zündschwelle, nach Ablauf der doppelten Refraktärzeit darunter. Rechts: Der zweite Impuls trifft nach Ablauf der Refraktärzeit ein. In beiden Fällen werden insgesamt zwei Ausgangsimpulse I und II ausgelöst. $U$ = Spannung. $U_1$ = Zündspannung. $T_R$ = Refraktärzeit. $t$ = Zeit

paketen anstelle gleichförmiger Impulsfolgen. Mit anderen Worten: Man kann zwar immer noch qualitativ von einer additiven Verknüpfung sprechen, darf aber von der Näherungsgenauigkeit im Sinne der Beziehung (1) keine Wunder erwarten. Das ist angesichts der Aufgabestellung von Neuronenschaltungen allerdings wohl auch nicht besonders wesentlich. Schwerer wiegt ohne Zweifel eine andere naheliegende Funktionsweise: Es ist durchaus denkbar, daß die beiden Eingänge verschieden hohe Zündschwellen besitzen, so daß die beiden Impulsfolgen etwa an verschiedene Punkte der Bereiche I bis V in Abb. 9 zu liegen kommen. Dadurch entsteht die Möglichkeit der gewichteten Summation, wenn auch mit bescheidener Genauigkeit.

## 3. Das Neuron als Mittel der Datenverarbeitung

Musterfall 2: Zwei erregende knapp unterschwellige, vorerst niederfrequente Eingänge mit den mittleren Frequenzen $f_1$ und $f_2$. Die Apparatekonstanten bestimmen eine „Feuerzeit" $T_F$, innerhalb deren je ein Impuls an beiden Eingängen eintreffen muß, um ein Feuern des Ne zu bewirken. Bezeichnet man mit $T_1$ die mittlere Zeit zwischen zwei aufeinanderfolgenden Impulsen des ersten Einganges und ordnet man jedem Impuls $J$ dieses

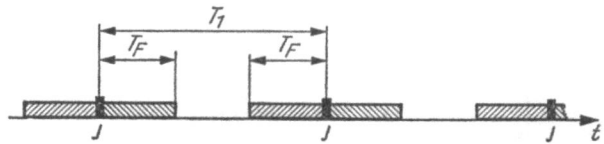

Abb. 12. Balkendiagramm zur Erläuterung der Wahrscheinlichkeit für die Auslösung eines Ausgangsimpulses bei der multiplikativen Verknüpfung zweier knapp unterschwelliger Impulsfolgen. $J$ = Impulse der ersten Impulsfolge. $T_1$ = Zeit zwischen zwei Impulsen $J$. $T_F$ = Feuerzeit (trifft ein Impuls der zweiten Folge während dieser Zeit ein, so wird ein Ausgangsimpuls ausgelöst). $t$ = Zeit

Einganges die vorlaufende und nacheilende Feuerzeit zu (siehe Abb. 12), so kann man die Wahrscheinlichkeit $P_F$ für das Feuern beim Eintreffen eines Impulses am zweiten Eingang direkt mit

$$P_F = \frac{2 T_F}{T_1} < 1 \qquad (2)$$

ablesen. Offensichtlich ist die Ausgangsfrequenz $f_3$ durch die Beziehung

$$f_3 = P_F \cdot f_2 \qquad (3)$$

gegeben, so daß sich durch Einsetzen von $P_F$ und unter Berücksichtigung des trivialen reziproken Verhältnisses zwischen $f_1$ und $T_1$

$$f_3 = 2 T_F \cdot f_1 f_2 \qquad (4)$$

ergibt. Diese Beziehung ist so lange richtig, als kein Überlappen benachbarter Feuerzeiten eintritt. Mit anderen Worten: $2 T_F$ muß kleiner sein als der kleinste auftretende Zeitabstand zwischen zwei aufeinanderfolgenden Impulsen jedes Einganges. Damit ist (wenigstens für ununterbrochene Impulsfolgen) eine obere Frequenzgrenze für die beschriebene Arbeitsweise gegeben. Eine allfällige zulässige Überschreitung hängt vom tolerierten Fehler ab. Auch hier ist ein Vordringen in den mittelfrequenten Bereich denkbar, wobei — mutatis mutandis — ähnliche Betrachtungen wie im Musterfall 1 angestellt werden können.

### 3.3 Verhalten des Neuronenmodells und des Neurons

Musterfall 3: Ein erregender überschwelliger nieder- oder mittelfrequenter Eingang mit der mittleren Frequenz $f_1$ (mittlere Zeit zwischen zwei Impulsen $T_1$) und ein hemmender nieder- oder mittelfrequenter Eingang mit der mittleren Frequenz $f_2$ (kleiner als $f_1$). Wiederum wird vorerst der niederfrequente Fall betrachtet. Hier bestimmen die Apparatekonstanten eine „Sperrzeit" $T_s$, während welcher ein auf einen hemmenden Impuls folgender erregender Impuls kein Feuern des Ne bewirken kann. Die Wahrscheinlichkeit $P_s$ für das Eintreffen eines hemmenden Impulses innerhalb der Sperrzeit vor dem nächsten erregenden Impuls ergibt sich aus ähnlichen Überlegungen wie im Musterfall 2 zu

$$P_s = \frac{T_s}{T_1} < 1, \tag{5}$$

so daß die mit

$$f_3 = f_1 - P_s \cdot f_2 \tag{6}$$

einzusetzende Ausgangsfrequenz $f_3$ auch

$$f_3 = f_1 - T_s f_1 \cdot f_2 \tag{7}$$

geschrieben werden kann. Von speziellem Interesse ist hier die Möglichkeit einer Normierung von $f_1$ auf einen konstanten Wert $c_1$, vorzugsweise im Rahmen einer ununterbrochenen Impulsfolge. Ist die Abstimmung der Apparatekonstanten so getroffen, daß

$$T_s = T_1 \tag{8}$$

wird, so wird die Wahrscheinlichkeit $P_s$ zur Sicherheit, so daß sich

$$f_3 = c_1 - f_2 \tag{9}$$

ergibt. Durch Addition von $f_3$ zu einer weiteren Frequenz $f_4$ kann also offenbar — bis auf die Konstante $c_1$ — eine saubere Subtraktion erzielt werden. Aber auch hier ist (wie im Musterfall 1) das Vordringen in den mittelfrequenten Bereich viel wichtiger als solche Genauigkeitsüberlegungen. Es braucht wohl nicht speziell erwähnt zu werden, daß die gleichen Gedankengänge wiederholt werden können, daß also einerseits keine übertriebenen Genauigkeiten zu erwarten sind, andererseits auch gewichtete Subtraktionen möglich erscheinen.

Musterfall 4: Ein erregender unter- oder überschwelliger nieder- oder mittelfrequenter Eingang und ein hemmender hochfrequenter Eingang. Dieser Fall ist trotz seiner Einfachheit von großer Bedeutung: Denn der hochfrequente hemmende Eingang sperrt — sobald er in Aktion tritt — das Ne vollständig und verwandelt es somit in ein digitales Schaltorgan.

## 3.4 Katalog der Funktionsmöglichkeiten eines Neurons

Wenn hier ein Katalog der Funktionsmöglichkeiten eines Ne (insbesondere im Hinblick auf dessen datenverarbeitende Eigenschaften) gegeben wird, so müssen in doppelter Hinsicht ernsthafte Vorbehalte vorangestellt werden:

Zum ersten kann ein solcher Katalog in keiner Weise Anspruch auf Vollständigkeit erheben. In der Tat wurde ja nur eine kleine Anzahl von Beispielen herausgegriffen, wobei ausschließlich Ne mit höchstens zwei Eingängen (und auch diese keineswegs umfassend) behandelt wurden. Im lebenden Organismus kann ein Ne Dutzende bis Tausende von Eingängen besitzen, was zu einer derartigen Kompliziertheit des Zusammenwirkens führt, daß eine mathematische Durchleuchtung der Verhältnisse aussichtslos erscheint. Immerhin wurde die Auswahl der Musterfälle so getroffen, daß wesentliche Erkenntnisse über die Arbeit des Ne als Analog- und Digitalrechenelement möglich sind. Unberücksichtigt blieb auch die topographische Anordnung der Synapsen an einem Ne, die anscheinend zu beträchtlichen zeitlichen Verschiebungen zwischen gleichzeitig ankommenden Signalen führen kann (ECCLES, 1966 a), was beispielsweise eine elegante Möglichkeit der Frequenzvervielfachung bietet (ANDERSEN, 1966).

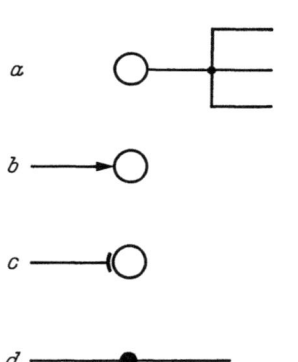

Abb. 13. Bei der Darstellung von Neuronenschaltungen verwendete Grundsymbole. $a$ = Ne (Kreis) mit verzweigtem Ausgang. $b$ = Ne mit erregendem Eingang. $c$ = Ne mit hemmendem Eingang. $d$ = Ne, das ausschließlich zur Vorzeichenumkehr dient (Eingang immer erregend, Ausgang immer hemmend)

Zum zweiten wäre beim heutigen Stand unseres Wissens die Behauptung verfrüht, daß die Natur sich der aufgezeigten Möglichkeiten auch tatsächlich in vollem Umfang bedient. In einzelnen Fällen sprechen zwar schwerwiegende Argumente für eine solche Annahme. Um nur ein Beispiel zu nennen: Ohne additives Zusammenwirken mehrerer Eingänge ist eine auch nur einigermaßen komplizierte regeltechnische Funktion des Nervensystems schwerlich denkbar. Auf der ganzen Linie kann aber noch nicht von einem gesicherten Wissen gesprochen werden. Als maßgebend wird daher in der Folge die Beantwortung der Frage betrachtet, ob eine bestimmte Aufgabe mit dem in Abschnitt 3.2 dargelegten vereinfachten Neuronenmodell lösbar ist oder nicht. Ist die Antwort positiv, so mag dies als Argument (nicht

## 3.4 Katalog der Funktionsmöglichkeiten eines Neurons

etwa als Beweis) zugunsten der Annahme gewertet werden, daß auch im Organismus ähnliche Funktionsweisen auftreten.

Zunächst wurde für beliebig viele Eingänge folgende Möglichkeit festgestellt (siehe Abb. 13).

1. Vorzeichenwahl durch Einsatz eines Ne mit erregendem oder eines solchen mit hemmendem Ausgang. Diese Möglichkeit ist grundsätzlich mit allen nachfolgenden in einem Ne kombinierbar, sofern nur erregende oder nur hemmende Signale benötigt werden. Sonst ist ein spezielles Ne für die Vorzeichenumkehr erforderlich.

Bei Berücksichtigung eines einzigen Einganges wurden folgende Möglichkeiten festgestellt (siehe auch Abb. 14):

2. Weitergabe 1:1, wobei das Ne (wie übrigens in allen folgenden Fällen) energetisch aktiv ist und somit als Impuls-Relais-Verstärker betrachtet werden kann.
3. Frequenzreduktion (bei paketweise eintreffenden unterschwelligen Impulsen gemäß Abb. 5; bei ununterbrochener Impulsfolge durch entsprechende Refraktärzeit eines überschwellig arbeitenden Ne).
4. Frequenzerhöhung bei Mehrfachzündung infolge stark überschwelliger Impulse.
5. Schwellensprung als Spezialfall einer nichtlinearen Übertragungsfunktion gemäß Abb. 10.

Bei Berücksichtigung zweier Eingänge wurden schließlich folgende Möglichkeiten festgestellt:

6. Addition gemäß Musterfall 1, Beziehung (1).
7. Multiplikation gemäß Musterfall 2, Beziehung (4).
8. Unsaubere Subtraktion gemäß Musterfall 3, Beziehung (7).
9. Subtraktion von einem Konstantwert gemäß Musterfall 3, Beziehung (9).
10. Vollständige Sperrung durch einen hochfrequenten hemmenden Eingang („Negationssperrung") gemäß Musterfall 4.

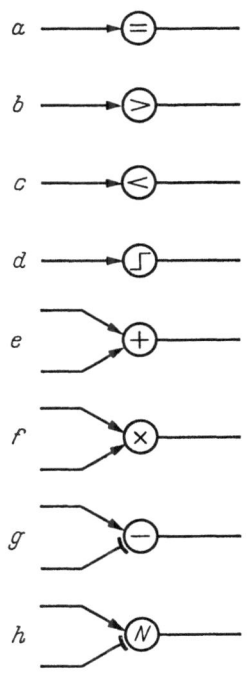

Abb. 14. Katalog der behandelten Möglichkeiten eines Ne für die Datenverarbeitung. $a$ = Weitergabe 1:1 (Relaisverstärkung). $b$ = Frequenzreduktion. $c$ = Frequenzerhöhung. $d$ = Schwellensprung. $e$ = Addition (Musterfall 1). $f$ = Multiplikation (Musterfall 2). $g$ = Subtraktion (Musterfall 3). $h$ = Negationssperrung (Musterfall 4)

Betrachtet man diesen Katalog im Lichte der heutigen Rechentechnik, so stellt man fest, daß mit Ausnahme einer einwandfreien Subtraktion, infinitesimaler Operationen und einer beliebigen Funktionsbildung das gesamte Arsenal zur Bestückung eines Analogrechners vorliegt, obwohl nur ein einziger „Gerätetyp", eben das Ne — allerdings mit sehr verschiedenen Apparatekonstanten und Betriebsbedingungen — zur Verfügung steht. Bemerkenswert ist vor allem die Tatsache, daß sowohl die Addition als auch die Multiplikation (ein notorisches Sorgenkind der Analogrechentechnik) vom gleichen „Rechenelement" bewältigt werden können. Daneben bestehen auch zwei digitale Operationsmöglichkeiten (Stufensprung und Negationssperrung), die in den folgenden Abschnitten eine wesentliche Rolle spielen werden. Aber auch die noch bestehenden Lücken auf der Analogseite werden im Zusammenhang mit dem Einsatz mehrerer Ne einer näheren Betrachtung zu unterziehen sein (siehe Abschnitte 4.3 und 4.5).

> E questi obbietti, mandando le lor similitudini a' cinque sensi, da quelli son transferiti ... al commune senso; e li, sendo judicate, sono mandate alla memoria ...
>
> LEONARDO DA VINCI
>
> Die fünf Sinne empfangen Reize als Abbilder der Gegenstände der Außenwelt und übertragen sie ... an das Zentralnervensystem; dort werden diese Signale einer Datenverarbeitung unterzogen und dann im Gedächtnis gespeichert ...
>
> Freie Übersetzung
> in moderner Terminologie

## 4. Synthese einfacher Neuronenschaltungen

### 4.1 Bemerkungen zur Arbeitsmethode

Die direkte detaillierte Analyse datenverarbeitender Neuronenschaltungen stößt — wie bereits erwähnt wurde — auf außerordentliche Schwierigkeiten technischer Natur. Es müßte zu diesem Zweck eine größere Anzahl zusammenarbeitender Ne (von denen einige Tausende auf jeden Kubikmillimeter der Hirnmasse entfallen) individuell herauspräpariert und mit Sonden zur Messung der auftretenden Signale versehen werden. Sowohl die Vorbereitung als auch die Messung müßten so erfolgen, daß keine wesentliche Beeinflussung des arbeitenden lebendigen Systems entstünde. Eine derartige Kumulation von Problemen experimenteller Natur macht die ebenfalls bereits festgehaltene Tatsache verständlich, daß bisher noch keine auch nur einigermaßen vollständigen Versuchsresultate auf diesem Gebiet vorliegen.

Es gibt verschiedene Möglichkeiten, um dem geschilderten Zustand weitgehender Ignoranz zu Leibe zu gehen. Von der experimentellen Seite her befaßt man sich zunächst mit peripheren Organen, wie beispielsweise den Facettenaugen der Insekten und anderer Gliederfüßer (Beispiele: BISHOP/KEEHN, 1967; FERMI/REICHARDT, 1963; FUORTES, 1959; GÖTZ, 1964, 1965; HARTLINE et al., 1952; KIRSCHFELD/REICHARDT, 1961; ZORKOCZY, 1966) oder einfachen Regelkreisen ohne wesentliche Datenverarbeitung (Beispiele: AISERMAN et al., 1967; KREIL/SCHWEIZER, 1968; MAYNE, 1951; MITTELSTAEDT, 1956; SCHAEFER, 1967; VARJÚ, 1967; ZEMANEK, 1959), in der Hoffnung, später zu höheren Zentren vordringen zu können. Hinsichtlich der

Datenverarbeitung ist bei diesem Verfahren bisher naturgemäß noch nicht viel an neuen Erkenntnissen zutage getreten. Doch darf mit einer wesentlichen Vertiefung unserer Kenntnisse in den nächsten Jahrzehnten gerechnet werden.

Man kann auch aus der Kombination topographischer und funktioneller Gegebenheiten Schlüsse ziehen, wie dies verschiedene Forscher mit Erfolg getan haben (Beispiele: ECCLES, 1969; FUKUSHIMA, 1970; GÖTZ, 1968; HASSENSTEIN, 1968; HUBEL/WIESEL, 1962; MOUNTCASTLE, 1954).

Besonders interessant ist dieses Verfahren, wenn aus den festgestellten Gegebenheiten mit einiger Wahrscheinlichkeit auf die mutmaßlichen Neuronenschaltungen im betrachteten Organismus geschlossen werden kann. Einigen Beispielen für ein solches Vorgehen ist der Abschnitt 7.4 der vorliegenden Arbeit gewidmet.

Man kann aber auch — und diese Methode soll in den nächsten Abschnitten systematisch angewendet werden — den Versuch unternehmen, auf Grund der bekannten Funktionsmöglichkeiten des einzelnen Ne rein synthetisch vorzugehen, indem man mögliche Schaltungen zur Lösung bestimmter Aufgaben zusammenstellt. Um dieses Verfahren zu verstehen, vergegenwärtigt man sich mit Vorteil die Grundzüge der „black box"-Theorie von ASHBY (1961). Diese befaßt sich mit Systemen, von denen man nur das äußere, nicht aber das innere Funktionsschema kennt. Man weiß also, welche Ein- und Ausgänge vorhanden sind, und kann die Reaktionen dieser auf Reizungen jener beobachten. Trotz Unkenntnis des inneren Aufbaues sind aus derartigen Beobachtungen Aussagen über diesen Aufbau möglich. Beispielsweise kann der minimale Aufwand an Funktionselementen bestimmter Typen festgelegt und damit eine Minimalschaltung aufgestellt werden. Eine solche hat zwar mit Notwendigkeit hypothetischen Charakter, kann aber trotzdem viel zum Verständnis gewisser Verhaltensweisen beitragen.

Im vorliegenden Kontext verzichtet man also bewußt auf den Nachweis bestimmter Schaltungen im Organismus. Man beweist aber, daß bestimmte Aufgaben mit Ne als einzigen Elementen überhaupt lösbar sind. Dieser Beweis ist an sich viel wesentlicher als die Frage, ob es sich auch tatsächlich um die in einem bestimmten Lebewesen verwendete Schaltung handelt. Somit braucht man nicht so weit zu gehen wie NEWELL und SIMON (1960), die schlechterdings eine Erklärbarkeit des menschlichen Denkens allein aus der Verhaltensanalyse postulieren („Human thinking can be explained in information-processing terms without waiting for a theory of the underlying neurological mechanisms"), eine Auffassung, die von FINDLER (1966) mit Recht etwas gedämpft übernommen wird („... to force every aspect of a certain type of human behaviour in the Procrustean bed of a running program is obviously far-fetched"). In der Tat würde die Analyse einer einzelnen organischen Schaltung noch keineswegs bedeuten, daß die gleiche Aufgabe auch von anderen Organismen (oder auch nur von anderen Teilen desselben Organismus) in gleicher Weise angegangen wird. Zu viele Fälle sind bekannt, in denen die Natur zur Erreichung eines Zieles verschiedene Wege beschreitet. Man denke nur an die verschiedenen bekannten Formen der Fortpflanzung, der Brutpflege, der Fortbewegung oder der Orientierung.

Im vorliegenden Zusammenhang ist die skizzierte Arbeitsmethode schon darum von Interesse, weil die Lösbarkeit einer Aufgabe mit Hilfe von Neuronenschaltungen sehr häufig keineswegs sofort einleuchtet, so daß man geneigt sein könnte, das Vorhandensein weiterer (bisher unbekannter) Grundelemente oder zumindest weiterer Operationsweisen der Ne zu vermuten.

## 4.2 Schaltungen für die Durchführung der logischen Grundoperationen

Leistet man den Nachweis, daß ein Schaltelement zur Durchführung der drei logischen Grundoperationen brauchbar ist, so ist man mit einem Schlag der Sorge um eine große Anzahl verschiedenartiger Beweisführungen enthoben. Denn auf der Basis dieser Operationen läßt sich grundsätzlich für jeden logisch ausdrückbaren (und damit logistisch darstellbaren) Zusammenhang eine Schaltung ableiten.

Diese Erkenntnis geht letzten Endes auf Gedankengänge von LEIBNIZ zurück. Sie fand ihren Niederschlag in der logischen Algebra von BOOLE (1847) und der Logistik von HILBERT (1938).

Das Wissen um diese Verhältnisse ist heute viel weiter verbreitet, als auf den ersten Blick angenommen werden könnte: Jedermann weiß nämlich, daß es Datenverarbeitungsanlagen gibt, denen nicht nur die Durchführung von Rechenaufgaben zugänglich ist, sondern auch die Lösung praktisch beliebiger anderer Probleme, sofern diese programmierbar, also mit logistischen Mitteln darstellbar sind. Fast allgemein bekannt ist auch die Tatsache, daß in diesen Anlagen das dezimale Zahlensystem (wie auch jede andere logische Verknüpfung) auf ein binäres System zurückgeführt wird, das nur die beiden Ziffern 1 und 0 (auch als „ja" und „nein" zu verstehen) kennt. Man braucht nur noch hinzuzufügen, daß die logischen Grundoperationen nichts anderes sind als das nötige gedankliche Werkzeug zur Herstellung jeder beliebigen logischen Verknüpfung zwischen Ja-Nein-Aussagen.

Hier sei eine Randbemerkung bezüglich der digitalen Datenverarbeitungsanlagen gestattet: Die Verwendung des binären Zahlensystems ist sicher durch die technische Opportunität bedingt. Diese Opportunität selber hat aber ihren tieferen Ursprung in der Zurückführbarkeit aller logischen Verknüpfungen auf die logischen Grundoperationen, gepaart mit der Eignung elektrischer Schaltelemente (vom Relais über die Vakuumröhre bis zum Transistor und zur Schaltungsintegration verschiedener Grade) für eine Funktion in zwei diskreten Arbeitspunkten (leitend—nichtleitend, also ja—nein).

Da es sich bei den logischen Grundoperationen stets um das Vorhandensein oder das Nichtvorhandensein eines Signales handelt, erscheint es zweckmäßig, wenn mit einigermaßen genormten Signalfrequenzen gearbeitet wird, wobei das Vorhandensein eines Signales stets durch eine ununterbrochene Impulsfolge dargestellt wird. Damit stellt sich als erste Aufgabe die Umformung „unsauberer" Impulsfolgen in „saubere", also solche mit normalisierter Frequenz. Diese Aufgabe läßt sich vermittels eines Ne mit Sprungcharakteristik gemäß Abb. 10 ohne weiteres lösen. Wo dies erforderlich ist, wird daher ein derartiges „Rekonditionierungsglied" am Ausgang der Schaltung eingefügt. Somit kann angenommen werden, daß an den Eingängen einer logischen Schaltung stets Signale passend bemessener Frequenz vorliegen.

Eine konsequente Folgerung bei Arbeit mit genormten Signalen betrifft die sinngemäße Gestaltung der Zündschwellen an den Eingängen einer Rechenschaltung: Es wurde schon im Abschnitt 3.3 angenommen, daß die Zündschwellen verschiedener Synapsen ein und desselben Ne verschieden hoch liegen, womit eine gewichtete Addition oder Subtraktion als möglich betrachtet werden konnte. Das impliziert konsequenterweise auch die Möglichkeit, daß ein Eingang eines Ne trotz genormter Impulsfrequenz eindeutig unterschwellig, der andere eindeutig überschwellig ist. Eine derartige funktionelle Kombination wird in der Folge nicht ausgeschlossen. Sie wurde zwar — soweit es dem Verfasser bekannt ist — bisher nicht explizit nachgewiesen. Sie ist aber keineswegs unwahrscheinlich. Für das Bestehen des nach heutigem Wissensstand am ehesten plausibel erscheinenden Typs lernfähiger Ne ist sie sogar unerläßlich (siehe Abschnitte 5.6 und 5.7). Im Zusammenhang mit den hier interessierenden Schaltungen nimmt man mit einer solchen Hypothese übrigens keine ernsthafte Einschränkung in Kauf, da die erforderlichen Frequenzwandlungen ja stets durch vorgeschaltete Ne mit geeigneten Apparatekonstanten erreicht werden können. Hier geht es nur darum, die Schaltschemata nicht mit eventuell überflüssigen Elementen zu belasten.

Schließlich muß noch auf die Frage eingegangen werden, ob die Schaltungen zur Lösung logischer Aufgaben in der Terminologie der Datenverarbeitungsmaschinen als parallel oder als in Serie arbeitend zu betrachten sind. Sehr wahrscheinlich ist im Organismus beides nebeneinander der Fall. Aus der Selbstbeobachtung beim Kopfrechnen können wir beispielsweise vermuten, daß unser „Rechnen" weitgehend in zeitlicher Aufeinanderfolge einzelner Schritte unter laufender Einschaltung des Gedächtnisses als Speicher erfolgt (das Einmaleins wird dabei nie eigentlich gerechnet, sondern aus dem Gedächtnis geholt). Dies heißt noch lange nicht, daß nicht für gewisse Operationen eine parallele Organisation vorliegt, die nur der Schaltung als solcher bedarf und im Gegensatz zur Serie-Organisation ohne übergeordnete programmierende und synchronisierende Mittel auskommt, vor allem auch ohne Eingreifen einer Speicherung von Information. Für einfache Operationen (wie es die logischen Grundoperationen sind) erscheint somit die parallele Organisationsform eher zweckmäßiger, weshalb sie hier als Arbeitshypothese akzeptiert sei. Es wird also angenommen, daß in der Schaltung jedes Ne stets ein und dieselbe Aufgabe erfüllt, daß alle Ne gleichzeitig (parallel) in Funktion stehen, daß die Eingangssignale — über eine genügende Zahl von Impulsen betrachtet — gleichzeitig eintreffen und daß das Resultat verfügbar ist, sobald die Wirkung der Eingangssignale sich durch die gesamte Schaltung hindurch fortgepflanzt hat. Ob dieses Resultat dann im Rahmen einer übergeordneten Aufgabe ebenfalls simultan (also parallel) weiterverarbeitet oder im Gedächtnis gespeichert wird, ist hier nicht von Belang.

Von den drei soeben angeführten Annahmen (Normierung der Signale, Anpassungsfähigkeit der Zündschwellen, parallele Organisation) ist nur die dritte schwerwiegend in dem Sinne, daß der gesamte Schaltungsaufbau bei ihrem Nichtzutreffen grundsätzlich neu überdacht werden müßte. Die beiden anderen können — wie im Falle der Zündschwellen bereits angetönt — mit einigen Komplikationen, jedoch ohne wesentliche Änderungen durch andere Konzepte ersetzt werden. Mit der parallelen Organisation wurde die wohl wahrscheinlichere Form gewählt, zu deren Gunsten Zweckmäßigkeitsüberlegungen (aber vorerst noch keine sicheren Beweise) angeführt werden konnten.

Von den drei logischen Grundoperationen sei zunächst die logische Addition (Disjunktion) behandelt, zu deren Verwirklichung ein Oder-Tor erforderlich ist. Dieses besitzt zwei Eingänge und einen Ausgang. Seine Definition verlangt ein Signal am Ausgang dann und nur dann, wenn mindestens einer der beiden Eingänge ein Signal erhält. Dieser Bedingung genügt die Analog-Addition gemäß Gleichung (1), so daß grundsätzlich ein und dieselbe Anordnung für die analoge (Abb. 14) und die logische Addition (Abb. 15) brauchbar ist, wobei im letzteren Fall allerdings eine Rekonditionierung des Ausganges unumgänglich ist. Der gleiche Effekt läßt sich aber auch unter Verwendung der Negationssperrung erreichen, wie in Abb. 16 gezeigt wird. Bemerkenswert an dieser Schaltung (deren Funktion aus der Abbildung ohne weiteres verständlich ist) sind zwei Dinge: Einmal die Tatsache, daß in der Verbindung zwischen den beiden Ne bereits das gewünschte Resultat, allerdings in inverser Codierung (also unter Vertauschung von „ja" und „nein") vorliegt, was auf die Möglichkeit einer Schaltungsverein-

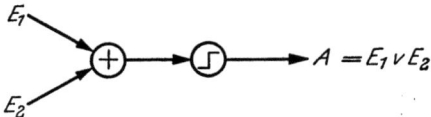

Abb. 15. Schaltung für die logische Addition (Disjunktion, Oder-Tor). Bis auf die Rekonditionierung mit dem Ne rechts entspricht die Schaltung derjenigen für die analoge Addition (Abb. 14 e). $E_1$, $E_2$ = Eingänge. $A$ = Ausgang. Das „v" der Resultatsformel bedeutet „oder" (lateinisch vel)

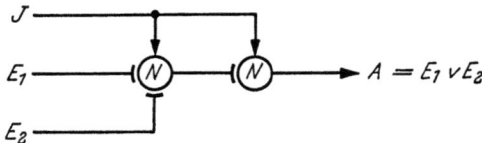

Abb. 16. Alternative zur Schaltung von Abb. 15 für die logische Addition unter Verwendung von Negationssperrungen. $J$ = Eingang von einer (dauernd tätigen) Impulsquelle. Übrige Bezeichnungen wie Abb. 15

fachung — allerdings unter Verzicht auf genormten Signalcode — hindeutet; zum zweiten die Verwendung einer außenliegenden genormten Signalquelle, so daß eine Rekonditionierung unnötig wird und neben ununterbrochenen Impulsfolgen auch Impulspakete ohne spezielle Vorkehren verarbeitet werden können, sofern eine genügend wirksame Sperrung (zur Überbrückung der Totzeiten zwischen den Paketen des sperrenden Einganges) vorliegt. Im übrigen soll die hier gebotene Darlegung zweier Schaltungen für ein und denselben Zweck als Pendant zur eingangs dieses Abschnittes gemachten Bemerkung dienen, daß auch in der Natur eine Aufgabe keineswegs nur in einer einzigen Weise gelöst sein muß.

Die Definition des für die logische Multiplikation (Konjunktion) erforderlichen Und-Tores schreibt ein Ausgangssignal dann und nur dann vor, wenn die beiden Eingänge des Tores gleichzeitig ein Signal erhalten. In bemerkenswerter Analogie zur Addition erfüllt die Analog-Multiplikation nach Beziehung (4) diese Bedingung, so daß wiederum für die analoge und

## 4.2 Schaltungen für die Durchführung der logischen Grundoperationen

die logische Multiplikation nur eine Schaltung (Abb. 14 und 17) erforderlich ist. Hier ist eine Rekonditionierung nicht unbedingt nötig, da von den vier möglichen funktionellen Kombinationen der beiden Eingänge nur eine ein Ausgangssignal liefert, das durch geeignete Abstimmung der Apparatekonstanten bereits den Signalnormen angepaßt werden könnte. Wiederum ist eine zweite Schaltung mit Negationssperrungen möglich (siehe Abb. 18).

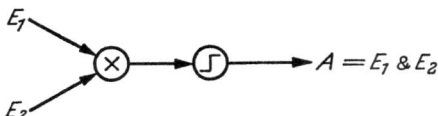

Abb. 17. Schaltung für die logische Multiplikation (Konjunktion, Und-Tor). Man beachte auch hier die Übereinstimmung mit der Schaltung für analoge Multiplikation (Abb. 14 f). $E_1$, $E_2$ = Eingänge. $A$ = Ausgang. Das „&" der Resultatsformel bedeutet „sowohl als auch"

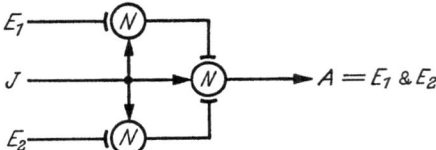

Abb. 18. Alternative zur Schaltung von Abb. 17 unter Verwendung von Negationssperrungen. $J$ = Eingang von einer Impulsquelle. Übrige Bezeichnungen wie Abb. 17

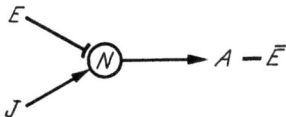

Abb. 19. Schaltung für die logische Negation. $E$ = Eingang. $J$ = Eingang von einer Impulsquelle. $A$ = Ausgang. Das „$\bar{E}$" in der Resultatformel bedeutet „nicht $E$"

Für die dritte logische Grundoperation, die Negation, wird kein Tor benötigt, sondern nur ein Schaltelement, dessen Definition eine Inversion des Signales zwischen dem einzigen Eingang und dem Ausgang fordert. Dieses Schaltelement hat also genau die gleiche Aufgabe wie das zweite Ne in Abb. 16, nämlich die Umkehrung von „ja" in „nein" und von „nein" in „ja". Damit ist die Lösung dieser einfachen Aufgabe vermittels eines einzigen Ne möglich (Abb. 19), welches eine dem Musterfall 4 des Abschnittes 3.3 entsprechende Funktion hat.

## 4. Synthese einfacher Neuronenschaltungen

Um auch dem im Umgang mit Computern wenig bewanderten Leser eine Vorstellung von den Anwendungsmöglichkeiten solcher Schaltungen zu geben, soll die Ermittlung der letzten Stelle einer binären Zahlenaddition behandelt werden [Abb. 20. Im Gegensatz zur üblichen Darstellung mit elektrischen oder allgemeinen logischen Elementen, etwa bei GRENIEWSKI (1960), werden hier ausschließlich Ne benützt]. Die maßgebenden Bedingungen lauten: Die letzte Stelle der Summe ist dann und nur dann 1, wenn die letzte Stelle des einen Summanden 1, die des anderen 0 ist; der Zweier-

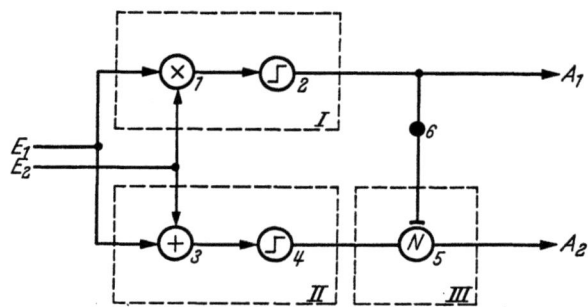

Abb. 20. Beispiel für die Anwendung der logischen Grundoperationen auf die Ermittlung der letzten Stelle einer binären Zahlenaddition. $E_1 E_2$ = letzte Stellen der beiden Summanden. $A_1$ = Ausgang für Zweierübertragung. $A_2$ = Ausgang für letzte Stelle. I = Konjunktionsschaltung. II = Disjunktionsschaltung. III = Negationsschaltung (allerdings nicht mit erregendem Eingang von einer Impulsquelle). Weitere Erläuterungen im Text

übertrag zur vorletzten Stelle ist dann und nur dann 1, wenn die letzten Stellen beider Summanden 1 sind. Diese zweite Bedingung ist bedeutungsgleich mit der Definition der logischen Multiplikation. Sie kann also durch ein Und-Tor erfüllt werden. Die erste Bedingung hingegen (die übrigens auch als Aussage über die Voraussetzungen verstanden werden kann, unter welchen eine Summe eine ungerade Zahl ist, wenn von den beiden Summanden bekannt ist, ob sie gerade oder ungerade sind) stimmt nur für drei der vier möglichen Kombinationen mit der Definition der logischen Addition überein: Wenn beide Summanden eine 1 in der letzten Stelle haben, verlangt die logische Addition eine 1, die arithmetische eine 0 als letzte Stelle. Diese Diskrepanz kann leicht durch eine Negationssperrung von der Zweierübertragung her (Ne 5 in Abb. 20) behoben werden. Das Beispiel ist übrigens darum recht instruktiv, weil jede der drei logischen Grundoperationen gerade einmal benötigt wird.

Nochmals sei hier mit allem Nachdruck vor der Vorstellung gewarnt, das routinemäßige Kopfrechnen mit Binärzahlen spiele sich unter Zuhilfenahme einer Schaltung nach Abb. 20 ab, obwohl es weitaus rationeller ist, das Einsundeins und das Einmaleins im Gedächtnis gespeichert bereitzuhalten. Es sollte nur demonstriert werden, daß derartige Schaltungen grundsätzlich möglich sind. Ihre praktische Anwendung im Organismus könnte man sich allenfalls für das Erarbeiten neuer Kombinationen, niemals für die Reproduktion regelmäßig wiederkehrender, vorstellen.

## 4.3 Die analog-digitale Doppelnatur des Neurons

Nachdem in den vorangehenden Abschnitten Arbeitsmöglichkeiten des Ne beschrieben wurden, die bald kontinuierlichen (analogen), bald diskreten (digitalen) Charakter aufweisen, müssen die damit zusammenhängenden Probleme einer näheren Prüfung unterzogen werden. Wesentlich ist dabei vor allem die Grundfrage, ob im Organismus tatsächlich beide Arbeitsprinzipien nebeneinander vorkommen. Im bejahenden Fall muß der Nachweis für die Möglichkeit eines Überganges von der einen Darstellungsart zur anderen und zurück (Codierung und Decodierung) erbracht werden.

Mit Sicherheit wissen wir, daß Sinnesnerven Signale übertragen, deren mittlere Frequenz bei Verstärkung des äußeren Reizes zunimmt (FACK, 1956; GRÜSSER et al., 1962; v. MURALT, 1946, und viele andere). Damit ist zumindest für den Verkehr mit der Außenwelt das Vorliegen einer Analogdarstellung offensichtlich.

Sofern unser Gehirn als materieller Träger logischer Denkprozesse anerkannt wird (und es dürfte wohl schwerfallen, eine andere auch nur einigermaßen plausible Hypothese zu finden), ist der Beweis für das Vorhandensein digital arbeitender Schaltungen ebenfalls erbracht. Denn ohne logische Grundoperationen ist keine Bearbeitung logischer Arbeitsprozesse möglich; die logischen Grundoperationen können aber nur mit digitalen Mitteln materialisiert werden. Im übrigen sprechen alle bekannten Hypothesen über die Informationsspeicherung im Gedächtnis ebenfalls sehr für das Bestehen digital codierter Information im Zentralnervensystem (siehe Abschnitte 5.1 bis 5.3).

Es kann also mit an Sicherheit grenzender Wahrscheinlichkeit angenommen werden, daß der Organismus tatsächlich sowohl analoge als auch digitale Funktionsweisen zur Anwendung bringt. Da sich das Ne — wie bereits dargelegt wurde — für beide Zwecke bestens eignet, wäre es ja auch merkwürdig, wenn sich die Natur nicht beider Möglichkeiten bedienen würde.

## 4. Synthese einfacher Neuronenschaltungen

Phylogenetisch könnte man die Hypothese wagen, daß ursprünglich ein primitives digitales System (basierend auf Vorhandensein oder Nichtvorhandensein eines Reizes) bestanden hat, das durch Übergang auf eine analoge Arbeitsweise fundamental verfeinert werden konnte. Eine codierte digitale

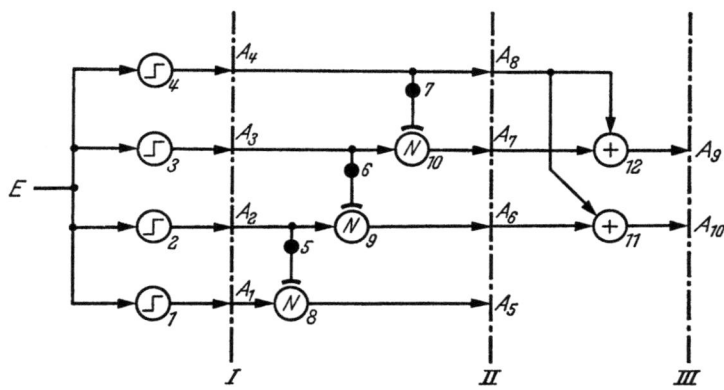

| Eingang Analogwert E | Ausgangswerte | | | | | | | | | |
|---|---|---|---|---|---|---|---|---|---|---|
| | Stufe I | | | | Stufe II | | | | Stufe III | |
| | $A_1$ | $A_2$ | $A_3$ | $A_4$ | $A_5$ | $A_6$ | $A_7$ | $A_8$ | $A_9$ | $A_{10}$ |
| 1 | 1 | 0 | 0 | 0 | 1 | 0 | 0 | 0 | 0 | 0 |
| 2 | 1 | 1 | 0 | 0 | 0 | 1 | 0 | 0 | 0 | 1 |
| 3 | 1 | 1 | 1 | 0 | 0 | 0 | 1 | 0 | 1 | 0 |
| 4 | 1 | 1 | 1 | 1 | 0 | 0 | 0 | 1 | 1 | 1 |

Abb. 21. Analog-Digitalwandlung mit anschließender zweimaliger Codewandlung. $E$ = Analogeingang. $A_1$ bis $A_{10}$ = Digitalausgänge (Code gemäß Tabelle, Stufen I bis III). Je nach Bedarf könnte die Schaltung bei I oder II aufhören. Die Digitalisierung erfolgt dank geeigneter Abstufung der Schwellensprünge an den Ne 1 bis 4. Die Funktion der beiden Codewandler ist aus dem Schema direkt ersichtlich. Code III ist ein um eine Einheit verschobener reiner Binärcode. Beliebige Erhöhung des Auflösungsvermögens ist möglich

Informationsdarstellung und mit ihr die Möglichkeit logischer Verknüpfungen kann in dieser Entwicklung als letzte Stufe betrachtet werden.

Allerdings ist über die bei kybernetischen Prozessen im Organismus verwendeten Codierungssysteme vorerst nichts bekannt. Hier soll daher lediglich gezeigt werden, daß die Umwandlung von analoger in digitale Infor-

## 4.3 Die analog-digitale Doppelnatur des Neurons

mationsdarstellung und zurück ohne weiteres möglich ist. Zu einer einfachen Analog-Digital-Wandlung genügt nämlich (wie in Abb. 21 zu erkennen) die Parallelschaltung einer gewissen Anzahl Ne mit Schwellensprung-Charakteristik gemäß Abb. 10, wobei die Apparatekonstanten der einzelnen Ne so abgestimmt sind, daß bei zunehmender Frequenz des gemeinsamen Analog-Einganges der Reihe nach ein Ne nach dem anderen gezündet wird. Die Zahl der feuernden Ne ist dann ein digitales Abbild des analogen Eingangssignals. Soll jeder Frequenzbereich des Einganges nur durch das Feuern eines einzigen Ausganges angezeigt werden, so ist lediglich eine Negationssperrung von einem Ausgang zum nächsten im Sinne absteigender digitaler Rangordnung erforderlich.

Die Digital-Analog-Wandlung ist beim soeben dargelegten primitiven Code (ein Kanal pro digital dargestellte natürliche Zahl) ebenso einfach: Jedem digitalen Kanal ist wiederum ein Ne mit Schwellensprung-Charakteristik zugeordnet (Abb. 22), wobei dessen Zündschwelle ein zuverlässiges Feuern beim Eintreffen des digitalen Signals sicherstellt, während die Refraktärzeit so abgestimmt ist, daß die Ausgangsfrequenz den gewünschten Wert erhält.

Im Bedarfsfalle kann die Analog-Digital-Wandlung sogar so erfolgen, daß das jeweils feuernde Ne eine der analogen Eingangsfrequenz proportionale Frequenz abgibt. Damit würde die analoge und die digitale Information von ein und demselben Signal transportiert, gewiß eine bemerkenswerte Möglichkeit.

Man könnte in technischer Hinsicht einwenden, das hier als Arbeitshypothese gewählte Codierungssystem sei für die praktische Anwendung wegen seiner Aufwendigkeit nicht zweckmäßig, während andere Codierungen wiederum eine wesentlich umständlichere Analog-Digitalwandlung bedingen. Darauf ist zweierlei zu antworten: Einmal spielt im Organismus die Zahl der erforderlichen Ne angesichts ihrer Kleinheit bei weitem nicht die Rolle wie die Zahl von Schaltelementen in einer Maschine. Zum zweiten ist mit Hilfe der logischen Grundoperationen jede beliebige Umcodierung digital dargestellter Informationen immer möglich. (Als Beispiel enthält Abb. 21 einen zusätzlichen rein binär codierten Ausgang und Abb. 22 einen ebensolchen Eingang.) Damit ist bewiesen, daß mit Ne als Schaltelementen jede Form der Analog-Digital- wie auch der Digital-Analog-Wandlung möglich ist.

Mehr noch: Es ist keineswegs unbedingt nötig, daß die beiden Wandler hinsichtlich Frequenzen der Analogsignale äquidistant abgestuft sein müssen. Es besteht somit die Möglichkeit einer innerhalb gewisser Grenzen beliebigen Verzerrung zwischen Ein- und Ausgangsinformation. Mit anderen Wor-

## 4. Synthese einfacher Neuronenschaltungen

ten: Das Ausgangssignal muß nicht linear mit dem Eingangssignal verknüpft sein, sondern kann eine fast beliebige Funktion desselben darstellen. Die Einfachheit der Wandlung legt die Möglichkeit nahe, zwei Wandler in Serie zu schalten und so beispielsweise eine Schaltung mit analogem Eingang und analogem Ausgang zu erhalten, deren Frequenzen $f_1$ und $f_2$ durch die Beziehung

$$f_2 = F(f_1) \tag{10}$$

verbunden sind, wobei $F$ eine fast beliebige Funktion sein darf. Nimmt man den oben erwähnten gleichzeitigen Transport der Information in analoger und digitaler Form an, so kann die Schaltung von Abb. 21 durch eine

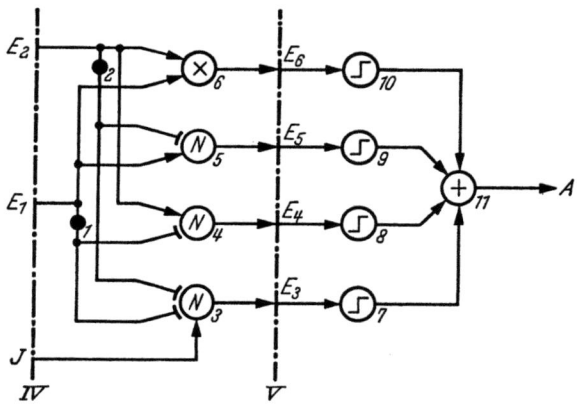

| | | Eingangswerte | | | | Ausgang |
|---|---|---|---|---|---|---|
| Stufe IV | | | Stufe V | | | Analogwert A |
| $E_1$ | $E_2$ | $E_3$ | $E_4$ | $E_5$ | $E_6$ | |
| 0 | 0 | 1 | 0 | 0 | 0 | 1 |
| 0 | 1 | 0 | 1 | 0 | 0 | 2 |
| 1 | 0 | 0 | 0 | 1 | 0 | 3 |
| 1 | 1 | 0 | 0 | 0 | 1 | 4 |

Abb. 22. Digital-Analogwandlung mit vorgeschalteter Codewandlung. $E_1$ bis $E_6$ = Digitaleingänge (Code gemäß Tabelle, Stufen IV und V, die den Stufen III und II von Abb. 21 entsprechen). Je nach Bedarf könnte die Schaltung erst bei V anfangen. $J$ = Eingang von einer Impulsquelle. $A$ = Analogausgang. Die Bildung der richtigen Analogwerte erfolgt dank geeigneter Abstufung der Refraktärzeiten an den Ne 7 bis 10. Die Funktion des Codewandlers ist aus dem Schema direkt ersichtlich

## 4.3 Die analog-digitale Doppelnatur des Neurons

einfache Summation in einen Funktionsgenerator umgewandelt werden (Abb. 23). Da stets nur ein Eingang das Additions-Ne erregt, kann hier auf die in Abschnitt 3.3 geforderte Inkohärenz der Eingänge verzichtet werden. Damit ist eine der im Abschnitt 3.4 erwähnten Lücken in der Betrachtung der Möglichkeiten eines kybernetischen Systems als Analogrechner geschlossen. Unter anderem wird übrigens auch die Division ermöglicht, wie man sich leicht auf Grund der Schaltungstechnik für analoge und digitale

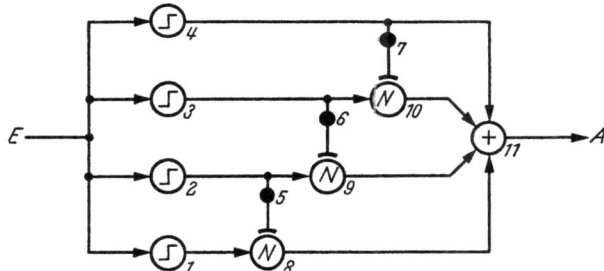

Abb. 23. Funktionsgenerator für Analogsignale. $E$ = Analogeingang. $A$ = Analogausgang. Die Schaltung entspricht weitgehend derjenigen von Abb. 21 (bis Stufe II). Die nichtlineare Beziehung zwischen Ein- und Ausgang wird durch geeignete Abstufung der Schwellensprünge und Refraktärzeiten an den Ne 1 bis 4 erzielt

Integrieranlagen überzeugen kann. Ein Überblick mit zahlreichen Literaturhinweisen findet sich in einer Arbeit des Verfassers (1962).

Die Einfachheit der oben dargelegten Wandlungsverfahren darf übrigens nicht zum Schluß verführen, jeder Übergang von analoger zu digitaler Darstellung müsse im Organismus so oder ähnlich erfolgen. Beispielsweise werden beim Schätzen einer Länge meist Vergleiche mit anderen Längen angestellt, die bekannt (also digital im Gedächtnis gespeichert) sind.

Angesichts der schwerwiegenden Argumente, die für das Vorhandensein sowohl digitaler als auch analoger Schaltungen im Organismus sprechen (und die durch den Nachweis einfacher Wandlungsmöglichkeiten in beiden Richtungen weiter an Wahrscheinlichkeit gewinnen), ist eine Spekulation über die Frage angezeigt, welche Aufgaben vorwiegend mit digitalen und welche mit analogen Mitteln gelöst werden. Zunächst ist festzustellen, daß bei einem System, das sogar die parallele Führung digitaler und analoger Signale im gleichen Kanal gestattet, gemischte (in der Terminologie der Computertechnik: hybride) Operationsweisen als naheliegend betrachtet werden dürfen. Trotzdem sind gewisse Tatsachen nicht zu übersehen, die eine Verlagerung des Schwergewichtes nach der einen oder der anderen

## 4. Synthese einfacher Neuronenschaltungen

Richtung in bestimmten Fällen wahrscheinlich, in anderen sogar sicher erscheinen lassen. Es soll versucht werden, diesen Problemkreis von der technischen Seite her, also im Hinblick auf das technisch Notwendige oder zumindest Zweckmäßige, zu analysieren. Dabei soll ein anschauliches praktisches Beispiel als Illustration dienen. Es handle sich um das Abbremsen eines Automobils beim Aufleuchten einer roten Verkehrsampel, das an drei Musterfällen diskutiert wird:

Musterfall 1: Das Fahrzeug ist eben im Begriff, mit mäßiger Geschwindigkeit die Ampel zu passieren. Da leuchtet plötzlich das rote Licht auf. Der Fahrer reagiert mit einer Schnellbremsung, indem er mit voller Kraft auf das Bremspedal drückt. Der Wagen kommt — allerdings etwas unsanft — noch rechtzeitig zum Stehen.

Musterfall 2: Der Fahrer stellt das Aufleuchten des roten Lichtes bereits aus einer beträchtlichen Entfernung beim Heranfahren fest. Er nimmt das Gas weg, läßt den Wagen eine kurze Strecke ausrollen und führt schließlich mit einer wohldosierten, „weichen" Bremsung den Stillstand an der gewünschten Stelle herbei.

Musterfall 3: Der Experte fragt einen Kandidaten an der theoretischen Fahrprüfung nach der Bremsstrecke, die benötigt wird, um den Wagen bei Annäherung an eine rote Verkehrsampel aus einer bestimmten Geschwindigkeit anzuhalten. Der Kandidat stellt die erforderliche Kopfrechnung an und gibt die richtige Antwort.

Überlegt man sich, welche technischen Mittel erforderlich sind, um die in jedem der drei Fälle dargestellte Leistung zu vollbringen, so stellt man folgendes fest:

Im ersten Fall braucht man nur Mittel, die das ankommende optische Signal empfangen, weiterleiten, verstärken und in eine Form bringen, die das Betätigen der Bremse erlaubt. Mit den Stichworten Photozelle — Übertragungsleitung — Verstärker — Servomotor ist eine konkrete Ausführungsform umschrieben. Eigentliche Regel- oder Datenverarbeitungsvorgänge treten nicht auf (zumindest wenn man annimmt, daß der Fuß des nachgeahmten Fahrers von Anfang an auf dem Bremspedal ruhte und dieses nicht lange suchen muß). Im Rahmen eines übergeordneten Systems sind natürlich kompliziertere Beziehungen denkbar, ja unvermeidlich, wie zum Beispiel die Priorisierung des vorliegenden Notsignals gegenüber anderen, im Augenblick weniger wichtigen Informationen oder die gleichzeitige Auslösung von Hilfsfunktionen (etwa die Betätigung des Kupplungspedals und das verstärkte Abstützen der Hände am Lenkrad zur Aufnahme der Trägheitskraft des Körpers). Träger der eigentlichen Bremsreaktion ist aber ausschließlich ein einziges Signal, das entweder vorhanden ist oder nicht. Es handelt sich

## 4.3 Die analog-digitale Doppelnatur des Neurons

dabei um eine digital mit einem einzigen Bit (Ja-Nein-Aussage) ausdrückbare Information im Sinne der Informationstheorie (MEYER-EPPLER, 1969; SHANNON, 1948; SHANNON/WEAVER, 1949; ZEMANEK, 1959 a). Somit besteht kein Anlaß zu einer anderen als einer digitalen Arbeitsweise.

Der zweite Fall ist ganz beträchtlich komplizierter: Während des ganzen Vorganges muß ständig der Abstand vom gewünschten Haltepunkt und die Geschwindigkeit (allenfalls unter Berücksichtigung von Nebenbedingungen, wie Straßen- und Reifenzustand oder Rampenneigung) geschätzt — also gemessen — und der Druck auf das Bremspedal so bemessen werden, daß der gesamte Prozeß möglichst stetig bis zum Stillstand ablaufen kann. Hier liegt ein eigentlicher Regelvorgang mit Rückkoppelung des Ausganges (des Pedaldruckes) auf die Eingänge (Abstand und Geschwindigkeit) vor. Diese Ein- und Ausgänge haben durch die äußeren Umstände zwangsläufig Analogform. Es liegt also nahe, daß auch die Verarbeitung — sofern möglich — ebenfalls vorzugsweise analog durchgeführt wird. In der Tat arbeiten heute die meisten technischen Regelsysteme auf Analogbasis. Dabei liegt allerdings, wie jedem Handbuch über Regeltechnik entnommen werden kann (LANDGRAF/SCHNEIDER, 1970; OPPELT, 1960; PIEWINGER, 1966; TRUXAL, 1960), eine wesentliche Voraussetzung in der Möglichkeit der Durchführung von Infinitesimaltransformationen, die bis dahin noch als Lücke im Arsenal der Neuronenschaltungen für Analogrechnung notiert wurde (siehe Abschnitte 3.4 und 7.3). Aus der Analyse von Augenbewegungen konnte übrigens der Schluß gezogen werden, daß gewisse kybernetische Regelkreise tatsächlich Proportional-Integral-Charakter haben, was eine meßtechnische oder rechnerische Bestimmung von Infinitesimalwerten zur Voraussetzung hat (ECCLES, 1969; VOSSIUS, 1961). Auf die Frage, ob diese Werte analog oder digital ermittelt werden, soll im Abschnitt 4.5 eingegangen werden. Hier genügt die Feststellung, daß im vorliegenden Fall eine gewisse Wahrscheinlichkeit für die wenigstens zu einem wesentlichen Teil mit Analogmitteln bewerkstelligte Lösung der gestellten Aufgabe besteht, obgleich der erforderliche Datenverarbeitungsprozeß grundsätzlich auch rein digital behandelt werden könnte. Eine solche Konzeption würde aber — wie später noch eingehender besprochen werden soll — einen weit höheren Aufwand an Ne bedingen, ohne wesentliche regeltechnische Vorteile zu bieten. Das wahrscheinlichste Ersatzmodell für den Führer ist somit durch die Elemente Photozelle/Telemeter — Analogrechner (allenfalls Hybridrechner) — Verstärker — Servomotor gegeben. In der im Musterfall geschilderten Form ist übrigens ein reiner Analogrechner nicht möglich, weil der Übergang von einer Operationsweise zur anderen (getriebene Fahrt — Ausrollen — Bremsen) diskreten Charakter hat und somit ins digitale Gebiet gehört.

## 4. Synthese einfacher Neuronenschaltungen

Der dritte Fall ist eindeutig: Der Experte nennt eine Aufgabe (der ein bestimmtes Rechenprogramm entspricht) und gibt die dafür charakteristische Größe digital an. Der Kandidat rechnet das Programm durch und liefert das Resultat in digitaler Form. Abgesehen vom erforderlichen Ersatz des gesprochenen Wortes durch einen technisch adäquaten Datenträger könnte als Kandidat ein digitaler Rechenautomat die Aufgabe lösen. Es wäre höchst merkwürdig, wenn in diesem Prozeß der Organismus sich irgendwo einer analogen Arbeitsweise bedienen würde.

In verallgemeinerter Form läßt sich zu dem gestellten Problem somit folgendes sagen: In Analogie zu der eingangs gestreiften Hypothese über den phylogenetischen Entwicklungsgang dürfte sich der hochentwickelte Organismus für primitive Steuerungsaufgaben einer fast uncodierten Digitaltechnik, für Regelkreise einer hybriden Kombination und für die eigentliche Denkarbeit rein digitaler Mittel bedienen. Die Übergänge kann man sich dabei zum Teil verwischt vorstellen. Beispielsweise wird ein Übertragungskanal mit Analogcharakter beim vollen Aussteuern (also beim Erreichen der durch die Refraktärzeit bedingten Impulsfrequenz) zum primitiven digitalen Element, da über dieser Schwelle nur noch das Vorhandensein eines Maximalsignals angegeben werden kann. Eine solche zweckmäßige Arbeitsteilung scheint dem Verfasser plausibler als etwa ein durchgehendes „Zweikanalsystem" (digital für Information, analog für die dazugehörige „Affektspannung"), wie es von ZEMANEK (1962 b) zur Diskussion gestellt wird.

Man könnte sich nun fragen, ob der Organismus nicht veranlaßt sei, die ungenauen Analogschaltungen in zunehmendem Maße durch digitale zu ersetzen, wie dies in gewissen Zweigen der Technik beobachtet werden kann. Eine solche Entwicklungstendenz — die letztlich zu volldigitalen Lösungen für sämtliche Zwecke führen müßte — erscheint aus zwei Gründen wenig wahrscheinlich: Einerseits sind analoge Schaltungen unter sonst gleichen Bedingungen zu größeren Arbeitsgeschwindigkeiten fähig als digitale, ein Vorteil, dem angesichts der relativ niedrigen Impulsfrequenzen im Nervensystem (Größenordnung einige hundert Hz) sowie des schädlichen Einflusses von Verzögerungen auf die Stabilität von Regelkreisen eine große Bedeutung zukommt. (Man stelle sich vor, der Fahrer im oben skizzierten Musterfall 2 müßte eine Rechnung gemäß dem Musterfall 3 anstellen, ehe er den Bremsprozeß einleiten dürfte.) Andererseits lassen sich Analogschaltungen — sofern ihre bescheidene natürliche Genauigkeit ausreicht (und gerade das ist in Regelkreisen meist der Fall) — mit einem wesentlich geringeren Aufwand verwirklichen als entsprechende digitale Lösungen. Es ist also nicht einzusehen, weshalb ein durch Selektionsdruck erzeugter Trend zur integralen

Digitalisierung dort vorliegen sollte, wo keine nennenswerten Vorteile daraus zu ziehen wären.

## 4.4 Wichtige Elementarschaltungen

Eines der wichtigsten Elemente der Regeltechnik ist der Gegentaktverstärker. Es handelt sich dabei um einen (meist elektronischen) Verstärker mit zwei Ausgängen, deren Signale sich in ihrer Intensität zueinander komplementär verhalten, indem eine Steigerung der Intensität des einen stets einer Abschwächung des anderen entspricht und umgekehrt. Solche Verstärker sind überall dort von Bedeutung, wo eine Steuerung neben einer Ruhestellung zwei Arbeitsstellungen (etwa Rechts- und Linkslauf eines Servomotors) aufzuweisen hat.

Eine solche Schaltung (FURMAN, 1965; HARTLINE, 1949; KÜPFMÜLLER/JENIK, 1961; LETTVIN, 1962) läßt sich unter Verwendung je zweier Ne zur Vorzeichenumkehr und zur Subtraktion auf einfachste Weise herstellen (Abb. 24). Damit läßt sich nicht nur die naheliegende Steuerung des Muskelspiels von Flexor und Extensor erklären (GRANIT, 1966). Die Anordnung der Ne in den Facettenaugen von Gliederfüßern läßt nämlich vermuten, daß solche Schaltungen in der Tat häufig zur Anwendung kommen, wobei nicht nur zwei, sondern Hunderte oder Tausende von Kanälen jeweils im Gegentakt geschaltet sind. Auf die Wichtigkeit dieses Verfahrens (der sogenannten lateralen Inhibition) soll in anderem Zusammenhang näher eingegangen werden (siehe Abschnitt 6.5). Hier sei nur das klassische Beispiel von BURIDANs Esel erwähnt, den ein kräftiger Gegentaktverstärker vor dem Verhungern zwischen zwei fast (aber nicht ganz) gleich stark lockenden Heuballen gerettet hätte.

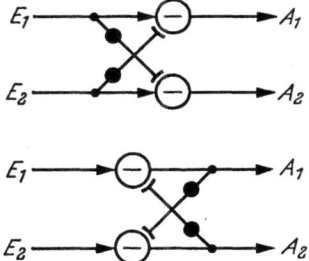

Abb. 24. Gegentaktverstärker. $E_1$, $E_2$ = Eingänge. $A_1$, $A_2$ = Ausgänge. Sind die Signale in $E_1$ und $E_2$ verschieden, so bewirkt die Schaltung eine Verstärkung des Unterschiedes. Oben „Vorwärtsinhibition", unten „Rückwärtsinhibition"

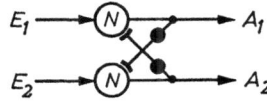

Abb. 25. Gegenseitige Verriegelung zweier Signale („Recht des Ersten") dank Ersatz der Subtraktion (Abb. 24) durch Negationssperrung

Die Möglichkeiten der Inhibitionsschaltungen gehen aber noch weiter, wenn man daraus ganze Netzwerke aufbaut (v. SEELEN, 1968, 1971).

## 4. Synthese einfacher Neuronenschaltungen

Technische Gegentaktverstärker können einen oder zwei Eingänge haben. Im letztgenannten Fall trägt häufig nur einer davon das Eingangssignal, während der andere mit einem konstanten „Kompensationssignal" gespeist wird. Selbstverständlich ist diese Möglichkeit auch bei einer Neuronenschaltung nach Abb. 24 gegeben. Ferner läßt sich der Gegentakteffekt durch mehrstufige Anordnung praktisch beliebig hoch steigern.

Will man in diesem Sinne noch weiter gehen, so kommt man zu einer gegenseitigen Verriegelung, also zu einer digitalen Verknüpfung der beiden Signale, die an sich ohne weiteres ihren Analogcharakter beibehalten können. Die Funktion einer solchen Schaltung (Abb. 25) besteht darin, daß beim Auftreten des einen Signals das andere völlig unterdrückt wird, womit man gewissermaßen das „Recht des Ersten" etabliert, das bei fast gleichzeitigem Eintreffen durch die gegenseitige Phasenlage bestimmt wird.

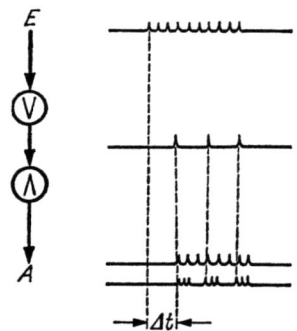

Abb. 26. Dosierte Startverzögerung eines Impulspaketes. $E$ = Eingang. $A$ = Ausgang. Die charakteristischen Impulsschemata an den einzelnen Punkten der Schaltung sind rechts dargestellt. Je nach den Charakteristiken des unteren Ne kann der Ausgang eine ununterbrochene Impulsfolge oder eine Folge von Impulspaketen liefern

Wie aus den Abschnitten 4.5 und 5.1 zu entnehmen sein wird, ist für gewisse Zwecke eine wohldefinierte Startverzögerung (delay) eines Signals von fundamentaler Wichtigkeit. Auch diese Aufgabe läßt sich in einfachster Weise lösen (Abb. 26), sofern dies nicht einfach durch Einschaltung einer Leitung mit genügender Laufzeit (FLECHTNER, 1966; SPRENG/KEIDEL, 1963) geschieht. Die gleiche Schaltung kann mit entsprechend abgestimmten Apparatekonstanten auch für die Umwandlung einer ununterbrochenen Impulsfolge in eine Folge von Impulspaketen Verwendung finden.

## 4.5 Zeitmessung, Zählen, Integration, Differentiation

In seinen grundlegenden Arbeiten über die Verhaltensweisen von Bienen weist v. FRISCH (1965) immer wieder darauf hin, daß viele Leistungen nur möglich sind, wenn eine „innere Uhr" zur Verfügung steht, die es den Tieren ermöglicht, den Tageslauf auch ohne äußere Informationseingabe mit erstaunlicher Genauigkeit zu berücksichtigen. Hier zwei Beispiele, von denen eines im Abschnitt 7.5 in anderem Zusammenhang eingehender betrachtet werden soll: Für ihre Orientierung (Heimfinden von der Futterstelle, Anfliegen der Futterstelle auf Grund der von Suchbienen übermittelten Information usw.) verwenden die Bienen einen Himmelskompaß, der nach der Sonne oder (wenn diese unsichtbar ist) nach dem sonnenstandbedingten Polarisationsmuster des Himmels ausgerichtet ist. Dieses Orientierungsverfahren funktioniert auch dann einwandfrei, wenn zwischen der Eingabe der Information (etwa dem Hinflug) und dem Vollbringen der Orientierungsleistung (beim Rückflug) mehrere Stunden liegen, so daß eine Anpassung an den veränderten Sonnenstand nötig wird. Bienen, die von Europa nach Amerika überflogen wurden, führten ihre Lebensgewohnheiten während einiger Zeit „nach MEZ" weiter und stellten sich erst nach mehreren Tagen auf die neuen Verhältnisse um (ihre Uhr war also nachstellbar). Noch verblüffender ist in diesem Zusammenhang die Fähigkeit gewisser Kleinkrebse (die im übrigen den Bienen hinsichtlich Orientierungsfähigkeit weit unterlegen sind), bei der Suche nach der für sie lebenswichtigen Uferzone nicht nur die Sonne, sondern auch den Mond als Wegweiser zu benützen (PAPI, 1954; PAPI/PARDI, 1959; PARDI, 1957). Es liegen also zwei unabhängige Zeitmeßsysteme vor, die die Marschrichtungssteuerung (etwa nach dem Schema: „Bei Trockenheit nach Westen, bei Nässe nach Osten", natürlich unter Berücksichtigung der örtlichen Ufertopographie) beeinflussen können.

Das Problem der Zeitmessung, das gerade in der neueren Literatur verschiedentlich behandelt wurde (BUNNING, 1967; HOLUBÁR, 1969), ist also offensichtlich aktuell, und es stellt sich die Frage, ob mit Neuronenschaltungen eine Zeitmessung, das heißt die Feststellung der zeitlichen Dauer eines Ereignisses, möglich ist. Wie man aus Abb. 27 erkennt, ist dies tatsächlich der Fall, indem bei gleichförmiger Speisung des Einganges der Schaltung die drei Ausgänge in zyklischer Folge Impulspakete aussenden und damit als digitaler „Uhrzeiger" mit drei Stellungen dienen. Natürlich ist die Zahl der zu einem Ring verbundenen Ausgänge bei einer solchen Schaltung theoretisch unbeschränkt, so daß eine beliebig lange Zeit mit fast beliebig feiner Abstufung gemessen werden kann. Grundsätzlich sind auch Schaltungen denkbar, bei denen mehrere Zählkreise in Serie derart angeordnet sind, daß

## 4. Synthese einfacher Neuronenschaltungen

ein bestimmter Zählkreis um einen Schritt weitergeschaltet wird, sobald der nächste vorgeschaltete Kreis einen vollen Zyklus durchlaufen hat. Damit wird es möglich, sehr lange Zeiten mit einem relativ bescheidenen Aufwand zu messen. Eine gewisse Analogie zu einer Uhr mit Stunden-, Minuten- und Sekundenzeiger ist nicht zu verkennen.

Nimmt man an, die Neuronenuhr (Abb. 27) werde nicht mit einer konstanten, sondern mit einer variablen Frequenz $f_1$ gespeist, so stellt man eine

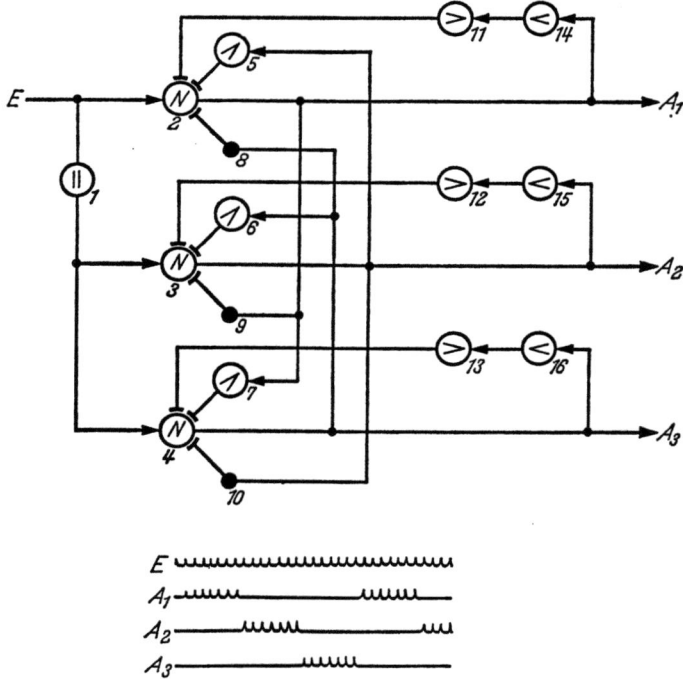

Abb. 27. Zeitmeß-, Zähl- und Integrierschaltung. $E$ = Eingang (für Zeitmessung konstante, für Zählung und Integration variable Frequenz). $A_1$ bis $A_3$ zyklisch (gemäß Darstellung unten in der Abb.) feuernde Ausgänge. Funktionsbeschreibung: Ne 1 sorgt dafür, daß bei Arbeitsbeginn stets zuerst Ne 2 in Betrieb kommt. Ne 2 bis 4 (beliebige Erhöhung der Zahl möglich) verriegeln einander gegenseitig, so daß stets nur eines feuern kann. Ne 5 bis 10 kehren für die Verriegelung das Vorzeichen um. Die Frequenzerhöhung in 5 bis 7 (Mehrfachzündung) bewirkt eine längere Sperrung als bei 8 bis 10. Dadurch wird beim Sperren des jeweils feuernden Ne (2 bis 4) die Reihenfolge der Ausgänge $A_1$, $A_2$, $A_3$, $A_1$ usw. erzwungen. Ne 11 bis 16 sorgen als Verzögerungsglieder für Sperrung des jeweils feuernden Ne (2 bis 4) nach einer dosierten Zeit

## 4.5 Zeitmessung, Zählen, Integration, Differentiation

eindeutige Abhängigkeit des Ganges der Uhr von dieser Frequenz fest: Ohne Eingangssignal steht die Uhr still; bei zunehmender Eingangsfrequenz läuft sie bis zu einer bestimmten Grenze immer schneller. Von einem unter allen Umständen gültigen linearen Zusammenhang kann zwar nicht die Rede sein, doch ist bei geeigneter Abstimmung der Apparatekonstanten eine gute Annäherung an diesen Idealfall wenigstens in einem beschränkten Bereich denkbar (beispielsweise, wenn die Ne 2, 3, 4 in Abb. 27 eine reine

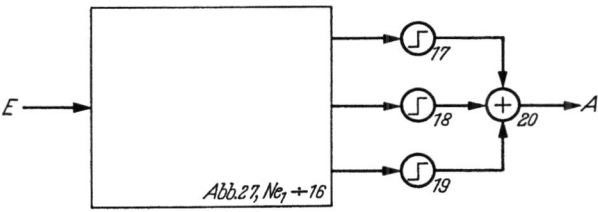

Abb. 28. Schaltung gemäß Abb. 27 mit angeschlossenem Digital-Analogwandler. $A$ = Analogausgang. Der Wandler entspricht Abb. 22 (Ne 7 bis 11). Sofern die Ne 2 bis 4 von Abb. 27 auf die gewünschten Ausgangsfrequenzen abgestimmt werden können, kann sogar auf die Ne 17 bis 19 verzichtet werden

Übertragung 1 : 1 bewerkstelligen und die Ne 14, 15, 16 eine Frequenzreduktion 1 : 4). In diesem Bereich ändert sich die Stellung $J$ der Uhr mit einer Geschwindigkeit, die etwa proportional der Frequenz des Eingangssignales ist, was durch die Beziehung

$$\frac{dJ}{dt} \approx c \cdot f_1 \quad (11)$$

ausgedrückt werden kann. Integriert man beide Seiten dieser Gleichung und führt die Anzahl $n_1$ der Eingangsimpulse ein, so erhält man

$$J \approx c \cdot \int f_1 \cdot dt \equiv c \cdot n_1. \quad (12)$$

Man hat also eine Zählschaltung oder eine Integrierschaltung vor sich, je nachdem, ob man $n_1$ oder $f_1$ als maßgebende Eingangsgröße betrachtet. Im Zusammenhang mit regeltechnischen Problemen (bei denen ja wahrscheinlich die Arbeit mit Analogschaltungen vorwiegt, womit die Frequenz $f_1$ in den Vordergrund rückt) interessiert vorab die Möglichkeit einer — wenn auch recht ungenauen — Integration. Der im Rahmen eines analog normierten Systems störende digitale Ausgang läßt sich naturgemäß leicht umformen (Abb. 28), womit ein Integrator nach der Beziehung

$$f_2 \approx c \cdot \int f_1 \cdot dt \quad (13)$$

entsteht. Diese Möglichkeit gilt nicht nur für die Schaltung gemäß Abb. 27, sondern in ebensolchem Maß für jede Zeitmeß- oder Zählschaltung mit eindeutig digital codiertem Ausgang. Einmal mehr ist also die aus den dargelegten Schaltungen gewonnene grundsätzliche Erkenntnis keineswegs abhängig davon, ob diese (mehr oder weniger willkürlich gewählten) Schaltungen auch tatsächlich den in der Natur vorkommenden Lösungen entsprechen. Übrigens ist noch zu bemerken, daß die Schaltung von Abb. 27 für den Fall der Integration noch etwas vereinfacht werden kann, da ihr zyklischer Charakter hier keinen Sinn mehr hat.

Neben der Integration kann aber auch das Abzählen unter Umständen von großer praktischer Wichtigkeit sein: Soll beispielsweise eine bestimmte Sequenz von gespeicherten Informationen (siehe auch Kapitel 5) der Reihe nach „abgespielt" werden, so kann eine „Abfrageeinheit" (MILNER, 1961), eine Art Shiftregister, erforderlich sein, die im Prinzip einem Zählwerk weitgehend entspricht.

Die Differentiation wird in der überwiegenden Zahl der praktisch vorkommenden Fälle als Differentiation über der Zeit benötigt, was gleichbedeutend ist mit der Messung der Geschwindigkeit eines bestimmten Vorganges. Diese Aufgabe kann mit äußerst einfachen Mitteln gemeistert werden. So erfordert die Messung der Frequenz eines periodischen Vorganges überhaupt keine spezielle Schaltung, wenn der betreffende Vorgang als Folge von Impulspaketen verfügbar ist, wobei die zu messende Frequenz durch die Aufeinanderfolge der einzelnen Pakete gegeben ist. In der Tat ist in einem solchen Fall die mittlere Signalfrequenz schon annähernd proportional der Meßgröße.

Etwas schwieriger wird die Aufgabe, wenn es beispielsweise gilt, die Geschwindigkeit (und Richtung) festzustellen, mit der sich eine Aufeinanderfolge schwarzer und weißer Streifen am ruhenden Auge eines Beobachters vorbeibewegt. Jede Sinneszelle sendet auch hier eine Folge von Impulspaketen (jedes ausgelöst durch den Übergang von einem schwarzen zu einem weißen Streifen oder umgekehrt) aus. Dieses Signal erlaubt aber nur die Bestimmung der Frequenz, nicht die Unterscheidung zwischen stillstehender pulsierender Lichtquelle, langsam bewegter dichter Streifenfolge und schnell bewegter weiter Streifenfolge. Erst die Verarbeitung der Signale mindestens zweier Sinneszellen ermöglicht die Lösung der gestellten Aufgabe. Dies ist zum Beispiel in der Weise zu erreichen, daß die Zeit zwischen der Reizung zweier benachbarter Sinneszellen mit einer durch eine Verzögerungsschaltung erzeugten Bezugszeit verglichen wird (Abb. 29), was mit einem Und-Tor bewerkstelligt werden kann, das als Koinzidenz-Indikator dient. Die mittlere Frequenz des Ausganges ist von einer gewissen Mindestgeschwindig-

## 4.5 Zeitmessung, Zählen, Integration, Differentiation

keit bis zum Erreichen eines Maximums (bei genauer Koinzidenz der verglichenen Zeiten) ein Maß für die zu messende Geschwindigkeit (Abb. 30). Das Vorhandensein einer eben noch perzipierten unteren Geschwindigkeits-

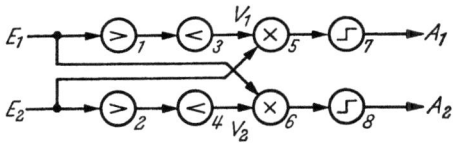

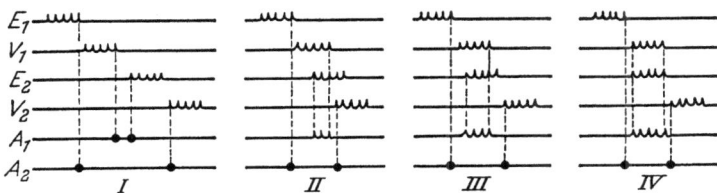

Abb. 29. Geschwindigkeits- und Richtungsmessung. $E_1$, $E_2$ = Eingänge von zwei Sinneszellen, die der vorüberlaufende Reiz nacheinander zum Feuern bringt. $V_1$, $V_2$ = durch die Verzögerungsschaltungen (Ne 1 bis 4) verzögerte Signale. Ne 5 und 6 = Koinzidenzvergleich zwischen den Signalen $E_1$ und $V_2$ bzw. $E_2$ und $V_1$. Ne 7 und 8 = Rekonditionierung. $A_1$, $A_2$ = Ausgänge. Unten Darstellung des zeitlichen Ablaufes an verschiedenen Stellen bei Bewegung des Reizes von $E_1$ nach $E_2$ und (von I bis IV) zunehmender Geschwindigkeit. Bei Gegenrichtung wären die Indizes 1 und 2 zu vertauschen. Somit würde $A_2$ ein Signal geben

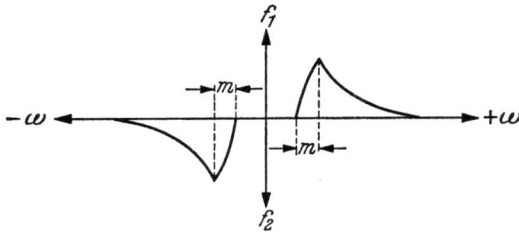

Abb. 30. Ausgangsfrequenzen $f$ in Funktion der (Winkel-) Geschwindigkeit $\omega$ des Reizes von $E_1$ nach $E_2$ gemäß Abb. 29. Zu Ausgang $A_1$ gehört $f_1$, zu $A_2$ gehört $f_2$. $m$ = Meßbereich, in dem $f$ direkt als Maß für $\omega$ verwendbar ist. Mit Umformungen könnte auch der zweite Ast jeder Kurvenhälfte Verwendung finden

grenze kann als Modell einer Empfindlichkeitsschwelle gedeutet werden, das Versagen beim Überschreiten der vollen Koinzidenz als die Grenze, bei der man „mit dem Schauen nicht mehr nachkommt". Natürlich kann die Messung durch Parallelschaltung mehrerer Systeme mit verschiedenen Verzögerungszeiten im Sinne eines semidigitalen Verfahrens (ERISMANN, T. H., 1962) praktisch beliebig verfeinert werden, und es sind auch aufwendigere Schaltungen mit volldigitalem Ausgang denkbar, obgleich (angesichts der großen

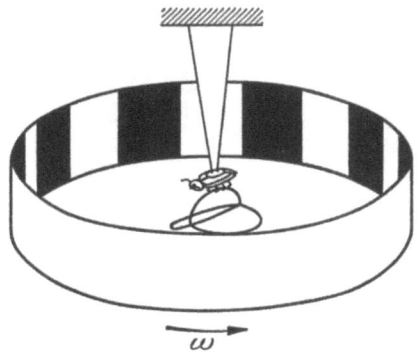

Abb. 31. Prinzipielle Anordnung der Käferversuche von HASSENSTEIN. Die Trommel rotiert mit der Winkelgeschwindigkeit $\omega$. Der Käfer ist in der Mitte fixiert. Als Meßgröße $M$ wird entweder die Kopfdrehung des Käfers verwendet oder die relative Häufigkeit der Wahl des „Weges rechts" oder „links" auf dem dargestellten „Spangenglobus", den der Käfer mit den Beinen hält und dem er wie einem Grashalm entlangkriecht

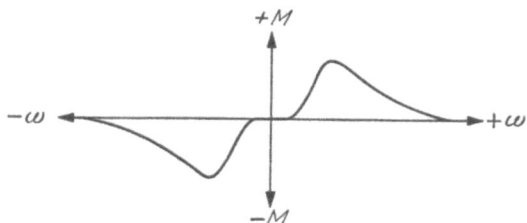

Abb. 32. Charakteristischer Verlauf der Meßgröße $M$ in Funktion der Winkelgeschwindigkeit $\omega$ beim Versuch gemäß Abb. 31. Man beachte die Verwandtschaft mit Abb. 30

Zahl der Sinneszellen selbst einfacher Facettenaugen) unwahrscheinlich. Auch mathematisch komplexere Möglichkeiten auf der Basis der Korrelationsrechnung wurden schon untersucht (HASSENSTEIN/REICHARDT, 1956 bis 1958), allerdings ohne Angabe passender Neuronenschaltungen. Die experimentell ermittelten Resultate (beispielsweise mit der in Abb. 31 dargelegten Versuchsanordnung) lassen sich damit elegant erklären. Sie entsprechen aber

## 4.5 Zeitmessung, Zählen, Integration, Differentiation

weitgehend dem aus Abb. 30 sich ergebenden Verlauf des Zusammenhanges zwischen Geschwindigkeit und Frequenz des Ausgangssignales (Abb. 32). Es liegt somit ein weiteres Beispiel für die Möglichkeit mehrerer Lösungen ein und derselben Aufgabe vor.

Mit dem Nachweis, daß Integrier- und Differenzierschaltungen unter Verwendung von Ne als einzigen Elementen möglich sind, sind die letzten Lücken der Betrachtung des Abschnittes 3.4 über die Funktionsmöglichkeiten eines Ne geschlossen. Es kann festgestellt werden: Neuronenschaltungen gestatten — allerdings bei bescheidener Genauigkeit — sämtliche Operationsmöglichkeiten, die für die Aufstellung von Rechenschaltungen im Sinne eines Analogrechengerätes erforderlich sind. Gleichzeitig darf die Vermutung ausgesprochen werden, daß die erwähnte schlechte Genauigkeit hier von untergeordneter Bedeutung ist, da es sich im Organismus ja mit großer Wahrscheinlichkeit nicht um die Lösung von Rechenaufgaben, sondern um regeltechnische Probleme handelt.

> Denn früh belehrt ihn die Erfahrung: Sobald er schrie, bekam er Nahrung.
> WILHELM BUSCH
> (Maler Klecksel)

# 5. Das Gedächtnis

## 5.1 Speicherungsmöglichkeiten ohne lernfähige Neuronen

Jede höhere Organisationsform (gleichgültig, ob auf organischem oder technischem Gebiet) setzt die Möglichkeit einer simultanen Verarbeitung zeitlich auseinanderliegender Ereignisse voraus. Diese Möglichkeit ist ihrerseits nicht denkbar ohne eine Speicherung der für das vorangehende Ereignis relevanten Information mindestens bis zum Eintreffen des nachfolgenden Ereignisses. Die überragende Wichtigkeit einer solchen Speicherung bedarf keiner weiteren Erläuterungen. Es leuchtet auch unmittelbar ein, daß die Informationsspeicherung eine wesentliche Aufgabe dessen ist, was wir als Gedächtnis bezeichnen (ob es die einzige ist, braucht im vorliegenden Zusammenhang nicht untersucht zu werden).

Zunächst soll die Frage betrachtet werden, ob die bisher beschriebenen Eigenschaften des Ne eine Informationsspeicherung überhaupt gestatten und ob sich auf diese Weise die für ein menschliches Gedächtnis erforderliche Speicherkapazität im Gehirn unterbringen läßt.

Hier ist eine Randbemerkung am Platz: Schon die im vorausgehenden Abschnitt erwähnte Geschwindigkeitsmessung verwendet eine Verzögerungs- oder Laufzeitschaltung, um ein Ereignis aufzubewahren, bis es mit einem später eintreffenden Ereignis verglichen werden kann. Da „aufbewahren" und „speichern" im vorliegenden Kontext als Synonyma betrachtet werden dürfen, kann von einer sehr rudimentären Speicherung gesprochen werden. Es liegt nahe, an den Ausbau des gleichen Prinzips zu einem regelrechten Speicherungssystem zu denken.

Dies ist in der Tat mit einer Schaltung möglich, wie sie in Abb. 33 dargestellt ist. Die einmal eingespeiste Information (im vorliegenden Fall durch

## 5.1 Speicherungsmöglichkeiten ohne lernfähige Neuronen

eine Folge von Impulspaketen in digitaler Codierung dargestellt) wird durch eine Anzahl von Laufzeitschaltungen stark verzögert und durch eine Rückkoppelung wieder der ersten Laufzeitschaltung zugeführt. Ohne äußere Einwirkung kreist die Information also unaufhörlich in der Schaltung und kann

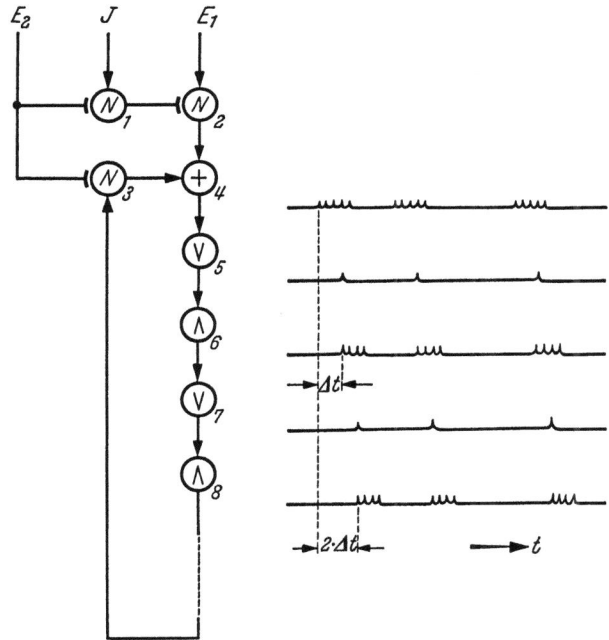

Abb. 33. Laufzeitspeicher. $E_1$ = Eingang der zu speichernden Signalfolge. $E_2$ = Eingang für den Befehl zum Löschen und Überspielen (wohl mit der Ansteuerung von $E_1$ koordiniert). $J$ = Eingang von einer Impulsquelle. Ne 1 und 2 = Schaltwerk für das Überspielen. Ne 3 = Schaltwerk für das Löschen. Ne 4 = Knotenstelle für den Eingang $E_1$ und die Rückkoppelung von Ne 3. Ne 5 bis 8 (und weitere) = Verzögerungsschaltungen zur Erzeugung der erforderlichen Laufzeit. Ausgänge können nach den Ne 3, 4, 6, 8 usw. angeschlossen werden. Die Speicherung ist dadurch möglich, daß die Signale im geschlossenen Kreis mehrmals um $\Delta t$ (siehe Zeitschema rechts) verzögert werden, so daß das letzte Signal der Folge Ne 4 verläßt, ehe das erste von Ne 3 nach Ne 4 zurückgekehrt ist

jederzeit für beliebige Benützung entnommen werden, ohne daß dadurch der Speicherinhalt beeinflußt würde.

In Abb. 33 sind auch die für Einspeisung neuer Information erforderlichen Elemente angegeben, nicht aber die Entnahmeelemente und die Einrichtungen, die zur Markierung und Erkennung des Beginnes einer Information an Ein- und Ausgang erforderlich sein dürften.

Bemerkenswert ist an dieser Schaltung die Ähnlichkeit mit den Laufzeitspeichern (delay line memories) gewisser älterer elektronischer Computer. Die durch eine digital codierte elektrische Impulsfolge dargestellte Information wurde auf piezoelektrischem Wege in die Form akustischer Wellen umgewandelt, die eine gewisse Strecke durch ein quecksilbergefülltes Rohr zurückzulegen hatten, bis sie in umgekehrter Weise wieder in elektrische Signale zurückverwandelt und nach entsprechender Verstärkung und Rekonditionierung an den Anfangspunkt der Schaltung zurückgebracht wurden.

In noch primitiverer Weise ließe sich eine Laufzeitspeicherung durch das Zusammenschalten einer großen Zahl von Ne zu einem Ring erreichen, wobei eine einfache 1 : 1-Weitergabe der Signale genügen könnte. Diese Möglichkeit wurde schon von WIENER (1961) und noch früher von RASHEVSKY (1938) genannt. Sie könnte für kurzzeitige Speicherung von Analogwerten bei bescheidensten Genauigkeitsansprüchen geeignet sein. Für digitale Größen wäre das Verfahren kaum brauchbar, weil keine saubere Rekonditionierung vorliegt, so daß die Grenzen zwischen „Ja" und „Nein" zum Verschwimmen neigen.

Eine andere aus dem Computerbau bekannte Speicherungsmethode (die übrigens ausschließlich mit Schaltelementen auskommt, wie sie auch für Rechenschaltungen Verwendung finden) ist der Flip-Flop-Speicher. Es handelt sich auch hier um digital codierte Information, wobei jedes zu speichernde Bit (also jede Ja-Nein-Aussage) durch eine bistabile Schaltung festgehalten wird, also durch eine Schaltung, welche (ähnlich wie ein Relais mit Selbsthaltekontakt) durch äußere Einwirkung in eine von zwei möglichen „Stellungen" oder Funktionsweisen gebracht werden kann, worauf sie diese Stellung bis zum nächsten Eingriff von außen beibehält.

Eine solche Flip-Flop-Schaltung ist mit Ne auf einfache Weise realisierbar (Abb. 34). Es genügen dazu zwei Negationsneuronen mit gemeinsamer dauernder Erregung, wobei das jeweils feuernde Ne das andere am Feuern hindert.

Es muß gleich hinzugefügt werden, daß die Ausrüstung des Dauergedächtnisses mit Laufzeit- oder Flip-Flop-Speichern nicht denkbar ist, da das Dauergedächtnis eine Hibernierung zu überstehen vermag, bei der die Kälte vorübergehend jede Neuronentätigkeit zum Erlahmen bringt (GLEES, 1962, 1966). Dies würde einen auf das Feuern von Ne angewiesenen Speicher zwangsläufig seines Inhalts berauben. Ähnliches gilt vom Koma und bedingt vom tiefen Schlaf.

## 5.1 Speicherungsmöglichkeiten ohne lernfähige Neuronen

Zudem handelt es sich in beiden Fällen um recht aufwendige Methoden, bei denen pro Bit sicher mehr als zwei Ne erforderlich sind, so daß Zweifel an der Möglichkeit einer genügenden Speicherkapazität nicht auszuschließen sind. Diesem Problem, das für viele neuronale Speicher besteht, soll im nächsten Abschnitt eine eingehendere Betrachtung gewidmet werden.

Wenn also die Speicherung im Dauergedächtnis nicht mit den bisher beschriebenen Möglichkeiten erklärt werden kann, so ist es doch durchaus denkbar, daß das Frischgedächtnis sich einer Technik bedient, bei der das

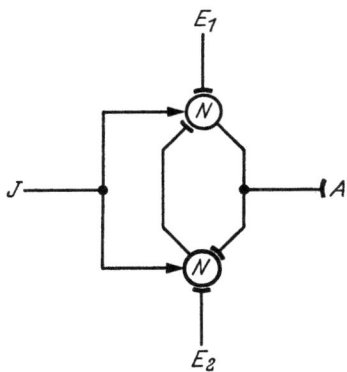

Abb. 34. Flip-Flop-Speicher. $E_1$, $E_2$ = Eingänge zur Einspeisung der beiden möglichen Stellungen. $J$ = Eingang von einer Impulsquelle. $A$ = Ausgang (im vorliegenden Fall hemmend). Das jeweils feuernde Ne sperrt das andere und kann selber unbeschränkt weiterfeuern. Wird es aber durch seinen Eingang gesperrt, so beginnt das andere zu feuern: Die Schaltung kippt in die andere Stellung

Feuern der beteiligten Ne Voraussetzung für das Funktionieren ist. Es lohnt sich, diese Hypothese etwas näher zu betrachten.

Die Unterscheidung zwischen Frischgedächtnis und Dauergedächtnis ist jedem Mediziner geläufig. Sie stützt sich auf eindeutige verhaltensmäßige und anatomische Gegebenheiten. So ist es bekannt, daß das limbische System im entwicklungsgeschichtlich alten Stammhirn unmittelbar mit dem Frischgedächtnis zu tun hat: Eine Erkrankung der beiden zu diesem System gehörenden corpora mammillaria (Korsakowsches Syndrom) führt zu einer Verschlechterung des Frischgedächtnisses; die zur Bekämpfung gewisser anderer Krankheiten unternommene Abtragung des Hippocampus (der als zweiter Hauptteil des limbischen Systems zu betrachten ist) führte zum katastrophalen Resultat eines vollständigen Frischgedächtnisverlustes.

Bemerkenswert am limbischen System ist die Tatsache, daß darin zahlreiche in sich geschlossene Nervenstränge zu beobachten sind, wie sie für einen Laufzeitspeicher postuliert wurden. Bemerkenswert ist ferner der Umstand, daß das Frischgedächtnis eine Hibernierung oder einen schweren Schock (PETERS, 1968) nicht zu überstehen vermag.

Vom technischen Gesichtspunkt betrachtet ist das Vorliegen eines Kurzzeitspeichers neben dem Dauerspeicher keineswegs erstaunlich. Zahlreiche Computer verfügen über zwei Speichersysteme, von denen eines — konzipiert für möglichst raschen Zugriff — nur der vorübergehenden Unterbringung von Informationen dient. Nicht selten werden für diesen Zweck Flip-Flops verwendet, nachdem Laufzeitspeicher sich aus technischen Gründen nicht bewährt haben. Es ist auch durchaus plausibel, daß das Frischgedächtnis von einem entwicklungsgeschichtlich alten Teil des Gehirns getragen wird. Wahrscheinlich wurde ursprünglich nur eine kurzzeitige Speicherung benötigt, so daß über das heutige Frischgedächtnis hinaus gar keine weitere Möglichkeit bestand, Informationen einzulagern.

Betrachtet man die soeben geschilderten Einzelheiten, so kann man feststellen, daß einige Argumente zugunsten einer kurzzeitigen Speicherung mit nicht „lernfähigen" Ne sprechen, das heißt mit Ne, deren Funktionsmöglichkeiten im Sinne der bisherigen Ausführungen ausschließlich reversibel sind. Ob im Organismus eine der erwähnten Schaltungen auch tatsächlich zur Anwendung kommt, ist damit natürlich nicht erwiesen. Dagegen konnte die grundsätzliche Möglichkeit im Sinne der Bemerkungen des Abschnittes 4.1 einwandfrei belegt werden.

## 5.2 Informationsspeicherung mit lernfähigen Neuronen beziehungsweise Synapsen

Hat man die Unzulänglichkeit eines auf nicht lernfähigen Ne aufgebauten Dauerspeichers großer Kapazität erkannt (und will man die Hypothese eines physikalisch erklärbaren Datenträgers in diesem Zusammenhang nicht kurzerhand aufgeben), so muß man nach leistungsfähigeren Möglichkeiten Ausschau halten. Eine dieser Möglichkeiten setzt irreversible Prozesse in den Ne, also deren Lernfähigkeit voraus.

Daß Ne durch regelmäßige Betätigung „trainiert" oder „konditioniert" werden können, wobei ihre Struktur eine anhaltende Veränderung im Sinne einer leichteren Aktivierbarkeit durchmacht, wurde bereits von TANZI (1893) angenommen. Eine primitive Form des „Vergessens", nämlich der Rückgang der Aktivierbarkeit bei Ausbleiben jeder Betätigung, konnte an-

## 5.2 Informationsspeicherung mit lernfähigen Neuronen

gesichts der erforderlichen hochgezüchteten Versuchstechnik erst sechzig Jahre später nachgewiesen werden (ECCLES/MCINTYRE, 1953; ECCLES et al., 1959). Die dabei erzielten Resultate sind im Hinblick auf die vorliegenden Betrachtungen unvollständig, da es sich nur um wenige Versuchsobjekte und vor allem nicht um Ne eines höheren Zentrums handelte. Immerhin berechtigen die festgestellten Tatbestände (Abklingen der Übertragungsfähigkeit auf die Hälfte nach erzwungener Ruhe von zwei bis vier Wochen, rasche Wiederaufnahme des Funktionierens bei kräftiger künstlicher Erregung) zu der Annahme, daß Verbindungen — wenigstens zwischen unmittelbar benachbarten Ne — sich nach Maßgabe des vorhandenen Bedarfes „plastisch", also irreversibel oder doch mit starker Hysterese, verändern können. Über den dabei im Spiel stehenden Mechanismus lagen nur Vermutungen vor (ECCLES, 1964), bis AXELROD und seinen Mitarbeitern (THOENEN et al., 1969) der Nachweis gelang, daß gewisse Enzyme, die bei der synaptischen Übertragung maßgeblich beteiligt sind, durch wiederholte Erregung der betreffenden Ne irreversible Veränderungen erfahren können. Schon vor dieser wesentlichen Entdeckung war die Inbetriebnahme getrennter und wieder zusammengefügter Nerven gelungen (GAZE, 1959; SPERRY, 1951; WEISS, P., 1947). Dies erwies sich selbst dann als möglich, wenn alle Verbindungswege durch neue ersetzt wurden, allerdings damals nur bei jungen Individuen (es handelte sich um Amphibien). Heute ist das Verfahren bereits in die Praxis der Humanmedizin vorgedrungen. Auf der anderen Seite wurde gezeigt, daß selbst angeborene Schaltungen durch Nichtgebrauch aktionsunfähig werden können (HUBEL/WIESEL, 1960, 1963).

Dies alles deutet darauf hin, daß die Informationsspeicherung durch plastische Veränderung der Übertragungsfähigkeit von Ne, also durch tatsächliche oder fiktive Veränderung der Zündschwelle, wohl mehr ist als ein bloßes Postulat (WILLIS, 1959). Diese Informationsspeicherung kann man sich in erster Linie im Sinne einer Herstellung neuer Schaltungen vorstellen. Sie kann aber auch dem eigentlichen Gedächtnis dienen, wie dies in den Abschnitten 5.6 und 5.7 im Zusammenhang mit bestimmten Organisationsformen dargelegt wird. Es wurden auch schon Neuronenmodelle gebaut, die — beispielsweise durch Verwendung von Thermistoren (MAZZETTI et al., 1962) — irreversible Konditionierungsvorgänge ermöglichen.

Bis dahin wurde nur die Aktivierung vorhandener Synapsen betrachtet. Es könnte sich aber auch um die Bildung neuer handeln. Tatsache ist nämlich, daß in der Jugend — besonders in den ersten Lebensmonaten — ein intensives Wachstum der Axone und Dendriten samt den entsprechenden Synapsen auftritt, während zumindest ein Großteil der im Laufe des Lebens benötigten Ne als solcher schon beim Neugeborenen vorhanden ist. Die entscheidende Frage ist nun, ob das beschriebene Wachstum ausschließlich durch die erblich bedingten Mechanismen (siehe auch Abschnitt 5.3) bestimmt wird, oder ob auch ein Aufbau „nach Bedarf", allenfalls im Sinne einer Gedächtnisleistung, möglich ist. Die Diskussion dieser Frage (ECCLES, 1964; GAZE, 1959; SPERRY, 1951; WEISS, P., 1947) wurde kürzlich durch einen Beitrag bereichert (HOFFMAN, 1971), in dem für die gesamte Entwicklung des menschlichen Gedächtnisses das beschriebene Wachstumsprinzip als maßgebend postuliert wird. Dabei wird ein beträchtlicher mathematischer Aufwand, vorab in informationstheoretischer Sicht, getrieben, doch fehlen Angaben über die mutmaßlich im Spiele stehenden neuronalen Mechanismen oder Detailstrukturen. Als Geschwindigkeit für das Auffüllen der beteiligten Gehirnpartien mit den benötigten synaptischen Verbindungen werden pro Lernvorgang etwa $10^{-3}$ mm angegeben.

Es sei dahingestellt, ob diese Hypothese nicht vom häufig feststellbaren Bedürfnis beeinflußt ist, eine an sich gute und tragfähige Entdeckung zur Erklärung allzu vieler Tatbestände heranzuziehen. Zwei Dinge dürften in diesem Zusammenhang zu beherzigen sein: Zum ersten erscheint es schwer verständlich, wieso beim Menschen die Lernfähigkeit über einen Großteil des Lebens in beträchtlichem Maß erhalten bleibt, während das Wachstum neuer Synapsen sich vorab auf die früheste Jugend konzentriert. Zum zweiten besteht keine zwingende Notwendigkeit, die gesamte Lernfähigkeit ausschließlich durch diese oder jene Veränderung (Synapsenaktivierung oder Synapsenwachstum) zu erklären. Beide Prinzipien könnten also auch nebeneinander bestehen. In einem solchen Falle wäre es wahrscheinlich, daß die vorwiegend unbewußten Lernvorgänge des Kleinkindes (eventuell auch das spätere Übergehen gewisser Funktionsabläufe „in Fleisch und Blut") als Synapsenwachstum, das bewußtere Lernen späterer Altersstufen als Synapsenaktivierung zu verstehen wäre. Man vergegenwärtige sich in diesem Kontext die Schwierigkeiten, die das Erlernen des Autofahrens in relativ fortgeschrittenem Alter macht, selbst wenn das „bewußte" Gedächtnis noch durchaus intakt ist. Wer sich schon mit der Erziehung junger Hunde befaßt hat, kennt auch den fundamentalen Unterschied zwischen dem fast spielerischen Beibringen gewisser Fähigkeiten (etwa des Beifuß-Laufens) in den ersten vier Lebensmonaten und der mühsamen Dressur nach dieser Periode. Phylogenetisch müßte im übrigen das etwas primitivere Synapsenwachstum wohl als älter gegenüber der raffinierteren (aber auch weniger robusten) Synapsenaktivierung angesehen werden.

Abschließend sei noch auf den Abschnitt 7.3 hingewiesen, wo der gleiche Fragenkomplex aus der Perspektive der Regeltechnik nochmals kurz gestreift wird.

## 5.2 Informationsspeicherung mit lernfähigen Neuronen

Wie dem auch sei, das Problem der Speicherungsmethode (oder -methoden) des Gedächtnisses ist mit diesen Gedankengängen vielleicht bereichert, aber sicher nicht gelöst. Ein Hinweis in dieser oder jener Richtung könnte gewonnen werden, wenn es gelänge, die unter ausschließlicher Benützung lernfähiger Ne oder Synapsen erzielbare Speicherkapazität mit derjenigen zu vergleichen, die für den Betrieb des menschlichen Gedächtnisses erforderlich ist.

Betrachtet man zunächst die verfügbare Speicherkapazität, so stellt man fest, daß eine Erhöhung derselben denkbar ist, wenn nicht ein bis zwei Ne, sondern nur eine Synapse pro gespeichertes Bit erforderlich ist. Allerdings muß man sich vor Augen halten, daß dann mehrere Speicherplätze auf ein Axon wirken, so daß am Ausgang nicht unterschieden werden kann, welcher Eingang angesprochen wurde. Je nach Speicherschaltung wiegt diese Einschränkung mehr oder weniger schwer. Beispielsweise ist die (im Abschnitt 5.6 zu besprechende) Lernmatrix für eine solche Betriebsweise geeignet, die an sich universellere Diagonalmatrix (Abschnitt 5.7) nicht. Die gestellte Frage muß damit offengelassen werden (wobei auch ein Nebeneinander beider Möglichkeiten nicht auszuschließen ist), so daß eine Unsicherheit in der Größenordnung von zwei Zehnerpotenzen für die nachfolgende Schätzung entsteht.

Von den gut $10^{10}$ Ne des Menschengehirns dient nur ein Teil der Informationsspeicherung. Und selbst innerhalb der eigentlichen Speicherzonen ist ein beträchtlicher Aufwand für den gezielten Informationstransport bei Einlagerung und Abfrage (Engrammbildung und Ekphoration) unerläßlich. Bestenfalls kommen also vielleicht $10^9$ Ne als Speicherelemente in Frage, womit sich eine Größenordnung der verfügbaren Speicherkapazität von etwa $10^9$ bis $10^{11}$ Bit abschätzen läßt.

Gewiß ist das eine recht rohe Schätzung. Verglichen mit den Mutmaßungen über die für den Menschen erforderliche Kapazität kann sie aber geradezu als hochpräzis bezeichnet werden. FRANK (1960) spricht von $10^6$ bis $10^7$ Bit, v. NEUMANN (1960) von $10^{20}$. Dabei liegt einmal die während eines Menschenlebens bewußt verarbeitbare, einmal die im gleichen Zeitraum sinnesmäßig aufgenommene (und manchmal tatsächlich völlig unerwartet mit erstaunlicher Deutlichkeit reproduzierte) Informationsmenge zugrunde.

Beide Schätzungen sind ohne Zweifel anfechtbar: Auf der einen Seite bedarf schon eine in optimalem Binärcode festgehaltene Niederschrift etwa der „Odyssee" oder des „Faust" (von Werken also, die an Umfang dem Repertoire eines routinierten Rhapsoden oder Schauspielers etwa entsprechen) einer wesentlich über $10^6$ Bit liegenden Informationsmenge. Auf der anderen Seite wissen wir heute, daß zwischen Sinnesorganen und Gehirnzentren eine intensive Datenreduktion erfolgt (siehe auch Abschnitt 6.6). Trotzdem bleiben — grob gesprochen — noch die zehn Zehnerpotenzen zwischen etwa $10^8$ und $10^{18}$ Bit als Unsicherheitsbereich. Es muß also leider festgestellt werden, daß heute aus Kapazitätsbetrachtungen keine brauchbaren Schlüsse über das in Frage kommende Speichersystem gezogen werden können.

Die Schwierigkeit der soeben dargelegten Schätzung kommt übrigens nicht von ungefähr: Es ist bei der Reproduktion von Gedächtnisinhalten vorerst nicht feststellbar, ob es sich schlechterdings um ekphorierte Speicherinhalte handelt oder ob das Endprodukt erst durch raffinierte Datenverarbeitung aus relativ wenigen gespeicherten „Stützpunkten" entstanden ist. Diese Bemerkung schließt beispielsweise das ganze Gebiet der Interpolation ein, der heute für die Speicherung visueller Gestalten von verschiedenen Autoren eine wesentliche Bedeutung beigemessen wird (ATTNEAVE, 1954; BARLOW, 1969). Dabei ist zu bedenken, daß dies ja nur ein Beispiel für die zahllosen Hindernisse ist, welche sich einer Durchleuchtung des äußerst vielschichtigen Problemkomplexes entgegenstellen, der mit dem Stichwort „Gedächtnis" zusammengefaßt wird.

## 5.3 Intramolekulare chemische Informationsspeicherung

Sollte sich die mit lernfähigen Ne erreichbare Speicherkapazität als ungenügend erweisen, so muß man sich notgedrungen nach organischen Informationsspeichern höherer Informationsdichte umsehen. Tatsächlich existiert ein solcher in Form der intramolekularen chemischen Speicherung der Erbinformation. Eine Beziehung zum Gedächtnis wurde von HYDÉN (1959, 1966) postuliert. Den Ansatzpunkt bildete eine Reihe geistreich ausgedachter Versuche, die einen gewissen Zusammenhang der Aktivität von Ne mit der gleichzeitigen Produktion von Ribonuklein im Zellinneren aufzeigten. Zum Verständnis der auf diesem Tatbestand fußenden Hypothese müssen einige Erkenntnisse aus dem Gebiet der Erbbiologie berücksichtigt werden. Für Einzelheiten sei auf die Literatur verwiesen (FLECHTNER, 1966; GLEES, 1962, HESS, R., 1963; WIELAND/PFLEIDERER, 1967).

Seit geraumer Zeit befaßt sich die Molekularbiologie mit der Speicherung der Erbinformation in den Chromosomen. Man weiß, daß als Informationsträger Riesenmoleküle der Ribonukleinsäure und verwandter Verbindungen dienen, die sich durch eine große Zahl von Anordnungsmöglichkeiten der Atome innerhalb des Moleküls auszeichnen, so daß die Reihenfolge der Atome (das Engramm) als digitale „Niederschrift" einer Informa-

## 5.3 Intramolekulare chemische Informationsspeicherung

tion — in Analogie zu einem Magnetband — verwendbar ist. Man weiß ferner, daß die Nukleine die Bildung entsprechender Proteine und damit den erbgebundenen Aufbau des Organismus weitgehend steuern. Man hat sogar schon mit einer — allerdings vorerst rudimentären — Entzifferung der Engramme begonnen und die ersten Erfolge (beispielsweise durch Ausschaltung störender Faktoren auf chemischem Wege) erzielt, ganz zu schweigen von einer noch massiveren Beeinflussung im Sinne der eigentlichen Züchtung von Eigenschaften, gegebenenfalls sogar beim Menschen (WAGNER et al., 1969). Man glaubt auch, eine Erklärung für das Wesen der Mutation entdeckt zu haben, die sich als „Druckfehler" bei der im Zuge der Fortpflanzung unerläßlichen Reproduktion der Nukleinmoleküle herauszustellen scheint. Schließlich hat man sich gewisse Vorstellungen bilden können von der Informationsmenge, die auf diesem Wege von einer Generation zur nächsten im winzigen Volumen einer Keimzelle übertragen wird (sie liegt schon bei den einfachsten Lebewesen in der Größenordnung eines einbändigen Lexikons, beim Menschen ist sie astronomisch).

Der bei der Proteinsynthese sich abspielende Prozeß kann hier nur kurz gestreift werden: Die im Zellkern befindlichen Desoxyribonukleinmoleküle sind in Spiralform als „Doppel-Helix" aufgebaut, wobei gewisse basische Atomkombinationen nur so auftreten können, daß einer bestimmten Atomgruppe der einen Helix-Hälfte eine eindeutig definierte andere Gruppe der zweiten Hälfte gegenübersteht. Der Ersatz dieser letzteren Gruppen durch (ebenfalls eindeutig definierte) andere führt zur Bildung der sogenannten „messenger-Ribonukleinsäure", die also gewissermaßen einem Negativabzug des ursprünglichen Originals entspricht. Ein weiterer Umbau, der sich in den Ribosomen (kleinen Bläschen innerhalb der Zelle) abspielt, besteht im Ersatz der Basen durch Aminosäuren, was gleichbedeutend ist mit der Bildung eines Proteinmoleküls. Nebenbei sei noch erwähnt, daß die Doppel-Helix auch zur Verdoppelung (zur identischen Reduplikation) durch Aufreißen in die beiden Hälften und Ergänzung der fehlenden Basen fähig ist, was im Rahmen der Zellteilung von größter Bedeutung ist. Schließlich sei noch auf die — anthropomorph betrachtet — perfide Tätigkeit der Viren hingewiesen, die den von ihnen befallenen Zellen das eigene Nuklein-Muster aufzwingen.

Wenn man bedenkt, daß die beschriebene chemische Speicherungsmethode eine unerhörte Informationsdichte ermöglicht (die alle bisherigen technischen Lösungen des Problems bei weitem in den Schatten stellt); wenn man ferner bedenkt, daß die Erbinformation nichts anderes ist als das „Artgedächtnis"; wenn man schließlich die Tatsache in Betracht zieht, daß die Erbinformation notwendigerweise aus Elementen sehr verschiedenen entstehungsgeschichtlichen Alters — von den Anfängen des Lebens bis zur „Familienähnlichkeit" — bestehen muß und daß die Grenze zwischen ererbten und erlernten Verhaltensweisen bei höheren Tieren von Art zu Art bemerkenswerte Unterschiede aufweist [ein frappantes Beispiel erwähnt LORENZ (1949): Jungen Elstern ist das Aussehen ihrer Feinde — Katze, Fuchs usw. — angeboren; die nahe verwandten Dohlen müssen jeden Feind durch „Instruktion" von seiten erfahrener Artgenossen im Sinne einer regelrechten „Tradition" von Geschlecht zu Geschlecht kennenlernen]: Wenn man dies alles gebührend berücksichtigt, so liegt die Vermutung nahe, ein so altbewährtes und leistungsfähiges Arbeitsverfahren könnte auch zur Speicherung von Informationen Verwendung finden, die erst bei Lebzeiten an den betreffenden Organismus herangetragen werden.

Ganz abgesehen von den Auswirkungen, die eine derartige Hypothese auf die Betrachtung des Gedächtnisses haben muß, könnte sie auch auf anderen Gebieten weitreichende Folgen haben. Beispielsweise könnte eines Tages die lange Zeit als Dogma betrachtete Auffassung von der absoluten erbbiologischen Sterilität erworbener Eigenschaften ins Wanken geraten. Dies würde bedeuten, daß neben Zuchtwahl und Mutation wenigstens in beschränktem Maß ein weiterer Faktor bei der Entwicklung neuer Artmerkmale im Spiele sein könnte.

Bevor eine Beurteilung der dargelegten Hypothese in Angriff genommen wird, seien die wichtigsten Versuchsbefunde aufgezählt, auf die HYDÉN seine Überlegungen stützt: Bei der „Lichtkonditionierung" (einer höchst rudimentären Vorstufe zur Dressur) von Strudelwürmern soll es sich gezeigt haben, daß beide Hälften eines entzweigeschnittenen Wurmes konditioniert bleiben, was auf eine diffuse Einlagerung der gespeicherten Information hindeutet. (Allerdings scheint die Natur sich auch hier nicht immer einer einheitlichen Technik zu bedienen, denn bei den — übrigens bemerkenswert lernfähigen — Tintenfischen wird durch Entfernen bestimmter Ganglienknoten jedes weitere Lernen vollständig unterbunden.) Auch bei Säugern (vorab Ratten) lassen sich beträchtliche Teile an verschiedenen Stellen der Hirnrinde ohne nennenswerte Einbuße an erlernten Fähigkeiten abtragen, was wiederum auf eine diffuse Einlagerung der Information hindeuten könnte. Schon früh hatte übrigens LASHLEY (1924, 1942) festgestellt, daß Läsionen des gedächtnistragenden Cortex eher zu einer verringerten Präzision als zu einem partiellen Verlust der reproduzierten Information führen.

An Ratten soll ferner eine Verbesserung der Lernfähigkeit bei Behandlung mit Mitteln festgestellt worden sein, welche die Bildung der Ribonukleinsäure fördern, was allerdings ebensogut auf eine erhöhte Aktivierbarkeit lernfähiger Synapsen zurückgeführt werden kann (ECCLES, 1966 b).

## 5.4 Lernen und Vergessen

Eine primitive Vorstufe eines Gedächtnisses soll ALVEREDES schon an einzelligen Lebewesen festgestellt haben (FLECHTNER, 1966), die anscheinend die Form eines kleinen Gefäßes, in dem sie längere Zeit herumschwimmen, zu speichern vermögen. Eine Speicherung durch lernfähige Zellen (bestenfalls ein Bit pro Zelle, allenfalls pro Synapse) ist in diesem Fall offenbar nicht möglich, weil ja gar keine Synapsen vorhanden sind.

Schließlich soll es sogar — wiederum an Ratten — gelungen sein, durch operative Entfernung gewisser Hirnpartien und deren Übertragung auf einen anderen Artgenossen Angelerntes (beispielsweise andressierte Links- oder Rechtshändigkeit) direkt von einem Individuum an ein anderes weiterzugeben, ein Resultat, das begreiflicherweise in der Presse da und dort zu phantastischen Erörterungen über verschiedene Zukunftsperspektiven Anlaß gegeben hat.

Dies alles klingt sehr verlockend. Es ist anscheinend auch kaum daran zu zweifeln, daß zwischen Ribonukleinsäure und Gedächtnis gewisse Beziehungen bestehen. Von da bis zu konkreten Schlüssen ist es allerdings ein weiter Weg.

Vor allem muß festgestellt werden, daß gerade die entscheidenden Ergebnisse seit längerer Zeit der Bestätigung durch eine größere Anzahl von Forschern harren. Mehr noch: Das Mißlingen einer Wiederholung (trotz eifriger Bemühungen) hat zu scharfen Kritiken Anlaß gegeben (BENNET/CALVIN, 1964; DIGMAN/SPORN, 1964; ECCLES, 1966 b). Es ist auch bisher nicht gelungen, einigermaßen plausible Anhaltspunkte über mögliche Techniken der Engrammbildung und Ekphoration zu gewinnen (während gerade diese Einzelheiten für den Fall der Erbinformation recht genau bekannt sind).

So ist es nicht verwunderlich, wenn es um die intramolekulare Informationsspeicherung im Rahmen des Gedächtnisses seit einiger Zeit still geworden ist. Es kann aber auch nicht als erwiesen betrachtet werden, daß die Hypothese damit endgültig abgetan ist. Gewisse Zusammenhänge zwischen Art- und Individualgedächtnis müssen sogar nach wie vor als wahrscheinlich betrachtet werden, da beispielsweise das Wachsen neuer Synapsen ein Vorgang ist, der einerseits wenigstens teilweise von der Erbinformation her gesteuert werden muß, andererseits eventuell im Dienste des bei Lebzeiten aufzubauenden Gedächtnisses steht.

## 5.4 Lernen und Vergessen

Der enge Zusammenhang zwischen Lernfähigkeit und Gedächtnis darf als allgemein anerkannt bezeichnet werden. Weniger eindeutig ist der Inhalt, der dem Wort „Lernen" von verschiedenen Fachleuten beigemessen wird.

Selbst vorzügliche umfassende Studien, wie diejenige von MENZEL (1970), betrachten diesen Fragenkomplex häufig nur aus einem bestimmten Blickwinkel heraus. Eine Klärung ist hier vonnöten.

Wer an die legendären Hundeversuche von PAWLOW (1927) denkt, wird das Lernen in erster Linie als das Erwerben eines „bedingten Reflexes" verstehen: Bietet man einem Hund mit der Nahrung regelmäßig ein Glockenzeichen, so wird er mit der Zeit auch auf das Glockenzeichen allein mit einer erhöhten Speichelabsonderung reagieren. Es bildet sich also neben der angeborenen Bindung „Nahrung-Speichelabsonderung" eine erlernte assoziative Bindung „Glockenzeichen( = Nahrung)-Speichelabsonderung". In diesem Kontext könnte man also das Lernen als Erwerben neuer assoziativer Bindungen definieren. Übrigens war PAWLOW gut beraten, seinen Hund auf ein externes Glockenzeichen und nicht etwa auf das eigene Bellen abzurichten; er hätte sich sonst einen Quälgeist erzogen, wie es manche Eltern mit ihren Säuglingen tun („Denn früh belehrt ihn die Erfahrung...").

Im Zusammenhang mit Computern wird Lernen sehr oft mit Optimalisieren gleichgesetzt. Dies führt zur Definition, Lernen sei das Verbessern einer Verhaltensweise auf Grund der mit der vorangehenden Verhaltensweise erzielten Resultate (ASHBY, 1952; BROOKES/WISE, 1966; GAINES/ANDREAE, 1966; GEORGE, 1959; MENZEL, 1970; RAIBLE/GIBSON, 1966; SHANNON, 1953; STEINBUCH, 1961a; VAPNIK et al., 1966; ZEMANEK, 1962a). Diese Betrachtungsweise hat den bemerkenswerten Vorteil, der mathematischen Fundierung gut zugänglich zu sein.

Mit Recht weist TAUBE (1966) darauf hin, daß eine solche Umschreibung den Vorstellungen, die wir uns vom menschlichen Lernen machen, keineswegs vollständig gerecht wird. Er schlägt vor, Lernen als den Ersatz bewußter Verhaltensweisen durch unbewußte zu definieren, und stützt sich auf das Erlernen des Klavierspielens als Beispiel. Wie wichtig diese Art des Lernens ist, wird im Abschnitt 7.4 noch zu diskutieren sein.

Jede der drei dargelegten Definitionen trifft einen Vorgang, den man zweifellos als Lernvorgang bezeichnen darf. Keine aber gibt ein umfassendes Bild dessen, was man gemeinhin unter Lernen versteht. Nicht einmal die Summe aller drei tut dies, da beispielsweise das Auswendiglernen (etwa eines Gedichtes) einen weiteren Fall darstellt, der zu keiner der drei Umschreibungen paßt, obwohl es offensichtlich unter den Sammelbegriff „Lernen" gehört.

In der Folge sei eingeräumt, daß unter Lernen mindestens die Summe aller bis dahin definierten Tätigkeiten sowie aller ihrer Kombinationen zu verstehen ist. Vorzugsweise sei aber jener Aspekt des Lernens gemeint, der am unmittelbarsten mit dem Gedächtnis verknüpft ist, also das Lernen

## 5.4 Lernen und Vergessen

durch Herstellung neuer assoziativer Bindungen, verbunden mit der Speicherung neuer Informationsfolgen (etwa eines Bewegungsablaufes).

Die Wichtigkeit dieser Form des Lernens kann keinem Zweifel unterliegen: Nicht nur der bedingte Reflex (übrigens eine unglückliche Bezeichnung, da es sich im physiologischen Sinn gerade nicht um einen Reflex handelt) bedarf ihrer; auch jede Erziehung oder Dressur, ja unser ganzes Denken in seinem Bezugsreichtum wäre ohne Assoziationen gar nicht möglich.

Bei der Erörterung der Bedingungen für die Organisation eines funktionstüchtigen Gedächtnisses wird somit die Möglichkeit assoziativer Bindung an hervorragender Stelle zu nennen sein.

Eine allgemein gültige Definition des Begriffes „Lernen" könnte vielleicht — in Abwandlung einer Formulierung von SELFRIDGE (1959) — als „Änderung oder Neuerwerbung des Funktionsschemas einer Tätigkeit auf Grund von mindestens teilweise außerhalb dieser Tätigkeit liegenden Einflüssen" versucht werden.

Das Vergessen gehört zum Lernen wie der Schatten zum Licht. Auch hier ist eine Begriffsbestimmung angezeigt, da man unter „Vergessen" verschiedene Ereignisse verstehen kann:

Der zerstreute Professor, der das Schlafzimmer betritt, um sich für einen Besuch umzukleiden, und der sich dann unter dem Eindruck der Assoziation „Schlafzimmer-Nachtruhe" friedlich ins Bett legt, hat den Besuch in dem Sinne „vergessen", daß er im entscheidenden Moment nicht an ihn dachte, obwohl er auf die Frage nach den Namen der Besucher wahrscheinlich richtig geantwortet hätte. Wer sich eines an sich bekannten Namens nicht zu entsinnen vermag, hat ihn „vergessen", obwohl er ihn einige Minuten später mit Erleichterung ausrufen wird. In diesen beiden Fällen ist es nicht die Speicherung, die versagt, sondern der Zugriff, einmal wegen übermäßiger anderweitiger Beanspruchung des erforderlichen Apparates (Ablenkung), ein andermal wegen eines vorübergehenden Schaltungsdefektes (Hemmung), dessen Ursachen recht verschiedenartig sein können.

Es gibt aber auch ein Vergessen, bei dem die vergessene Information mehr oder weniger aus dem Speicher verschwindet, sei es infolge Überbeanspruchung des Frischgedächtnisses, sei es infolge zu langer Nichtbenützung der betreffenden Information im Dauergedächtnis.

Da das Vergessen durch Ablenkung in kybernetischer Sicht als einfache Überlastungserscheinung gedeutet werden kann und dasjenige durch Hemmung angesichts des dabei im Spiele stehenden komplizierten psychologischen Apparates als Arbeitsgebiet für den Kybernetiker heute in unerreichbarer Ferne liegt, wird sich das Interesse in der Folge auf die Arten des Vergessens konzentrieren, bei denen ein Versagen der Speicherung festzustellen ist.

Schließlich sei noch das „Vergessen" (eher als Gedächtnisverlust zu bezeichnen) infolge von Verletzungen oder Operationen erwähnt, das sowohl den Speicher als auch den Zugriff treffen kann, weshalb in der Beurteilung der Bedeutung der auf diese Weise lokalisierten Zentren einige Vorsicht geboten ist (BOSSOM, 1965; SPERRY, 1966; TEUBER, 1966).

## 5.5 Bedingungen für die Organisation eines funktionstüchtigen Gedächtnisses

Sofern man die Annahme akzeptiert, daß unser Gedächtnis sich auf einen entsprechenden technischen Apparat stützt (womit noch keineswegs die volle Identität dieses Apparates mit dem Gedächtnis postuliert zu werden braucht), muß man von diesem Apparat einige Eigenschaften verlangen, ohne welche die Leistungen des menschlichen Gedächtnisses nicht möglich sind. Hier sollen diejenigen unter diesen Eigenschaften herausgegriffen werden, die in den folgenden Abschnitten eine gewisse Bedeutung erlangen werden.

Zunächst ist festzustellen, daß das Gedächtnis sicher mehr als nur ein einfacher Informationsspeicher mit einem Zugriffsapparat etwa im Sinne des Speichers in einem Computer ist. Daneben muß eine leistungsfähige Verarbeitungsvorrichtung vorhanden sein, die keine andere Aufgabe zu erfüllen hat, als die Analyse der angebotenen Informationen auf ihre Ähnlichkeit mit bereits gespeicherten. Wäre eine solche Vorrichtung nicht vorhanden, wir wären nicht in der Lage zu lesen, einen Menschen zu erkennen, kurz unser ganzes Geistesleben in seiner bekannten Vielgestaltigkeit wäre nicht möglich. Angesichts der eminenten Bedeutung dieser Einrichtung sollen die mit dem Wiedererkennen verbundenen Fragen anschließend an das Gedächtnis im Kapitel 6 getrennt behandelt werden.

Das Gedächtnis muß lernfähig im Sinne des bedingten Reflexes sein. Es muß also in der Lage sein, häufig gleichzeitig gebotene Informationskombinationen so zu verarbeiten, daß bei Darbietung eines Elementes der Kombination auch die anderen Elemente geliefert werden. Das Gedächtnis muß aber auch — wie der Speicher eines Computers — einmal mit besonderem Nachdruck gebotene Informationen dauernd zu behalten vermögen.

Das Gedächtnis muß vergessen können im Sinne eines Löschens während langer Zeit unbenützter Information. Eine solche Forderung mag auf den ersten Blick unsinnig erscheinen, da sie keinen unmittelbar plausiblen positiven Aspekt aufweist. Ein solcher ist aber durchaus möglich, wenn durch das Löschen der alten Information Raum freigemacht wird für die Einlagerung neuer Daten. Bemerkenswert an unserem Gedächtnis ist übrigens die Tatsache, daß dieses Vergessen nicht plötzlich, sondern nach und nach

## 5.5 Bedingungen für die Organisation eines funktionstüchtigen Gedächtnisses

erfolgt. Sollte unser Dauergedächtnis (und nur dieses steht hier zur Diskussion) tatsächlich mit diffuser Einlagerung der Information arbeiten, so könnte man sich vorstellen, daß nicht alle Informationsträger gleichzeitig gelöscht werden. Die häufig beobachtete Erscheinung des „Wiederfindens" einer vergessenen Information bei Wechsel des allgemeinen Zusammenhanges oder bei Erwähnung einer Gedächtnisstütze (einer sogenannten „Eselsbrücke") könnte bedeuten, daß die Information an einer Einlagerungsstelle zwar gelöscht, an einer anderen — über andere Zugriffskanäle erreichbaren — aber noch verfügbar wäre. Wo ein Lernen als Ersatz bewußter Verhaltensweisen durch unbewußte ins Auge zu fassen ist (Abschnitte 5.4 und 7.5), könnte ein Vergessen durch Löschen gespeicherter Information (oder doch ein „Zurückdrängen" auf schwerer zugängliche Speicherplätze) sogar eine lebenswichtige Bedeutung haben, da sonst ein Ersatz einmal eingelagerter Information durch anderweitig untergebrachte gar nicht möglich wäre.

Das Gedächtnis muß (in Analogie zur Organisation großer Computer) mindestens einen Kurzzeitspeicher mit raschem Zugriff, jedoch bescheidener Kapazität, und einen Dauerspeicher mit gewaltiger Kapazität und langsamerem Zugriff (insbesondere für die Lernphase) umfassen. Es ist (beispielsweise wenn Engrammbildung und Ekphoration nicht vom gleichen Organ bewerkstelligt werden, was nicht von vorneherein ausgeschlossen ist) durchaus denkbar, daß die Organisation in dieser Hinsicht noch komplizierter ist. Vor allem können mehr als zwei Stufen sowie spezialisierte „Abteilungen" für die Speicherung spezifischer Informationsarten (optisch, motorisch usw.) vorliegen.

Schließlich muß das Gedächtnis — und das ist seine hervorstechendste Eigenschaft im Vergleich mit den heutigen technischen Speicherungsmethoden — eine Fähigkeit besitzen, die hier als „assoziativer Zugriff" bezeichnet werden soll und die sowohl über das Erkennen ähnlicher Informationen als auch über den bedingten Reflex hinausgeht. Sie besteht darin, daß bei Darbietung einer bestimmten Information eine ganze Anzahl „naheliegender" anderweitiger Daten automatisch zum allfälligen Gebrauch bereitgestellt wird. Es ist sehr wesentlich, daß dabei der Begriff „naheliegend" sehr allgemein zu verstehen ist. Es muß sich keineswegs um eine kausale, logische oder sonstwie wesensmäßige Bindung handeln; die Bindung kann ebenso gut durch äußerliche Merkmale (Stabreim, Endreim, Farbe, Form, Geruch, räumliche oder zeitliche Nähe usw.) gegeben sein. Auf diese Weise hält das Gedächtnis jederzeit eine ungeheure Informationsfülle — von strengster logischer Konsequenz bis zur Lächerlichkeit — zur Verfügung der höchsten Zentren des Individuums. Die Überlegenheit des phantasiebegabten menschlichen Denkapparates gegenüber den bisherigen Computern ist — wie RUNGE mit Recht betont (1965) — nicht zuletzt auf die außerordentlichen Schwierigkeiten zurückzuführen, die der technischen Verwirklichung eines Speichers mit assoziativem Zugriff im Wege stehen. Man muß sich vergegenwärtigen, daß die Bereitstellung naheliegender Information noch keineswegs genügt: Darüber hinaus muß aus dem bereitstehenden Naheliegenden das Wichtige ausgewählt werden, das der weiteren Verarbeitung unterzogen wird. Bei der Besprechung der Organisationsform des Gedächtnisses als „conjunctio rerum omnium" (Abschnitt 5.8) wird auf diesen Punkt nochmals zurückgekommen.

Die in den nächsten Abschnitten folgenden Betrachtungen beziehen sich auf Möglichkeiten für die Organisation wesentlicher Teile des Gedächtnisses (stellenweise auch des gesamten Gedächtnisses). Sie werden durchwegs so geführt, daß ein Aufbau der diskutierten Mechanismen mit lernfähigen Synapsen als Speicherelementen möglich ist. Damit wird dem heutigen Stand des Wissens Genüge getan. Denn die lernfähige Synapse ist das einzige organische Speicherungssystem, dessen Informationskapazität möglicherweise für das menschliche Gedächtnis ausreicht, und über welches einigermaßen klare Vorstellungen bezüglich der Vorgänge bei Engrammbildung und Ekphoration vorliegen. Aber auch hier — wie an so vielen Stellen dieser Arbeit — ist der Vorbehalt am Platz, daß es sich einfach um die gegenwärtig wahrscheinlichste und nicht etwa um eine gesicherte Hypothese handelt. Den grundsätzlichen Überlegungen tut diese Einschränkung keinen Abbruch. Im technischen Detail allerdings müßte das Auftauchen „konkurrenzfähiger" Alternativen naturgemäß zu einem Umdenken führen.

## 5.6 Organisationsform „Lernmatrix"

Neben einfachen Modellen zur Demonstration des Verhaltens beim Auftreten eines bedingten Reflexes (KOHLER, 1961) wurden auf der gleichen Basis auch ernsthafte Versuche zur technischen Herstellung eines Gebildes unternommen, das gedächtnisähnliche Leistungen vollbringen sollte. Beachtlich sind in dieser Hinsicht vor allem die Arbeiten von STEINBUCH (1961 a, 1961 b).

Die darin beschriebene „Lernmatrix" kann in bewußt stark vereinfachter und der Zielsetzung dieser Schrift angepaßter Form folgendermaßen erläutert werden: Die Matrix (Abb. 35) besitzt eine Anzahl von Eingängen $B_1$, $B_2 \ldots B_m$ („Bedeutungen"), die mit ebensovielen Ausgängen $A_1$, $A_2 \ldots A_m$ dauernd (angeboren) verbunden sind. Beispielsweise ist im Falle des Pawlowschen Hundeversuches die Bedeutung „Futter" mit dem Ausgang „Spei-

## 5.6 Organisationsform „Lernmatrix"

chelabsonderung" in dieser Weise verknüpft. Außerdem besitzt die Matrix eine weitere Anzahl von Eingängen $E_1$, $E_2 \ldots E_n$ („Eigenschaften"), die zunächst keine Bindung zu den Ausgängen besitzen. Eine dieser Eigenschaften ist im erwähnten Beispiel das Glockenzeichen. Die Knotenpunkte der Matrix (deren Zeilen die Bedeutungen und deren Kolonnen die Eigenschaften darstellen) müssen nun so ausgebildet sein, daß bei wiederholter gleich-

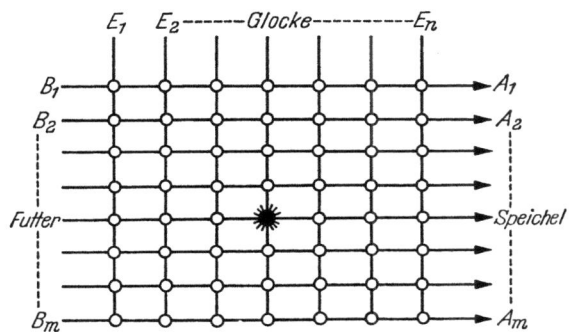

Abb. 35. Lernmatrix. $B_1$ bis $B_m$ = Eingänge für Bedeutungen (Erläuterungen im Text). $E_1$ bis $E_n$ = Eingänge für Eigenschaften. $A_1$ bis $A_m$ = Ausgänge. Im Falle des Hundeversuches von PAWLOW wird die Bedeutung „Futter" so lange simultan mit der Eigenschaft „Glocke" geboten, bis im ursprünglich indifferenten Knotenpunkt eine Bindung entsteht, so daß der Ausgang „Speichel" auch von der Eigenschaft „Glocke" erregt werden kann

zeitiger Erregung einer bestimmten Eigenschaft und einer bestimmten Bedeutung im betreffenden Knotenpunkt eine neue Bindung entsteht („Lernphase"). Diese ist gekennzeichnet durch ein Ansprechen des zur Bedeutung gehörenden Ausganges bei Erregung der Eigenschaft („Kannphase").

Einen leicht faßlichen (wenn auch technisch recht aufwendigen) Mechanismus, der sich im soeben geforderten Sinn verhält, zeigt Abb. 36. Der Grad der Bindung zwischen zwei Leitungen $E_i$ und $B_k$ wird dabei durch den Leitwert eines elektrischen Widerstandes dargestellt. Ein Servokreis ist so geschaltet, daß der Widerstand unter Einwirkung eines allfällig erforderlichen Hilfssignales $V$ („Vergessen") langsam zunimmt, solange kein gleichzeitiges Signal in $E_i$ und $B_k$ erscheint. Tritt dieser Fall aber ein, so wird der Widerstand relativ schnell verringert. Bei häufiger Darbietung wird dadurch die Bindung so stark, daß der mit $B$ verbundene Ausgang $A$ auch auf Signale in $E$ reagiert.

Es ist klar, daß ein solcher elektromechanischer Servokreis für eine einigermaßen leistungsfähige Matrix ein viel zu teueres Basiselement darstellt. In der Tat werden die Knotenpunkte ausgeführter Lernmatrizen durchwegs mit viel einfacheren Bauteilen versehen, deren Ansteuerung allerdings wesentlich komplizierter ist und vor allem der für die Erklärung des Grundprinzips erforderlichen Anschaulichkeit entbehrt. Es handelt sich dabei vorzugsweise um magnetische Ringkerne, deren Magnetisierung (ähnlich wie bei den Kernspeichern von Computern) das Vorhandensein oder Fehlen der Bindung signalisiert.

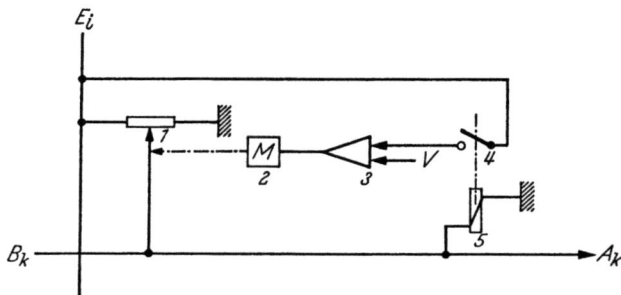

Abb. 36. Servosteuerung zur Illustration des Aufbaues der Bindung zwischen Eigenschaft $E_i$, Bedeutung $B_k$ und Ausgang $A_k$ in einem Knotenpunkt einer Lernmatrix. 1 = Potentiometer, dessen Stellung dem Grad der Bindung entspricht. 2 = Servomotor zur Verstellung des Potentiometers. 3 = Verstärker. 4 = Relaiskontakt. 5 = Relaiswicklung (schließt Kontakt 4 bei Signal in $B_k$). V = „Vergessen"-Signal (läßt die Bindung langsam abnehmen). Bei gleichzeitigem Signal in $E_i$ und $B_k$ erhält der Verstärker ein Signal, das die Bindung zunehmen läßt

Die Lernmatrix kann in verschiedener Weise technisch verfeinert werden. STEINBUCH selber hat auf die Möglichkeit nichtdigitaler Matrizen hingewiesen, bei denen die Bindung zwischen Eigenschaft und Bedeutung nicht nur durch „ja" oder „nein" ausgedrückt wird, sondern einen stufenlosen (analogen) Übergang zwischen diesen Extremwerten gestattet (STEINBUCH/FRANK, 1961). Dadurch läßt sich eine größere Informationsmenge in ein und derselben Matrix (allerdings bei komplizierterer Ansteuerung und Informationsentnahme) unterbringen. Darüber hinaus wäre eine weitere Verbesserung durch Einführung eines mehr oder weniger hohen Grades der Lernbereitschaft denkbar, im Extremfall bis zum „Sofortlernen" bei einmaliger Darbietung der zu lernenden Kombination.

Daß die in den Knotenpunkten eines als Lernmatrix organisierten Gedächtnisses befindlichen Ne (oder Einzelsynapsen) eine Lernfähigkeit im

## 5.6 Organisationsform „Lernmatrix"

Sinne des Abschnittes 5.2 besitzen müssen, ist klar. Mehr noch: Diese Lernfähigkeit muß direkt oder indirekt durch gleichzeitige Erregung zweier benachbarter Synapsen stimuliert (oder bei Erregung nur einer Synapse geschwächt) werden, um den Bedingungen des Betriebes in der Matrix zu genügen.
Eine mögliche Schaltung für eine kleine Matrix zeigt Abb. 37. Der Aufwand an Ne könnte wesentlich kleiner sein, wenn die während der Lernphase sich abspielende Konditionierung jeweils nicht ein ganzes Ne, sondern nur die einzelnen Eingänge erfassen würde.

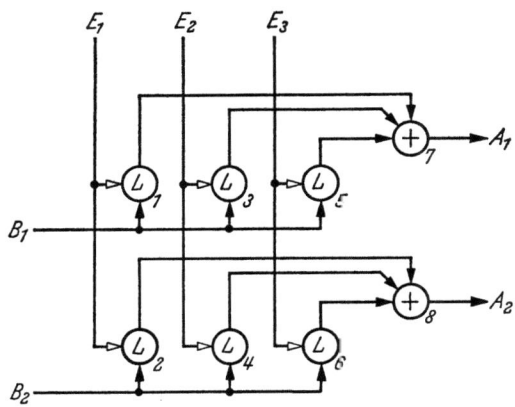

Abb. 37. Kleine Lernmatrix als Neuronenschaltung. $E_1$ bis $E_3$ = Eigenschaften. $B_1$ $B_2$ = Bedeutungen. $A_1$, $A_2$ = Ausgänge. Ne 1 bis 6 sind lernfähig: Die Zündschwelle für $B$-Eingänge (schwarze Pfeile) ist immer niedrig, diejenige für $E$-Eingänge (weiße Pfeile) ist anfänglich hoch; sie nimmt bei wiederholter gleichzeitiger Erregung beider Eingänge ab. Ne 7 und 8 dienen zur Zusammenfassung der Signale für die Ausgänge

Wie schon im Abschnitt 5.2 festgestellt wurde, genügt die Kapazität eines reinen Neuronenspeichers für das menschliche Gedächtnis nicht mit Sicherheit. Dies dürfte auch für die Lernmatrix zutreffen, obgleich diese nicht die Speicherung gewisser Grundinformationen, sondern nur der Beziehungen zwischen diesen Grundinformationen zu besorgen hat. Es ist aber sehr wahrscheinlich, daß gerade solche Beziehungen zumindest einen wesentlichen Teil unseres Gedächtnisinhaltes ausmachen. Dazu kommt noch die zwangsläufig ziemlich schlechte Ausnützung der vorhandenen Speicherungsmöglichkeiten in der Matrix: Da von vornherein die zu erwartenden Bindungen zwischen Eigenschaften und Bedeutungen nicht bekannt sind (ja nicht einmal die zu erwartenden Eigenschaften selbst), muß die Matrix stets eine genügende Anzahl von freien Zeilen und Kolonnen bereithalten. Dies sei an einem trivialen Beispiel demonstriert: Bei Konzeption einer Matrix, die das kleine Einmaleins lernen soll, sei vorbekannt, daß jeder Faktor eine ganze Zahl zwischen 0 und 9 und das Resultat eine ganze Zahl zwischen 0 und 99 ist. Als Eigenschaften müssen somit die hundert Kombinationen von Faktoren ($0\times0$, $0\times1$, $0\times2$ ... $9\times7$, $9\times8$, $9\times9$), als Bedeutungen die hundert möglichen Resultate (0, 1, 2 ... 97, 98, 99) vorliegen. Von den in der Lernphase erforderlichen $10^4$ Knotenpunkten werden in der Kannphase offenbar nur 100 benötigt. Das Beispiel ist sicher keineswegs überspitzt. Im Gegenteil: Die im praktischen Leben auftretenden Kombinationen sind ohne Zweifel viel komplizierter und würden — sollte das Gedächtnis ausschließlich als Lernmatrix organisiert sein — eine noch weit schlechtere Ökonomie erzwingen. Dieses Urteil ist auch dann richtig, wenn man sich eine gestaffelte Anordnung mehrerer Matrizen vorstellt, die untereinander durch eine gewisse Hierarchie verknüpft sind. Denn eine solche Organisation kann die Lösung gewisser Ansteuerungsprobleme erleichtern, insbesondere im Hinblick auf die Möglichkeit des assoziativen Zugriffes (der in der einfachen Lernmatrix eo ipso gegeben ist); die Organisation kann aber auf keinen Fall eine mangelnde Speicherkapazität ersetzen.

Allerdings ist festzustellen, daß eine ungenügende Ausnützung der vorhandenen Speicherkapazität mehr oder weniger für jede Organisationsform zutrifft, bei der der Speicherplatz einer bestimmten Information von vornherein durch die Lage in einem gegebenen Netz fixiert ist, bei der also von vorneherein eine eindeutige Festlegung aller möglichen Informationskombinationen besteht. Gerade dieser Aspekt macht die im Abschnitt 5.2 diskutierte Möglichkeit der Bildung neuer synaptischer Verbindungen „nach Bedarf" so attraktiv, ohne allerdings einen Nachweis ihrer Existenz zu bieten.

Wesentlicher als dieses Detail sind andere: Die Lernmatrix stellt gewiß einen Mechanismus dar, der den bedingten Reflex ohne weiteres in plausibler Weise zu erklären vermag. Problematischer ist aber eine Deutung anderer assoziativer Funktionen, vor allem des Ansprechens auf Ähnliches und insbesondere auf Naheliegendes, das nie gemeinsam mit einer Eigenschaft (im Sinne der Matrix) dargeboten wurde.

Ist es also wohl müßig, in der Lernmatrix mit lernfähigen Ne eine Organisationsform zu suchen, die den gesamten Aufbau unseres Gedächtnisses (und insbesondere des Dauergedächtnisses) zu erklären vermag, so ist es doch durchaus denkbar, daß ähnliche Schaltungen im Frischgedächtnis — allenfalls im Grenzgebiet zum Dauergedächtnis und in Kombination mit

Laufzeit- oder Flip-Flop-Speichern — eine wesentliche Rolle spielen könnten. Trotz den gemachten Einschränkungen erfüllt die Lernmatrix ohne Zweifel eine Reihe der Bedingungen, die im Abschnitt 5.5 als Voraussetzungen für ein funktionsfähiges Gedächtnis genannt wurden. Man könnte sich zum Beispiel Teile der von MARKO (1966) postulierten „Assoziationseinheiten" — dem Dauerspeicher in mehreren Stufen vorgelagert — ohne weiteres als Lernmatrizen oder doch ähnliche Gebilde vorstellen. Allerdings ist die dort vertretene Ansicht, die Assoziationseinheiten enthielten nur bewußte Informationen und seien entsprechend langsam, wohl kaum haltbar.

Das Studium des Verhaltens von Lernmatrizen und daraus zusammengesetzten Systemen ist somit eine Aufgabe von beträchtlicher Wichtigkeit. Merkwürdig erscheint in diesem Zusammenhang die Tatsache, daß bisher anscheinend keine Versuche unternommen wurden, an Stelle des Baues kostspieliger Matrizen mit Hunderten oder Tausenden von Knotenpunkten das Verhalten solcher Systeme mittels geeigneter Programme auf großen digitalen Computern zu simulieren. Die Möglichkeit dazu wäre ohne weiteres gegeben, wenn man eine verhältnismäßig langsame Arbeitsweise tolerieren wollte. Für grundsätzliche Studien ohne „real time"-Charakter wäre dies durchaus zumutbar.

## 5.7 Organisationsform „Holographie"

Die Erfindung der Holographie (CHAMBERS et al., 1966; GABOR, 1948) hat eine ganze Reihe hochinteressanter wissenschaftlicher und technischer Möglichkeiten eröffnet. Angesichts der besonderen Eigenschaften des Hologrammes konnte in diesem Zusammenhang eine neue Orientierung der Diskussion um die Organisation des Gedächtnisses nicht ausbleiben (GABOR, 1969; LONGUET-HIGGINS, 1969; WESTLAKE, 1970), wobei zum Teil mathematisch recht anspruchsvolle Ableitungen benützt werden. Der Kern der Sache läßt sich aber mit relativ einfachen Mitteln anschaulich beschreiben:

Man stelle sich zwei punktförmige Sender $A_1$ und $A_2$ vor (Abb. 38), die nach allen Seiten Wellen beliebiger Art ausstrahlen. Die Bildebene kann also beispielsweise eine Wasserfläche darstellen, welche an zwei Stellen von regelmäßig fallenden Tropfen gekräuselt wird; ebenso gut aber auch einen Schnitt durch die Umgebung zweier Radiosender, zweier Lautsprecher oder zweier Lichtquellen. Die Sender sollen zwei Bedingungen erfüllen: Ihre Ausstrahlung soll monochromatisch sein (also nur eine Wellenlänge umfassen); die Wellenlängen beider Sender sollen mit genügender Genauigkeit gleich sein, so daß die gegenseitige Phasenlage ihrer Ausstrahlung während der betrachteten Zeit als unverändert angesehen werden kann. Die Erfüllung dieser letzteren Bedingung sei als Kohärenz der beiden Ausstrahlungen bezeichnet.

Im dargestellten Augenblick sind zwei Wellenpakete unterwegs, wobei die Wellenberge (Maxima) mit kräftig ausgezogenen, die Wellentäler (Minima) mit gestrichelten Kreisbögen angedeutet sind. In den Punktgruppen $B_i$, $E_i$ und $J_i$ stoßen Maxima beider Sender aufeinander, so daß deren

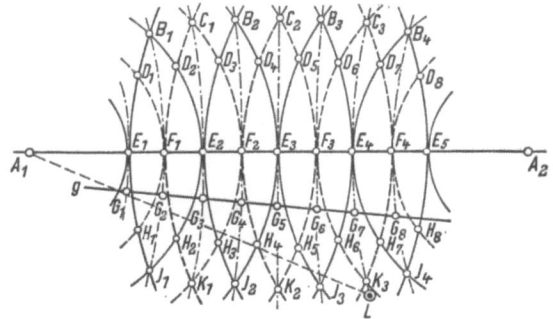

Abb. 38. Erläuterung der Holographie. Einzelheiten im Text

Überlagerung besonders hohe Wellenberge ergibt. In den Punktgruppen $C_i$, $F_i$ und $K_i$ ergeben sich durch Aufeinanderstoßen der Minima besonders tiefe Wellentäler. Schließlich überlagern sich in den Punkten $D_i$ und $H_i$ Minima des einen und Maxima des anderen Senders, was zu reduzierten resultierenden Amplituden oder — an Stellen gleicher Amplituden beider Ausstrahlungen — zur völligen gegenseitigen Kompensation führt.

Nun lasse man die beiden Wellenpakete sich weiter ausbreiten. Man erkennt, daß beispielsweise die den Berührungspunkt $E_3$ bildenden Maxima nach Verschiebung um einen kleinen Betrag zwei Schnittpunkte bilden, die auf der durch $E_3$ gehenden Strichpunktlinie auseinanderlaufen. Auch alle anderen Punkte $B_i$ bis $K_i$ (mit Ausnahme von $G_i$) laufen auf den entsprechenden Strichpunktlinien von der Achse $A_1 A_2$ weg. Nach einiger Zeit befinden sich die Maxima dort, wo bei Beginn der Betrachtung die Minima waren und umgekehrt.

Man sieht also, daß auf den Strichpunktlinien kräftige Maxima und Minima sich ablösen, während auf dazwischenliegenden (nicht gezeichneten) Linien durch $D_i$ und $H_i$ keine oder doch nur geringe Schwingungsamplitu-

## 5.7 Organisationsform „Holographie"

den auftreten. Es entsteht also ein raumfestes Muster von Stellen verschieden hoher Schwingungsamplituden. Damit ist der Tatbestand der stehenden Wellen — je nach Annahme in flächenhafter oder räumlicher Anordnung — und ihrer Interferenzmuster umschrieben.

Handelt es sich bei den Sendern um untereinander kohärente Punktlichtquellen, so kann das in einer beliebigen Ebene (im Bild dargestellt durch ihre Schnittgerade g mit der Bildebene) entstehende Interferenzmuster photographisch festgehalten werden. Es entsteht eine Aufnahme, die in den Punkten $G_i$ stark, dazwischen schwächer belichtet ist.

Wird ein so entstandenes „Hologramm" nach dem Entwickeln wieder in die gleiche Lage gebracht wie bei der Belichtung und mit nur einer der beiden kohärenten Lichtquellen beleuchtet, so leuchtet jeder Punkt $G_i$ immer dann auf, wenn ihn ein Maximum der Strahlung trifft. Im gleichen Augenblick würde ihn auch ein Maximum der anderen Lichtquelle treffen, sofern diese im Betrieb stünde. Die Punkte $G_i$ leuchten also stets im gleichen Rhythmus auf, unabhängig davon, ob sie von der einen oder der anderen Lichtquelle (oder auch von beiden) bestrahlt werden. Das bedeutet: An jedem Beobachtungspunkt außerhalb von g, der in einem Interferenzmaximum der beiden Lichtquellen lag (etwa L), bildet sich auch nach Abstellen der ersten Lichtquelle ($A_1$) ein Interferenzmaximum aus, diesmal aber zwischen der Strahlung der zweiten Lichtquelle ($A_2$) und der reflektierten Strahlung desjenigen Punktes $G_i$, der vom Beobachtungspunkt aus in der Richtung der ersten Lichtquelle liegt (im vorliegenden Fall $G_1$, siehe die gestrichelte Linie in der Abbildung).

So entsteht der Eindruck, beide Lichtquellen seien noch aktiv, obwohl eine davon außer Betrieb steht.

Jeder reflektierende Punkt eines von einer einzigen kohärenten Lichtquelle beleuchteten Gegenstandes wird zur kohärenten Punktlichtquelle. Und zwischen je zwei solchen Punkten (wie auch zwischen jedem solchen Punkt und jedem Punkt einer in sich kohärenten Lichtquelle endlicher Ausdehnung) entsteht im Sinne von Abb. 38 ein Interferenzmuster. Diese Muster werden also bei tatsächlich aufgenommenen Hologrammen ungemein kompliziert. Man bedenke, daß die Abstände zwischen den Punkten $G_i$ in der Größenordnung der halben Wellenlänge des verwendeten Lichtes liegen.

Es ist offensichtlich, daß ein Hologramm bei Betrachtung mit Tageslicht Grautönungen ohne Aussagewert zeigt. Nur im kohärenten Licht geeigneter Lage und Wellenlänge wird der aufgenommene Gegenstand sichtbar, und zwar völlig plastisch und mit der Möglichkeit, durch Kopfbewegungen die gegenseitigen Überdeckungen verschiedener Teile ebenso zu verändern wie an einem tatsächlich vorhandenen dreidimensionalen Objekt.

Aber nicht dieser — bei erster Bekanntschaft verblüffende — Effekt rechtfertigt im vorliegenden Zusammenhang den soeben durchgeführten umfangreichen Exkurs. Vielmehr sind es die drei folgenden Eigenschaften der Holographie: Einerseits erlaubt sie die Reproduktion eines Gesamtbildes (etwa der beiden Lichtquellen in Abb. 38) bei Eingabe eines Teilbildes (der einen Lichtquelle); zum zweiten ist an jedem Punkt der Aufnahme Information über den gesamten abgebildeten Bereich vorhanden, so daß partielle Zerstörung des Hologramms nicht ein partielles Verschwinden des sichtbaren Bildes, sondern nur eine qualitative Verschlechterung im Gefolge hat; schließlich lassen sich auf ein und dieselbe photographische Platte — sofern mit sparsam dosierter Belichtung gearbeitet wird — mehrere holographische Aufnahmen aufbringen, die durch entsprechende Lage- oder Frequenzänderung der Lichtquelle unterschieden und somit getrennt voneinander reproduziert werden können.

In diesem Zusammenhang wird häufig noch eine vierte Eigenschaft erwähnt, nämlich die große Speicherkapazität des Hologramms. Dies ist keine korrekte Auffassung, denn die Speicherkapazität ist im vorliegenden Fall nicht eine Folge der besonderen Organisationsform, sondern der hohen Informationsdichte, die eine feinkörnige photochemische Schicht anbietet. In der Tat muß mit einer Auflösung in der Größenordnung $10^{-3}$ mm gerechnet werden, so daß auf einer quadratischen Platte von 100 mm Seitenlänge $10^{10}$ signifikante Punkte vorhanden sind, deren jeder bei Arbeit mit Halbtönen mehr als 1 Bit zu speichern vermag. Diese Kapazität wird in der Holographie nicht besonders gut ausgenützt, weil beim Aufbringen zu vieler Bilder auf eine Platte bald ein Überbelichten an zu vielen Stellen die Qualität der Darstellung stören würde. Das Besondere an der Holographie ist also nicht die erreichbare Informationskapazität, sondern die Organisation der Informationseinlagerung, die allerdings eine bessere Ausnützung der gebotenen Kapazität gestattet als andere — noch wesentlich plumpere — Mittel.

Aber schon die drei zuerst erwähnten Eigenschaften sind im Hinblick auf die Betrachtung des Gedächtnisses von großem Interesse: Die Reproduktion einer Gesamtinformation bei Anbieten einer Teilinformation könnte gewissen assoziativen Leistungen zugrunde liegen, beispielsweise dem „Einfallen" von Reimworten bei gegebenen Reimsilben; über die Argumente zugunsten einer diffusen (und dementsprechend läsionsresistenten) Informationseinlagerung wurde schon im Abschnitt 5.3 eingehend berichtet; die Fähigkeit zur Speicherung mehrerer Bilder auf einer Platte ist insofern zu beachten, als der Wahlmechanismus für den Zugriff äußerst einfach ist.

Merkwürdigerweise hat keiner der oben genannten Autoren den Versuch unternommen, die letzte Konsequenz aus diesen bemerkenswerten

## 5.7 Organisationsform „Holographie"

Eigenschaften zu ziehen und eine im Sinne der Holographie aufgebaute Neuronenschaltung anzugeben. LONGUET-HIGGINS (1969) beschreibt lediglich eine als Holophon bezeichnete hypothetische Apparatur zur Speicherung von Tonfolgen nach ähnlichen Grundideen. So hängt die Hypothese einer ähnlichen Organisationsstruktur im Gedächtnis etwas in der Luft, solange zu ihren Gunsten lediglich die etwas simplifizierende Behauptung spricht, die Holographie sei die einzige bekannte technische Speicherungsmethode, die „dem Gedächtnis entsprechende Leistungen" erbringen könne.

Es lohnt sich daher gewiß, möglichen Neuronenschaltungen dieser Art etwas nachzuspüren. Das Wesentliche an der Holographie muß zu diesem Zweck von den technischen Zufälligkeiten geschieden und für sich betrachtet werden. Dieses Wesentliche liegt im Verzicht auf die unmittelbare Speicherung der fraglichen Information. An die Stelle einer solchen Speicherung tritt diejenige einer Ersatzinformation, welche (wie das Interferenzmuster) eine Aussage enthält über die Korrelation zwischen der betreffenden Information (etwa dem abzubildenden Objekt) und einer anderen, ihrem Wesen nach möglichst bequem manipulierbaren Information (etwa der kohärenten Strahlung der Lichtquelle). Dabei wird darauf ausgegangen, die Korrelationsbeziehung so zu gestalten, daß jedes Element der Ersatzinformation Aussagen über mehrere (oder alle) Elemente der zu speichernden Information enthält.

Die Mathematik verfügt über eine Anzahl von analytischen Verfahren, denen ein solches Schema zugrunde liegt. Ein wohlbekanntes Beispiel ist die FOURIER-Analyse, die auf der Bildung von Kreuzkorrelationsintegralen zwischen der analysierten Funktion und mehreren harmonischen Funktionen beruht. Untersucht man das bereits erwähnte Holophon von LONGUET-HIGGINS etwas näher, so stellt man in der Tat über weite Strecken Identität mit einem harmonischen Analysator-Synthesator fest. Entscheidend ist auf alle Fälle stets eine Korrelation zwischen dem Speicherinhalt und einer räumlichen Anordnung des Informationsträgers (siehe auch ANDERSEN, 1968).

Die Synthese geeigneter Neuronenschaltungen kann allerdings bei einfacheren Kombinationen beginnen. Abb. 39 zeigt ein als Diagonalmatrix ausgebildetes Netzwerk von Ne, das einen ersten Ansatzpunkt bietet. Diese Matrix ist zum Teil von der Lernmatrix abgeleitet, unterscheidet sich aber in einzelnen Punkten von dieser. Bei der detaillierten Betrachtung seien folgende Regeln maßgebend:

Die abgebildete Matrix sei als Ausschnitt eines wesentlich breiteren Gebildes oder — was angesichts der sich ergebenden besonders günstigen Eigenschaften in Abb. 39 angenommen ist — als Abwicklung eines Zylindermantels mit vertikaler Achse gedacht. Die diagonal dargestellten Bahnen laufen also spiralförmig um den Zylindermantel. Die von links unten nach rechts oben gerichteten Bahnen seien als R-Bahnen (Referenzbahnen) bezeichnet, die dazu orthogonalen als J-Bahnen (Informationsbahnen). Feuernde Bahnen sind kräftig ausgezogen und mit schwarzen beziehungsweise weißen Pfeilen (R-Bahnen bzw. J-Bahnen) gekennzeichnet.

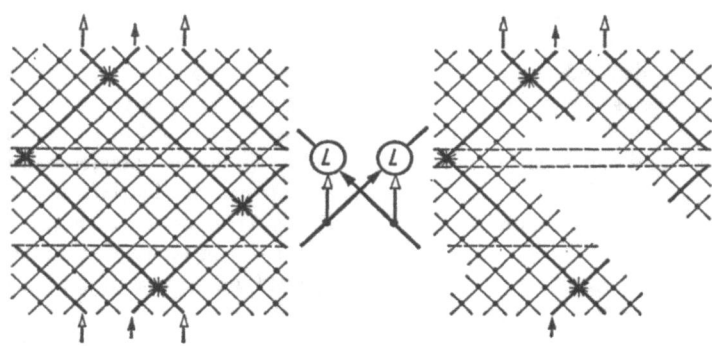

Abb. 39. Einfache Neuronenschaltung mit holographischen Eigenschaften. Links vollständige, rechts lädierte Diagonalmatrix. Dazwischen Einzelheiten eines Knotenpunktes. Weitere Erläuterungen im Text

In jedem Knotenpunkt der Matrix befinden sich zwei lernfähige Ne. Jedes davon leitet ankommende Signale (in der Regel Impulspakete) der einen Bahn als Relaisstation weiter (schwarze Erregungs-Pfeile in der Detaildarstellung zwischen den beiden Matrizen von Abb. 39). Bei — nötigenfalls wiederholtem — gleichzeitigem Eintreffen von Signalen auf den beiden zum Knotenpunkt gehörigen Bahnen verändern sich die (mit weißen Pfeilen angedeuteten) lernfähigen Synapsen plastisch, so daß nunmehr beim Eintreffen eines Signals auf der einen oder der anderen Bahn beide Bahnen Ausgangssignale erhalten.

Um eine Information *J* (im vorliegenden Fall 01001000) zu speichern, braucht lediglich deren binäre Darstellung (die als simultan verfügbar angenommen wird) unten in die *J*-Bahnen eingeführt zu werden. Gleichzeitig wird ein Signal durch eine beliebige *R*-Bahn geschickt. Wie man sich leicht überzeugen kann, bewirkt die eintretende plastische Synapsenveränderung, daß fortan durch Abrufen der betreffenden *R*-Bahn sowohl das *R*- als auch

## 5.7 Organisationsform „Holographie"

das $J$-Signal am oben befindlichen Ausgang der Matrix entnommen werden kann. Die im Spiele stehenden Knotenpunkte sind im Bild durch Sterne gekennzeichnet. Am Rande ist zu vermerken, daß das entstehende Interferenzmuster noch genügend primitiv ist, um den Speicherinhalt direkt aus der Matrix ablesbar zu machen.

Damit ist lediglich Engrammbildung und gezielte Ekphoration beschrieben. Die Diagonalmatrix vermag aber wesentlich mehr zu leisten: Selbst bei Erregung einer einzigen $J$-Bahn wird wiederum die gesamte $R$- und $J$-Information geliefert. Auch schwere Läsionen müssen — wie die Matrix rechts in Abb. 39 zeigt — nicht zum Verlust des Speicherinhaltes führen. Dies gilt insbesondere, wenn in der Lernphase mehrere $R$-Bahnen statt nur einer erregt werden.

Damit hat man bereits zwei für ein holographisches System charakteristische Eigenschaften genannt, nämlich die Ekphoration einer Gesamtinformation bei Eingabe einer Teilinformation und die durch diffuse (zumindest zweimalige) Einlagerung der Information sowie geeignete Schaltung erzielte Unempfindlichkeit gegen Läsionen. Die Möglichkeit der Speicherung mehrerer Informationsmuster auf einer Matrix, also die dritte charakteristische Eigenschaft, ist in einfachster Weise durch das Bestehen einer Vielzahl von $R$-Bahnen gegeben.

Die Diagonalmatrix ist gewiß mehr als nur ein bequem abrufbarer Speicher. Beispielsweise eignet sie sich vorzüglich zur Feststellung von Koinzidenzen zwischen verschiedenen Informationen. Will man etwa feststellen, ob eine von außen kommende „Koinzidenz-Information" $K$ mit einer der in der Matrix gespeicherten Informationen $J_i$ ($i$ = Ordnungszahl der jeweils interessierenden Referenzbahn) übereinstimmt, so braucht man lediglich die beiden folgenden Operationen vorzunehmen: Zunächst wird der Reihe nach jede binäre Eins von $K$ in die entsprechende $J$-Bahn eingespeist. Dann wird der gleiche Vorgang mit der zu $K$ komplementären Information (Austausch der Nullen gegen Einsen und umgekehrt) durchgeführt. Das Bestehen einer Koinzidenz kann am Ausgang von $R_i$ entnommen werden: Beim ersten Arbeitsgang muß er stets eine Eins, beim zweiten stets eine Null liefern. Auf diese Weise kann eine große Anzahl von Matrizen simultan — also in kurzer Zeit — auf Übereinstimmung mit einer zu prüfenden Information abgefragt werden.

Zu beachten ist natürlich, daß die festgestellte Koinzidenz nicht unter allen Umständen vollständige Identität zwischen den verglichenen Informationen zu bedeuten hat. Der Vergleich kann sich beispielsweise auf einen Teil der Information (etwa auf die Endsilbe eines Wortes zur Entdeckung von Endreimen) beziehen, indem die Abfrage in ihrem Umfang beschränkt wird. Der Vergleich kann aber auch nicht die geprüfte Information selbst, sondern durch Datenverarbeitung daraus entstandene (meist geraffte) Tochterinformation betreffen und auf diese Weise „Ähnlichkeiten" verschiedener Art aufdecken. Damit werden neben der gezielten Abfrage (Vorwahl der richtigen $R$-Bahn) und dem bedingten Reflex (durch Querverbindungen zwischen gleichzeitig beanspruchten $R$-Bahnen) auch weite Gebiete des assoziativen Zugriffes zugänglich, indem nicht vorbekannte „vergessene" $R$-Bahnen durch partielles Abrufen der auf ihnen gespeicherten Information aktiviert werden. Schließlich darf nicht vergessen werden, daß hier lediglich ein einfaches Netzwerk postuliert wird, wie es von HOFFMAN (1971) als Gedächtnisträger etwa bei Tintenfischen angenommen wird. Die wesentlich komplexeren Verflechtungen im Menschenhirn lassen entsprechend komplexere Interdependenzen zu. Allerdings müssen stark verzweigte Ne, wie etwa Pyramidenzellen, nicht unbedingt selber als Informationsspeicher dienen. Es ist sogar wahrscheinlicher, daß sie Informationssammelstellen sind, deren Aufgabe mit „Umfragen" nach „naheliegender" Information oder ähnlichen anderen Funktionen zusammenhängt, sofern sie überhaupt auf dem Gebiet des eigentlichen Gedächtnisses und nicht der — allenfalls damit verkoppelten — Datenverarbeitung liegt.

Was das Vergessen betrifft, so ist festzustellen, daß eine längere Außerbetriebsetzung in der Tat einen Informationsverlust (und eventuell sogar das Freiwerden der betreffenden $R$-Bahn) bewirkt, sofern ein solches „Vergessen" der Einzelsynapsen tatsächlich im Spiele steht. Umgekehrt erfolgt ein „Training" durch häufige Aktivierung, wobei ein Teil der Ne auch bei reiner Ekphoration von beiden Eingängen erregt wird wie bei der Engrammbildung. Man könnte sich sogar Matrizen mit verschieden langen Vergessenszeiten vorstellen, die sinngemäß dem Frischgedächtnis, dem Dauergedächtnis und allfälligen Zwischenstufen zugeordnet wären.

Abschließend ist wohl folgendes zu sagen: Während die Vorstellung einer Organisation des Gesamtgedächtnisses nach den Prinzipien der Holographie einer gewissen Naivität nicht entbehrt, können doch Neuronenschaltungen mit hologrammartigen Eigenschaften möglicherweise wesentliche Bestandteile des Gedächtnisapparates sein. Vor allem gestatten solche Schaltungen erstmals eine plausible neuronale Erklärung einiger bedeutsamer assoziativer Gedächtnisleistungen.

## 5.8 Organisationsform „Conjunctio rerum omnium"

Faßt man das bisher Gesagte kurz zusammen, so stellt man drei Dinge fest: Zum ersten kommen für das Dauergedächtnis als organische Informations-

## 5.8 Organisationsform „Conjunctio rerum omnium"

speicher nach heutigem Wissensstand nur lernfähige Synapsen oder — eventuell — die intramolekulare Speicherung in Frage. Zum zweiten ist die Frage nach der Relation zwischen vorhandener und benötigter Speicherkapazität völlig offen, da letztere nicht einmal auf drei oder vier Zehnerpotenzen genau bekannt ist. Zum dritten schließlich bieten relativ einfache Organisationsformen, wie sie in den beiden letzten Abschnitten skizziert wurden, zwar interessante Anhaltspunkte für die Lösung gewisser Teilprobleme, sind aber nicht geeignet, die gesamte Organisationsstruktur des Gedächtnisses plausibel zu erklären, und sei es auch nur im Sinne einer Arbeitshypothese.

Die Aufstellung einer solchen Arbeitshypothese sei nun hier aus den funktionellen Gegebenheiten heraus versucht. Dabei soll nicht die eine oder die andere Speicherungsmethode in den Vordergrund gestellt werden. Es wird auch die Frage offengelassen, ob die Gedächtnisbildung primär mit Wachstumsvorgängen zusammenhängt oder nicht. Dagegen wird angenommen, die verfügbare Speicherkapazität sei genügend, um eine gleichzeitige Einlagerung ein und derselben Information an mehreren Stellen zu ermöglichen.

Angesichts der bestehenden Wissenslücken kann es sich also nicht um ein bis ins Detail gehendes Konzept handeln, sondern lediglich um eine Aufzählung von Teilmechanismen und Funktionsschritten, die auf Grund der bekannten Leistungen entweder sicher oder doch wahrscheinlich sind. Die maßgebenden Prinzipien der so umrissenen Organisationsform sind übrigens zum Teil schon in älteren Publikationen erwähnt, wenn auch nicht in der hier formulierten Kombination. Sie können wie folgt zusammengefaßt werden:

1. Alle in den Bereich des Frischgedächtnisses gelangende Information wird — sofern sie nicht schon in geeigneter Form eintrifft — digital nach einheitlichem System codiert und bis zu allfälliger Weiterverwendung in Neuronenspeichern (Flip-Flops, Laufzeitspeichern oder Lernmatrizen usw.) aufbewahrt. Dabei bezieht sich die Forderung nach einheitlicher Codierung jeweils nur auf ein bestimmtes Gebiet der Gedächtnisfunktion (optisch, akustisch, logisch-abstrakt usw.).

2. Dem Frischgedächtnis sind Mittel zugeordnet, die darüber befinden, ob eine neu hinzukommende Information lernenswert ist.

3. Als lernenswert gilt eine Information: Wenn Naheliegendes (im Sinne des Abschnittes 5.5) im Frisch- oder im Dauergedächtnis mehrfach gespeichert ist; oder wenn sie durch besonderen Nachdruck (Schreck, große Freude, starken Schmerz) ausgezeichnet ist; oder wenn durch besondere

Umstände (bewußtes Interesse) eine erhöhte Lernbereitschaft für den betreffenden Gegenstand vorliegt.

4. Zur Feststellung naheliegender Informationen wird über Neuronenleitungen eine „Rundfrage" durchgeführt, indem die neue Information an eine große Anzahl von Speicherstellen übermittelt und mit deren Inhalt verglichen wird.

5. Als naheliegend gilt eine Information, wenn ihre Verschiedenheit von der damit verglichenen alten Information [informationstheoretisch meßbar durch die sogenannte Hamming-Distanz (HAMMING, 1950) oder ein anderes ähnlich geartetes Vergleichskriterium, im einfachsten Fall aber durch einfachen Koinzidenzvergleich, etwa im Sinne der Diagonalmatrix] unter einer bestimmten Grenze liegt. Dies gilt nicht nur für die neue Information als Ganzes, sondern auch für Teile davon (Reim, Begleitumstände). Es ist also wahrscheinlich, daß verschieden komplexe Ähnlichkeitsvergleiche mit sehr verschiedenem Aufwand an Datenverarbeitung nebeneinander erfolgen.

6. Lernenswerte Information wird durch Engrammbildung (Aktivierung von Synapsen, Wachstum von Synapsen, Umwandlung von Makromolekülen) in ein- oder mehrfacher Ausfertigung festgehalten und in jenen Hirnpartien eingelagert, die sich über die meiste naheliegende Information ausgewiesen haben. Dabei wird nicht nur der minimale Informationsumfang gespeichert, sondern eine große Menge von Begleitumständen (z. B. ein Geruch), die zur Feststellung naheliegender Informationen benötigt werden können.

7. Damit die Rundfrage in nützlicher Frist große Teile der enormen gespeicherten Informationsmenge erfassen kann, muß die Koinzidenz zwischen neuer und alter Information an vielen Stellen gleichzeitig geprüft werden. Dies bedingt eine gleichzeitige Ekphoration an vielen Stellen. Es ist dabei wahrscheinlich, daß die Ekphoration ebenso oder doch annähernd ebenso diffus erfolgt wie die Einlagerung der Engramme. Wahrscheinlich ist ferner eine derartige Organisation der in den Speicherzonen des Gehirns vorhandenen Ne, daß sie unter gleichzeitiger Einwirkung der ihnen zugeordneten Engramme einerseits und damit weitgehend koinzidierender neuer Information andererseits bevorzugt zu feuern beginnen, wodurch entweder neue Engrammbildung (Speichern, Lernen) oder das „Abspielen" weiterer gespeicherter Information (Reproduktion, weitere Ekphoration) angeregt wird.

8. Wird eine neue Information $X$ im Bereich einer alten Information $Y$ eingelagert, so wird bei einer späteren Rundfrage stets $X$ und $Y$ ekphoriert, wenn $X$ oder $Y$ aufgerufen wird.

## 5.8 Organisationsform „Conjunctio rerum omnium"

9. Als „neu" gilt sowohl von außen angebotene als auch durch interne Verarbeitung (bewußt oder unbewußt) gewonnene Information; als „alt" gilt sowohl bei Lebzeiten gespeicherte als auch angeborene Information.

Zunächst sei die so umrissene Organisationsform an den Bedingungen des Abschnittes 5.5 geprüft. Einige dieser Bedingungen sind ex definitione erfüllt, so das Vorhandensein einer Möglichkeit zur Bestimmung der Ähnlichkeit zwischen alter und neuer Information, die Lernfähigkeit bei einmalig mit Nachdruck gebotener Information, die Aufteilung in Kurzzeit- und Dauerspeicher, vor allem aber die Möglichkeit des assoziativen Zugriffs. Eines Kommentars bedürfen lediglich die Fragen des Lernens (im Sinne des bedingten Reflexes) und des Vergessens, wobei auch die übrigen Betrachtungen des Abschnittes 5.4 zu berücksichtigen sind.

Die Lernfähigkeit im Sinne des bedingten Reflexes ist zweifellos als gegeben zu betrachten, wenn man bedenkt, daß auch eine Kombination von Elementen (etwa „Futter" und „Glockenzeichen") als mehrfach dargebotene Information gespeichert und beim Aufrufen eines Elementes als Ganzes ekphoriert werden kann. Im gleichen Sinne wäre auch das Auswendiglernen als wiederholte Darbietung aufeinanderfolgender Elemente zu verstehen. Lernen als Verbessern einer Verhaltensweise oder Ersatz bewußter Verhaltensweisen durch unbewußte hat mit dem Gedächtnis nur insofern indirekt etwas zu tun, als es sich insbesondere beim wichtigen zweiten Fall um ein wirksames Mittel handelt, innerhalb des Gedächtnisses (allenfalls auch über dieses hinaus) ein ökonomisches Arbeiten durch Unterdrückung unnötiger Umwege zu erzielen.

Das Vergessen infolge Versagens der Speicherung ist in der dargelegten Organisationsform ebenso möglich wie das Lernen. Dies gilt speziell für das Frischgedächtnis mit seiner begrenzten Speicherkapazität: Wird ihm die Aufnahme von mehr Information als verfügbar zugemutet (ohne die nötige Zeit zur allfälligen Weiterleitung an das Dauergedächtnis), so muß ein Zusammenbruch erfolgen. Das läßt sich bei Gedächtnisspielen (z. B. „Memory") sehr gut beobachten: Bis zu einem bestimmten Punkt wird alle dargebotene Information vollständig behalten; dann „reißt der Faden ab" und es geht mit einem Schlag meist wesentlich mehr Information verloren als neu hinzugefügt wird.

Aber auch im Dauergedächtnis gibt es offensichtlich ein Vergessen. Ob dabei die engrammtragenden Komponenten infolge längerer Nichtbenützung auf diesem oder jenem Wege ihren Informationsgehalt verlieren, oder ob die Engramme durch neu herangetragene Information regelrecht verdrängt werden, ist eine Frage, deren Beantwortung der Zukunft vorbehalten bleibt. Dagegen ist es wahrscheinlich, daß an mehreren Stellen eingelagerte Information (wie im Falle der Diagonalmatrix von Abb. 39) eine bessere Chance hat, der Zeit zu trotzen, als nur in einfacher Ausfertigung gespeicherte. Dies könnte einen Hinweis für die große Lebensdauer von Kindheitseindrücken geben: In der Jugend, wenn noch viel Speicherkapazität verfügbar ist, wird eine Information nicht nur leichter als lernenswert qualifiziert, sondern auch bereitwilliger an vielen Stellen eingelagert als in späteren Jahren. Dies gilt erst recht, wenn die Einlagerung mit einem Wachstumsprozeß verknüpft ist. Es wäre auch denkbar, daß innerhalb des Dauergedächtnisses sorgfältiger und weniger sorgfältig gehütete Speichergebiete bestehen, wobei der Zugang zu den erstgenannten nur privilegierten Informationen offenstünde und die Schwelle des Privilegs mit zunehmendem Alter gehoben würde.

Zwei Beispiele mögen nun noch demonstrieren, in welchem Maß das geschilderte Organisationsprinzip tatsächlich eine Verbindung zwischen weit auseinanderliegenden Gebieten, eine „conjunctio rerum omnium", zu realisieren vermag.

Das erste Beispiel ist das Resultat eines Versuches, den jedermann in entspannter Verfassung leicht an sich selber ausführen kann: Man wählt ein Stichwort und läßt „den Geist spazieren", das heißt, man wartet möglichst passiv, welche „naheliegenden" Worte einem der Reihe nach einfallen. Nach drei oder vier Stationen kehrt man zum ersten Stichwort zurück und verfolgt eine andere Linie. Man wird erstaunt sein, wie rasch man auf völlig fremde Gebiete gelangt, so lange kein ordnender Wille und keine gewohnheitsmäßige Routine für das Verweilen bei ein und demselben Gegenstand sorgt (Abb. 40). Man wird auch verstehen, weshalb im Traum (also bei teilweise ausgeschalteten Ordnungskräften) so verblüffende Übergänge und Kombinationen möglich sind. In der Tat gelangt man hier „mit bedächtiger Schnelle vom Himmel durch die Welt zur Hölle". Ein solches Vagabundieren ist bei einer Organisation im Sinne der „conjunctio rerum omnium" ohne jede weitere Erläuterung verständlich. Man wird aber in diesem Zusammenhang auch die erstaunliche Zuverlässigkeit unseres Gedächtnisses etwas besser verstehen, wenn man die gewaltige Redundanz der beschriebenen Organisationsform bedenkt: Die ungeheure Vielfalt der möglichen Verknüpfungen wird wesentliche (etwa lebenswichtige) Resultate auch dann liefern, wenn viele Verbindungen aus irgendwelchen Gründen gestört sind. „Alle Wege führen nach Rom."

Das andere Beispiel bezieht sich auf die bemerkenswerte Tatsache, daß das Lernen von Informationen, die für den Lernenden zahlreiche assoziative Beziehungen zu Vorbekanntem haben, leichter ist als beim Fehlen solcher Beziehungen. Auch völlig „unbekannte" lateinische Vokabeln lernt der

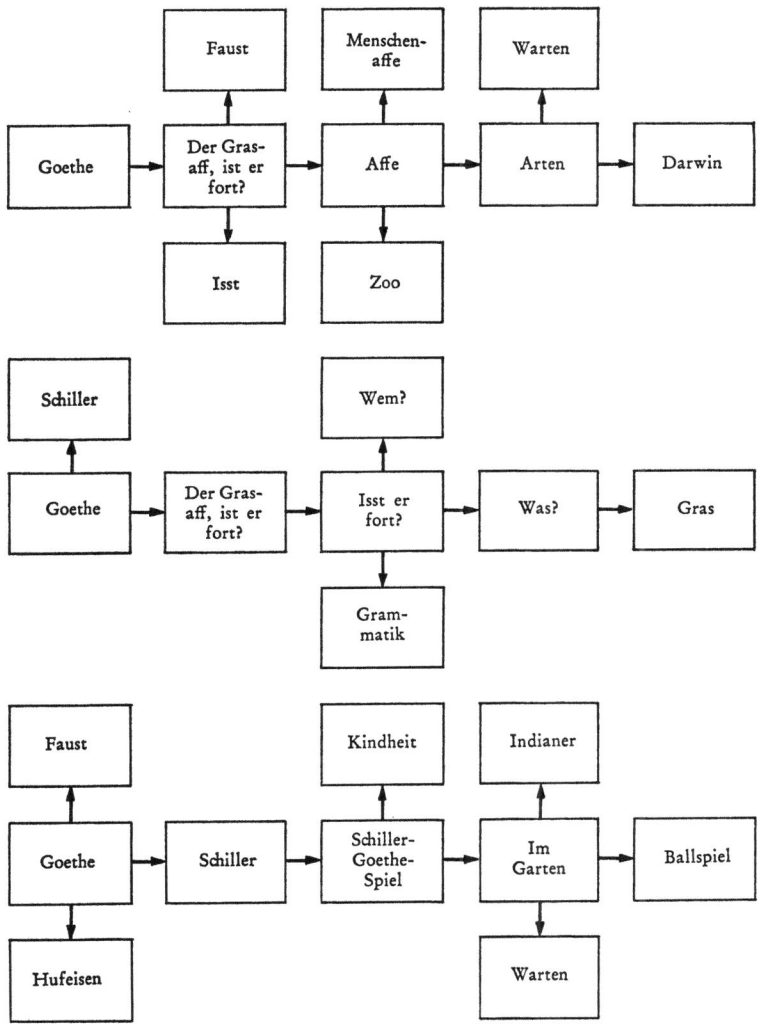

Abb. 40. Demonstration der assoziativen Gedächtnisfunktion am Beispiel des „Vagabundierens" von Stichwort zu Stichwort. Die vom Stamm abzweigenden Äste stellen die Stichwörter dar, die nebenher anklingen, gewissermaßen „auf der Lauer liegen" (was in den Fällen „Isst" und „Schiller" beim nächsten Ansetzen auch zum Ziel führt). Die Redundanz zeigt sich bei diesem Beispiel nur im zweimaligen Auftauchen der Stichwörter „Faust" und „Warten" (trotz Verschiedenheit der vorangehenden Stichwörter). „Faust" könnte natürlich auf viele Arten erreicht werden (etwa „Affe — Affen — alle die Laffen — Faust" oder „Im Garten — heut abend warten — Faust")

Europäer normalerweise viel leichter als entsprechende chinesische Worte: Die vertrauten Klangkombinationen gestatten eben bei der „Rundfrage" ein Abstützen auf ähnlich klingende bekannte Worte, selbst wenn es sich bei letzteren nicht um die lateinische (sondern vielleicht die italienische) Sprache handelt. Extrem ausgedrückt: Das Lernen eines zehnsilbigen sinnlosen Satzes der Muttersprache, etwa „Walter ißt eine Telephonstange", nach einmaligem Vorlesen ist ein Kinderspiel; das Lernen von zehn sinnlosen Silben, etwa „law ret tsi je en el nof natsch eg" ist nur wenigen Menschen ohne mehrfache Wiederholung möglich, obwohl es sich lautlich um die gleichen Kombinationen in gleicher Reihenfolge handelt wie im vorhergehenden Satz, wobei lediglich jede Silbe in sich umgekehrt wurde. Noch weiter geht die Abstützung auf Bekanntes, wenn neben die assoziative Bindung weitere Beziehungen treten (etwa der Rhythmus eines Gedichtes oder die Melodie eines Liedes) oder wenn durch mehr oder weniger bewußte Datenverarbeitung Lücken aufgefüllt werden (etwa beim Ableiten einer halb vergessenen mathematischen Formel aus nicht vergessenen Grundlagen).

So einleuchtend die hier dargelegten Zusammenhänge auch sein mögen: Sie dürfen nicht darüber hinwegtäuschen, daß noch zahlreiche Fragen offengelassen werden müssen, daß also von einer Gewißheit noch keineswegs die Rede sein kann. Die wichtigsten Punkte in diesem Zusammenhang seien kurz zusammengestellt:

Hinsichtlich der Organisation des Frischgedächtnisses sind wir in mehrfacher Hinsicht auf Vermutungen angewiesen. Zwar sind ihm im Rahmen der Gesamthypothese bestimmte Aufgaben offensichtlich zuzuweisen. Angesichts der Kompliziertheit dieser Aufgaben und der geringen vorliegenden gesicherten Kenntnisse ist es aber verfrüht, passende Neuronenschaltungen auch nur in synthetischer Form aufstellen zu wollen. Es ist ja vorerst noch nicht einmal bekannt, ob im Frischgedächtnis mit Flip-Flops, mit Laufzeitspeichern oder mit lernfähigen Ne, oder aber mit bisher nicht vermuteten Speichermethoden gearbeitet wird.

Ebenso wichtig ist die Lücke, die unsere Unkenntnis der Mechanismen von Engrammbildung und Ekphoration offenläßt. Für eine Dauerspeicherung mit lernfähigen Ne oder Einzelsynapsen lassen sich — wie am Beispiel der Diagonalmatrix gezeigt wurde — immerhin plausible Arbeitshypothesen gewinnen. Für die intramolekulare Informationsspeicherung bestehen nicht einmal solche Ansätze. Man bedenke, welchen Einfluß die Disposition der engrammbildenden Organe auf das gesamte System haben muß, wenn die Engramme — wie bei der intramolekularen Speicherung — an materiell in sich geschlossene und damit auch transportbedürftige Träger gebunden sind. Beispielsweise könnte die Engrammbildung zentral im limbischen System

## 5.8 Organisationsform „Conjunctio rerum omnium"

erfolgen, wofür nur die lebenswichtige Rolle dieses Systems im Rahmen des Frischgedächtnisses als Argument angeführt werden kann. Es wäre aber auch möglich, daß das limbische System zwar (etwa durch Zwischenspeicherung, Datenverarbeitung und ähnliche Funktionen) die Voraussetzungen für die

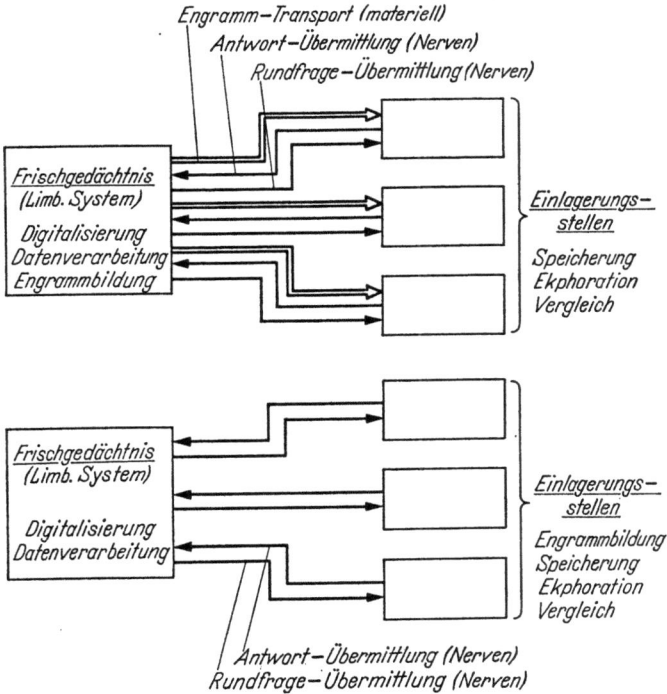

Abb. 41. Möglichkeiten für den Informationstransport zwischen Frischgedächtnis und Einlagerungsstellen im Rahmen der Organisationsform des Gedächtnisses als „conjunctio rerum omnium". Oben: Zentralisierte Engrammbildung mit materiellem Transport engrammtragender Moleküle („Rohrpost"). Unten: Dezentralisierte Engrammbildung („Fernschreiber"). Sofern keine intramolekulare Speicherung vorliegt, kommt nur die zweite Anordnung in Frage

Dauerspeicherung zu schaffen hätte, die eigentliche Engrammbildung aber in diffuser Weise nahe bei oder an den Einlagerungsstellen erfolgen würde (Abb. 41), eine Organisation, die übrigens für lernfähige Synapsen eo ipso gegeben ist. Der technische Vorteil einer solchen Organisationsform wäre offensichtlich: Es wäre kein materielles Transportsystem für die Verteilung engrammtragender „software"-Moleküle erforderlich, indem das für die

„Rundfrage" ohnehin unumgängliche aus Neuronenleitungen bestehende Übermittlungsnetz ausreichend wäre. Ein Nachteil bestünde in der Notwendigkeit einer diffusen Verteilung von „Engrammschreibmaschinen", über deren Technik wir allerdings nichts wissen. Ein Vergleich mit technischen Übermittlungssystemen drängt sich hier auf: Im einen Fall würden Nachrichten in einer zentralen Vervielfältigungsanlage zu Papier gebracht und mit der Rohrpost an verschiedene Büros verteilt; im anderen wäre eine Fernschreiberanlage mit je einer Schreibmaschine in jedem Büro vorhanden.

Während eine diffuse Engrammbildung keineswegs eine conditio sine qua non für das geschilderte Organisationsprinzip des Gesamtgedächtnisses darstellt, ist eine diffuse Ekphoration wohl auf jeden Fall unabdingbar, da nur sie den assoziativen Zugriff in kürzester Zeit erlaubt. Dies ändert aber nichts an der Tatsache, daß wir heute über die Technik der Ekphoration intramolekular gespeicherter Information nicht einmal Vermutungen äußern können. Die Mühelosigkeit, mit der eine Ekphoration vermittels lernfähiger Synapsen zu bewerkstelligen ist, darf denn auch als gewichtiges Argument zugunsten dieser Hypothese betrachtet werden.

## 5.9 Kritische Betrachtung der dargelegten Organisationsformen

Die zentrale Rolle, die das Gedächtnis zweifellos im Rahmen unseres Denkapparates spielt, verlangt ein eingehendes Studium der dabei in Betracht kommenden Organisationsformen. Merkwürdigerweise wurde dieses Problem bisher oft nur partiell [etwa im Hinblick auf das „Abspielen" erlernter Signalsequenzen (MILNER, 1961)] in Angriff genommen.

Auch die Ergebnisse der in den vorangehenden Abschnitten dargelegten Betrachtungen sind nichts weniger als abschließend. Dazu ist unser heutiges Wissen noch viel zu bescheiden. Immerhin konnten die Grenzen dieses Wissens in einigen Punkten klar abgesteckt werden, was für die Wahl des Gegenstandes bei zukünftigen Forschungsarbeiten von einigem Wert sein mag.

Im einzelnen können folgende Feststellungen gemacht werden:
1. Die Wahrscheinlichkeit einer rein digitalen Informationsspeicherung in wesentlichen Partien des Gedächtnisses ist groß.
2. Organismen verfügen über verschiedene potentielle Möglichkeiten zur systematischen digitalen Informationsspeicherung: Neuronenschaltungen ohne lernfähige Ne, Neuronenschaltungen mit lernfähigen Ne oder lernfähigen Synapsen, engrammtragende Ribonukleinsäure-Moleküle (intramolekulare Speicherung).
3. Im Rahmen des Frischgedächtnisses spielt das limbische System eine wesentliche, aber nicht genau bekannte Rolle.

## 5.9 Kritische Betrachtung der dargelegten Organisationsformen

4. Wahrscheinlich arbeitet das Frischgedächtnis vorwiegend mit Neuronenspeichern. Über die dabei verwendeten Schaltungen (Flip-Flops, Laufzeitschaltungen, Lernmatrizen, Kombinationen davon) bestehen nur Mutmaßungen.
5. Für das Dauergedächtnis scheiden wegen ungenügender Kapazität mit großer Wahrscheinlichkeit alle Speichermöglichkeiten mit Ausnahme der lernfähigen Ne oder Einzelsynapsen und der intramolekularen Speicherung aus.
6. Die Gesamtorganisation des Gedächtnisses, bestehend aus Frischgedächtnis, Dauergedächtnis, allfälligen Zwischenstufen zwischen beiden (PETERS, 1968), interner Datenverarbeitung und den nötigen Verbindungsgliedern, muß heute zu einem weit größeren Teil aus den Verhaltensweisen als durch direkte Analyse anatomisch-technischer Tatbestände erschlossen werden.
7. Während einfache Matrizen im Rahmen des gesamten Gedächtnisapparates offensichtlich nur Teilfunktionen erfüllen können, könnte die hier dargelegte Organisationsform als „conjunctio rerum omnium" wenigstens einen — allerdings recht summarischen — Ansatzpunkt für eine Gesamtbetrachtung abgeben. Sie scheint auch mit keinem bekannten Tatbestand im Widerspruch zu stehen und wesentliche Argumente für sich zu haben. Ein Beweis für ihre Richtigkeit liegt indessen nicht vor.
8. Im Rahmen der Organisationsform als „conjunctio rerum omnium" besteht nach heutigem Wissen kein zwingender Grund, das Vorhandensein entweder lernfähiger Ne oder intramolekularer Speicherung als wahrscheinlicher zu bezeichnen. Beide Möglichkeiten sind offen.
9. Im Rahmen jeder Organisationsform mit intramolekularer Speicherung ist Ort und Technik des Überganges von Impulsfolgen zu Engrammen und vice versa unbekannt. Bei lernfähigen Ne kann man sich einigermaßen plausible Vorstellungen über die erforderlichen Mechanismen machen.

Wie schon bei der Analyse von Neuronenschaltungen muß also auch hier insgesamt ein Zustand bemerkenswerter Ignoranz konstatiert werden. Vordringliche Aufgaben, die einen Fortschritt in diesem Zusammenhang versprechen, sind die eingehendere Untersuchung des Ne und einzelner Synapsen im Hinblick auf Lernfähigkeit sowie allenfalls das Studium der Details intramolekularer Engrammbildung und Ekphoration.

Mit anderen Worten: Die Zukunft unseres Wissens über den technischen Apparat des Gedächtnisses liegt in der Erforschung des submikroskopischen Bereiches.

Dieser Abschnitt soll nicht ohne einen Hinweis auf die grundlegende Arbeit von WIENER (1948) abgeschlossen werden: Er streift darin bereits die Möglichkeit der Laufzeitspeicherung (allerdings ohne Angabe näherer biologisch-technischer Einzelheiten), postuliert das Vorhandensein lernfähiger Ne mit ausdrücklicher Erwähnung der Zündschwellensenkung als technischen Mittels und weist schließlich auf die Zweckmäßigkeit einer diffusen chemischen Verbreitung von Nachrichten „to whom it may concern" hin (wenn auch nur im Zusammenhang mit der Wirkung von Hormonen, nicht von informationstragenden Makromolekülen).

> Δὴ τότε γ', ὡς ἐνόησεν Ὀδυσσέα
> ἐγγὺς ἐόντα,
> Οὐρῇ μέν ῥ' ὅ γ' ἔσηνε καὶ οὔατα
> κάββαλεν ἄμφω.
>
> Da erkannte er ihn, als Odysseus
> ihm nahe gekommen,
> Und er wedelte gleich mit dem
> Schwanz und senkte die Ohren.
>
> HOMER
> (Odyssee)

## 6. Gestaltserkennung

### 6.1 Definitionen und Voraussetzungen

Unter einer „Gestalt" (pattern) sei in der Folge jede von den Sinnen empfangene Information verstanden, die sich durch bestimmte Kriterien von der übrigen im gleichen Zusammenhang angebotenen Information (dem „Hintergrund") unterscheidet. Als Fähigkeit zur Gestaltserkennung (pattern recognition) oder Zeichenerkennung (GRÜSSER/KLINKE, 1971) sei der Besitz dieser Unterscheidungskriterien bezeichnet, sofern er dem Besitzer die getrennte Erfassung von Gestalt und Hintergrund ermöglicht. Dieser Vorgang heiße Wiedererkennen, wenn die Unterscheidungskriterien von ihrem Besitzer durch einen Lernvorgang erworben wurden.

Die soeben formulierte sehr weite Fassung des Gestaltsbegriffes soll ausschließlich den Bedürfnissen der vorliegenden Schrift dienen. Es besteht keineswegs der Anspruch auf Gültigkeit in anderen Bereichen, insbesondere demjenigen der Psychologie. Dort interessiert man sich nämlich vor allem für die Frage, ob mit dem Auftreten einer bestimmten Ordnung der Information (eben der „Gestalt") eine neue Qualität sich einstelle, die über das bloße Zusammenfügen der Informationselemente hinausreicht. In neueren psychologischen Arbeiten über dieses Gebiet trifft man übrigens gelegentlich auf Versuche, kybernetische Gedankengänge bei der Behandlung des Gestaltproblems heranzuziehen. Beispiele mit guten Literaturangaben finden sich bei KOHLER (1960, 1962, 1966). Bemerkt sei schließlich noch, daß der psychologische Gestaltsbegriff — obgleich meist viel enger gefaßt — mit dem hier definierten keineswegs in Widerspruch steht.

Nach dieser Vorabklärung kann auf die Voraussetzungen eingegangen werden, die erfüllt sein müssen, damit eine Gestaltserkennung bzw. ein Wiedererkennen im definierten Sinne überhaupt möglich ist.

Die weite Fassung des Gestaltsbegriffes gestattet an sich ein Vordringen in extreme Bereiche. In der Tat kann etwa die Heliotropie gewisser primitiver Tiere und vieler Pflanzen im Rahmen der hier eingeführten Definitionen als „Gestaltserkennung" bezeichnet werden, da das betreffende Lebewesen die Fähigkeit besitzt, eine bestimmte Information (das Vorhandensein von Licht) vom Hintergrund (etwa anderweitigen äußeren Reizen) getrennt zu erfassen. Ähnliches gilt auch für gewisse Insekten, beispielsweise Zecken (MITTELSTAEDT, 1971), die lebenswichtige Sinnesorgane für die Erkennung der Ausdünstungen von warmblütigen Tieren (Auslösung des Fallenlassens von der erkletterten Pflanze) sowie für die Temperaturmessung (Auslösen des Bohrens zur Blutgewinnung) besitzen. Wenn in der Folge durchwegs von wesentlich komplexeren Informationskombinationen die Rede sein wird, so kann am vorliegenden Beispiel dennoch das einfachste Unterscheidungskriterium zwischen Gestalt und Hintergrund aufgezeigt werden, das im Vorhandensein eines spezifischen Organs für die Erfassung der Gestalt besteht. Diese Feststellung mag von einigem Interesse in phylogenetischer Hinsicht sein, da die Gestaltserkennung in höherem (und damit einer psychologischen Betrachtungsweise näherem) Sinne als Weiterentwicklung in der Richtung auf eine bessere Ausnützung der aufwendigen Sinnesorgane gedeutet werden kann.

Der Übergang zu dem, was heute fast ausschließlich unter dem Begriff „pattern recognition" bezeichnet wird, nämlich zur Erfassung geschriebener, gesprochener und ähnlicher Informationen, muß hier in großen Sprüngen vollzogen werden. Immerhin lassen sich gewisse Zwischenstufen mit einiger Sicherheit festhalten, bei denen die Gestaltserkennung mit sehr einfachen Neuronenschaltungen möglich ist.

Eines der einfachsten Unterscheidungskriterien auf dem Gebiet der optischen Gestaltserkennung ist die Farbe der Gestalt, kann doch beispielsweise durch Kombinationen von Filtern und selektiv farbempfindlichen Sinneszellen (Rezeptoren) in sehr vielen Fällen der Hintergrund „schwarz" gemacht werden, so daß nur die sich davon abhebende Gestalt überhaupt zu Reizen Anlaß gibt. Hier ein analoges Beispiel aus dem Bereich technischer Servosteuerungen: Der Verfasser (1962) hatte vor einigen Jahren Gelegenheit, an der Entwicklung einer photoelektrischen Abtaststeuerung mitzuwirken (siehe auch Abschnitt 7.3), bei der die abzutastenden Figuren auf kariertes Papier gezeichnet werden sollten. Durch richtige Wahl der Wellenlänge der verwendeten Lichtquelle und der Farbempfindlichkeit des lichtempfindlichen Organs konnte erreicht werden, daß rote und blaue Registriertinte als „schwarz", das gelbe Liniennetz aber als „weiß" „gesehen" wurde.

## 6.1 Definitionen und Voraussetzungen

Für Gestalten, die zunächst durch Helldunkel- oder Farbkontrast ausgezeichnet sind, kann die Größe ein weiteres wichtiges Unterscheidungskriterium darstellen. Eine Biene wird gewiß eher eine große Blüte anfliegen als eine solche, die sie mit ihrem relativ unscharfen Gesichtssinn kaum zu entdecken vermag. Sie wird sich also — ähnlich dem Esel BURIDANs — nach der größten „Gestalt" richten. Dagegen müssen viele Raubtiere die Größe ihrer Beute im Sinne einer Optimalisierung richtig einschätzen können, um nicht selber einer übergewaltigen „Beute" zum Opfer zu fallen. Beispielsweise sollen Haie über ein solches Erkennungsvermögen für die Größe von Objekten verfügen, das vom Tastsinn (Reaktion auf Turbulenzen und Stoßwellen im Wasser) getragen wird. Dem Verfasser ist allerdings nur eine einzelne Erwähnung dieses Tatbestandes ohne eingehende Versuchsberichte bekannt (COUSTEAU, 1971).

Auf alle Fälle ist datenverarbeitungstechnisch die Bestimmung der Größe einer Figur bei ungefähr konstanter Distanz vom Auge (oder bei Beschränkung auf vergleichende Erfassung mehrerer verschieden großer Figuren) äußerst einfach: Es genügen dazu die folgenden Voraussetzungen (Abb. 42):
1. Vorhandensein einer genügenden Anzahl von Rezeptoren, um das erforderliche Auflösungsvermögen zu erreichen.
2. Anschluß eines Ne mit Sprungcharakteristik an jeden Rezeptor, um dessen Signal nach Möglichkeit von der Intensität des empfangenen Reizes unabhängig zu machen und in diesem Sinne zu digitalisieren. Dadurch erhält man eine Aussage darüber, ob der betreffende Rezeptor seinen Reiz von einer der in Frage kommenden Gestalten erhält oder nicht.
3. Unterteilung des in Frage stehenden Feldes in eine Anzahl (allenfalls überlappender) Teilfelder.
4. Analoge Summation der zu jedem Teilfeld gehörenden digitalisierten Signale.
5. Feststellung des Teilfeldes mit der größten Signalsumme mit Hilfe von Gegentaktschaltungen gemäß Abb. 24. Dieses Teilfeld gilt als das „Teilfeld mit der größten Gestalt", auch wenn es in Wirklichkeit mehrere kleine Gestalten enthält. Natürlich sind Verfeinerungen möglich, um zusammenhängende Gestalten auszuzeichnen.

So primitiv eine solche „Gestaltserkennung" aus der Größe auch sein mag, sie zeigt doch deutlich die Voraussetzungen, die ganz allgemein erfüllt sein müssen, damit Gestalten erkannt werden können: Einerseits muß ein Korrelat (der naheliegende Ausdruck „Abbild" könnte zu Mißverständnissen Anlaß geben) der durch die Gestalt bestimmten Außenwelt im erkennenden Organismus vorhanden sein (und sei es auch nur in Form eines Farbfilters oder des übrigens sehr arterhaltenden Mechanismus, der ein Tier veranlaßt, sich in der Richtung zu bewegen, aus der die größten nahrungverheißenden Reize kommen). Andererseits kann schon in so einfachen Fällen wie „Farbe + Größe" die Verbindung zwischen den von der Gestalt ausgehenden Reizen und dem dazugehörigen im Besitze des Organismus befindlichen Korrelat nur mit Hilfe einer geeigneten Datenverarbeitung hergestellt werden.

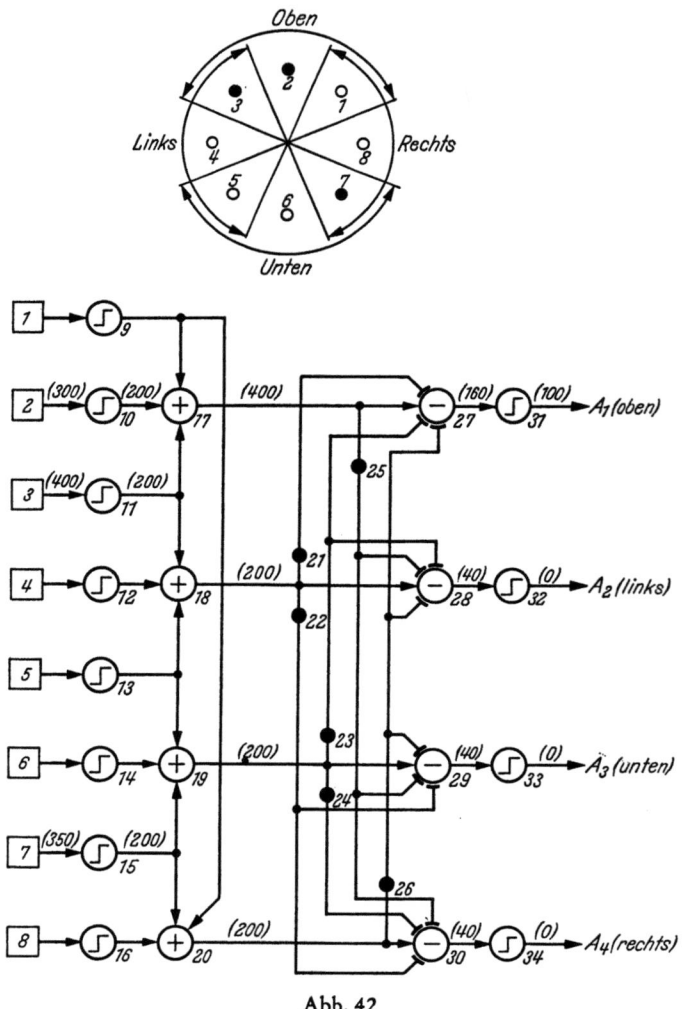

Abb. 42

6.2 Gestaltserkennung durch Koinzidenzvergleich

Faßt man den Begriff „Informationsspeicher" ebenso weit wie denjenigen der Gestalt, so kann man das dem Organismus eigene Korrelat einer Gestalt als gespeicherte Information bezeichnen. Es kann also festgestellt werden, daß die notwendigen Voraussetzungen für eine Gestaltserkennung (mit Ausnahme extrem einfacher Fälle) im Zusammenwirken einer Informationsspeicherung mit einer Datenverarbeitung bestehen. Die Fähigkeit zur sinnesmäßigen Rezeption kommt als selbstverständliche Nebenbedingung hinzu.

So wird die nahe Verwandtschaft zwischen Gestaltserkennung und Gedächtnis aus der Identität der Voraussetzungen erkenntlich. In dieser Schau kann die Gestaltserkennung und insbesondere das Wiedererkennen als Spezialfall einer Gedächtnisleistung angesehen werden. In beiden Fällen ist die Möglichkeit eines assoziativen Zugriffs auf höheren Stufen absolut notwendig. Was eine separate Behandlung rechtfertigt, ist die Frage nach den im Organismus verwendeten Unterscheidungskriterien zwischen Gestalt und Hintergrund sowie nach den daraus zu erschließenden technischen Möglichkeiten.

## 6.2 Gestaltserkennung durch Koinzidenzvergleich mit einem gespeicherten Muster

Mit technischen Mitteln läßt sich eine Gestaltserkennung am einfachsten durchführen, wenn der dazu bestimmte Apparat ein genaues Muster (template = Schablone) der betreffenden Gestalt gespeichert hat und in der Lage ist, die Koinzidenz zwischen Gestalt und Muster festzustellen (HEBB, 1949).

---

Abb. 42. Größe einer Gestalt als Erkennungskriterium. Demonstrationsbeispiel mit Neuronenschaltung. Oben: Anordnung der Rezeptoren 1 bis 8 und Festlegung der (überlappenden) Teilfelder (Oben — Unten — Rechts — Links). Unten: Schaltschema. 1 bis 8 = Rezeptoren (2, 3 und 7 als gereizt angenommen; größte Gestalt im Teilfeld „Oben"). Ne 9 bis 16 = Digitalisierung der einzelnen Signale. Ne 17 bis 20 = Summierung der Signale für jedes Teilfeld. Ne 21 bis 34 = Selektion des Teilfeldes mit dem stärksten summierten Signal durch laterale Inhibition „jeder gegen jeden" (21 bis 30) und Ausscheidung der schwachen Signale (31 bis 34). $A_1$ bis $A_4$ = Ausgänge, zu den Teilfeldern gehörig. Erregt wird nur der Ausgang des Teilfeldes mit der größten Gestalt, d. h. der größten Zahl gereizter Rezeptoren. Randbemerkung: Ne 21 und 22 bzw. 23 und 24 können natürlich zu je einem Ne zusammengefaßt werden. [Zahlen in Klammern: Angenommene Frequenzen unter folgenden Voraussetzungen: Refraktärzeit von Ne 9 bis 16 = 5 ms; saubere Addition in Ne 17 bis 20; Subtraktion in Ne 27 bis 30 gemäß Gleichung (7) mit $Ts$ = $10^{-3}$ s und unter Vernachlässigung der gegenseitigen Einflüsse mehrerer hemmender Eingänge; Schwellensprung von Ne 31 bis 34 bei 100 Hz Eingangsfrequenz]

Ein Beispiel ist das Erkennungsverfahren von TAUSCHEK (STEINBUCH, 1958, 1961 b), bei dem zum automatischen Lesen gedruckter Schriftzeichen von jedem der verwendeten Zeichen eine Negativschablone gespeichert wird. Die zu erkennende Gestalt wird der Reihe nach mit jeder Schablone zur Deckung gebracht und die Größe der ungedeckten (allenfalls auch der doppelt gedeckten) Fläche festgestellt. Liegt diese Größe unter einem bestimmten Minimum, so gilt die Koinzidenz als bestehend und wird zum weiteren Gebrauch signalisiert. So primitiv dieses Verfahren erscheinen mag, in Kombination mit einer elektronischen „Abbildung", einem Vergleich mit einer

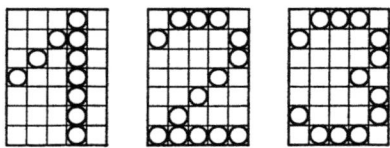

Abb. 43. Beispiel für die Darstellung von Gestalten in einem Rasterfeld

Vielzahl gespeicherter Muster und einer Auswertung im Sinne der wahrscheinlichsten Koinzidenz hat es in der technischen Praxis der Lesegeräte für Klarschrift Eingang gefunden (VAN STEENIS, 1971).

Dem digitalen, rasterartigen Aufbau der leistungsfähigen Insekten- und Wirbeltieraugen entspricht jedes Verfahren, bei dem das betrachtete Feld ebenfalls rasterartig aufgeteilt wird, wobei jedem Rasterfeld die Qualität „Gestalt" (z. B. schwarz) oder „Hintergrund" (z. B. weiß) zukommt (Abb. 43). Dem im vorangehenden Beispiel geltenden Unterscheidungskriterium entspricht hier die Zahl der zwischen Gestalt und Schablone in ihrer Qualität nicht übereinstimmenden Rasterfelder. Es ist klar, daß das Verfahren um so feiner ist, je mehr Felder der verwendete Raster umfaßt.

Der Koinzidenzvergleich kann aber auch auf der Seite der Datenverarbeitung in mancher Hinsicht verfeinert werden. Diese Möglichkeit ist in der Tatsache begründet, daß ein gedruckter Text ein großes Überangebot an Erkennungskriterien, also — informationstheoretisch ausgedrückt (SHANNON, 1948; SHANNON/WEAVER, 1949; ZEMANEK, 1959 a) — eine große Redundanz enthält. Die Verfeinerung besteht dann zunächst in der Ausnützung dieser Redundanz, um auch entstellte Informationen noch erkennen zu können. Das bedeutet den Ersatz der mehr oder weniger strengen Kongruenz zwischen Gestalt und Muster durch eine Teilkoinzidenz, eine Ähnlichkeit, die manches mit dem Begriff der „naheliegenden Information" in den Betrachtungen über das Gedächtnis gemeinsam hat. Zur Illustration sei noch

## 6.2 Gestalterkennung durch Koinzidenzvergleich

hinzugefügt, daß beispielsweise die Blindenschrift nach BRAILLE keine Redundanz besitzt, daß also die Hinzufügung oder Wegnahme eines der sechs möglichen Punkte einen Buchstaben in einen anderen verwandelt; im Gegensatz zu einer normalen Druckschrift bedeutet also jede Entstellung eine ernsthafte Störung.

Für den Ähnlichkeitsvergleich kann beispielsweise eine nichtlineare Bewertung der nicht koinzidierenden Rasterfelder in dem Sinne erfolgen, daß diese in der Nähe des Grenzgebietes zwischen schwarzen und weißen Flächen des Musters mit geringem Gewicht versehen werden, bei zunehmender

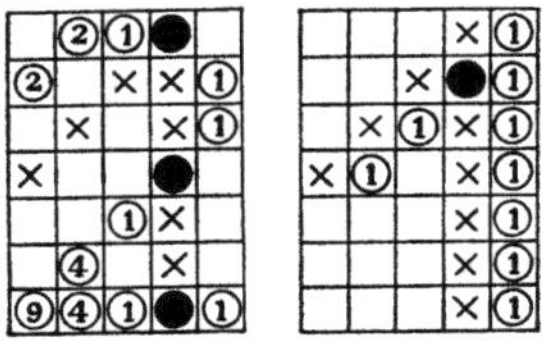

| Beispiel | A | B |
|---|---|---|
| $n_+$ = Zahl der übereinstimmenden Felder | 3 | 1 |
| $n_-$ = Zahl der nicht übereinstimmenden Felder | 11 | 9 |
| Differenz $n_- - n_+$ | 8 | 8 |
| $n_G$ = Gewichtssumme der nicht übereinstimmenden Felder | 27 | 9 |
| Differenz $n_G - n_+$ | 24 | 8 |

Abb. 44. Gestalterkennung in einem Rasterfeld unter Verwendung verschiedener Erkennungskriterien. A = Vergleich der Ziffern „1" (Kreuze) als Muster und „2" (Kreise in den Rasterfeldern) als Gestalt. B = Vergleich der Ziffer „1" mit sich selbst bei Translation um ein Rasterfeld. Wie die Tabelle zeigt, sind ungewichtete Abzählungen der übereinstimmenden und nicht übereinstimmenden Felder gegenüber der menschlichen Beurteilung (Ähnlichkeit bei B viel größer als bei A) stark verschieden. Die Gewichtung der nicht übereinstimmenden Felder (Gewicht = Quadrat des Abstandes vom nächstliegenden Feld des Musters, gemessen in Rasterfeldern von Feldmitte zu Feldmitte; Gewichte in den Kreisen eingetragen) ergibt viel bessere Resultate

Entfernung davon mit größerem (Abb. 44). Man erhält damit — mathematisch ausgedrückt — etwas wie ein statisches (oder höheres) Moment der Inkongruenz, also eine milde Behandlung geringfügiger Unterschiede bei gleichzeitiger strenger Ahndung größerer.

Schließlich darf nicht unerwähnt bleiben, daß die Gestalterkennung durch Vergleich mit einem gespeicherten Muster keineswegs auf optische Gestalten beschränkt ist. Genügend genaue Synchronisation zwischen gespeichertem Muster und angebotener Information vorausgesetzt, kann eine in der Zeit ablaufende (akustische) Informationsfolge ebenso gut verarbeitet werden wie eine simultane (optische) Darbietung. Nur darf die Betrachtung auch hier nicht mit den anspruchsvollsten Aufgabestellungen begonnen werden: Es ist beispielsweise technisch äußerst schwierig, gesprochene Worte ausschließlich durch Vergleich mit Musteraufnahmen (etwa auf Tonband gespeichert) maschinell zu entziffern; dagegen ist die gleiche Aufgabe bei einer akustisch dargebotenen digitalen Informationsfolge (etwa im Morse- oder im Telex-Code) in einfachster Weise lösbar; auch die Erkennung einer mit einfachen Mitteln gespielten kurzen Melodie wäre kein allzu schwieriges Problem.

Die soeben verwendete scheinbar harmlose Formulierung „genügend genaue Synchronisation vorausgesetzt" leitet über zu den grundlegenden Schwächen des vorliegenden Systems. Zunächst sei das Beispiel akustisch dargebotener Information durch extreme Konsequenz ad absurdum geführt: Es handle sich um das Erkennen einer Symphonie, wobei dargebotene Information und Muster praktisch identisch sind (etwa zwei Kopien ein und derselben Aufnahme). Die Koinzidenz werde durch Subtraktion der beiden Signale und Integration des Quadrates der Differenz bestimmt (es käme auch die Bildung eines Korrelationsintegrals, also die Multiplikation der Signale und anschließende Integration des Produktes, in Frage). Läßt man die beiden Tonbänder vollkommen synchron laufen, so entsteht keine Differenz, und das Integral wird gleich Null (im Falle der Korrelation erreicht es ein ausgeprägtes Maximum). Jede geringfügige Störung des Synchronismus (beispielsweise eine Verschiebung um einige Sekunden oder die Verwendung von Vorschubgeschwindigkeiten, die sich um Bruchteile eines Prozentes voneinander unterscheiden) führt unweigerlich zu einer katastrophalen Veränderung des Resultates und macht jede Erkennung unmöglich. Das gleiche gilt für optisch dargebotene Information: Eine Verschiebung zwischen Gestalt und Muster oder eine Verschiedenheit der Maßstäbe schließt die Möglichkeit einer Erkennung durch einfachen Vergleich aus.

Wenn man sich vergegenwärtigt, daß der Mensch eine Handschrift auf unebenem Papier in schräger Lage und perspektivischer Verzerrung zu lesen vermag und daß er bei einiger Musikalität ausgehend von zwei Aufnahmen einer Symphonie eine richtige Aussage über die beiden dazugehörigen Dirigenten machen kann, so erkennt man, daß ein höherer Grad der Gestaltserkennung mit dem vorliegenden Verfahren wegen mangelnder Anpassungsfähigkeit nicht erreichbar ist. Eine Speicherung aller im Laufe eines Menschenlebens verwendeten Gestalten in allen für eine Erkennung zulässigen Verzerrungen würde selbst die Kapazität eines sehr leistungsfähigen Speichers wohl übersteigen, ganz abgesehen von der Tatsache, daß Gestalten oft auch in Verzerrungen erkannt werden, in denen sie früher nie gesehen worden waren. Mit anderen Worten: Erst eine auf sehr hoher Stufe stehende Datenverarbeitung ermöglicht eine einigermaßen differenzierte und den Verhältnissen der Praxis angepaßte Gestaltserkennung. Die höhere Komplexheit der Datenverarbeitung organischer Gestaltserkennungssysteme dürfte wohl die erste Ursache ihrer Überlegenheit gegenüber den bisher entwickelten technischen Mitteln für den gleichen Zweck darstellen. In diesem Sinne kann man MACKAY (1971) gewiß zustimmen, wenn er über die letzteren sagt: „Either in the ease with which they are deceived or nonplussed, or in the inelegance of their principles of operation (or both) they suffer grievously by comparison with human beings".

## 6.3 Gestaltserkennung durch Analyse nach Teilgestalten

Bis zu einem gewissen Grad läßt sich die soeben dargelegte Schwierigkeit — wenigstens auf dem Gebiet der optischen Gestaltserkennung — durch eine Organisationsform mildern, die sowohl im Rahmen der Lernmatrix als auch der „conjunctio rerum omnium" (wie auch anderer hypothetischer Arten der Gedächtnisorganisation) möglich ist und die in folgender Weise umschrieben werden kann:
1. Beschränkung der Speicherung von Gestalten in Form von Mustern auf eine Anzahl relativ einfacher Elemente (Teilgestalten), wie Kreis, Halbkreis, Gerade usw.
2. Erkennung dargebotener Teilgestalten durch Vergleich mit den gespeicherten Mustern.
3. Speicherung jeder Teilgestalt in einer genügenden Anzahl von Verzerrungen und sonstigen partikulären Formen (beispielsweise mit verschiedener Strichdicke, in verschiedenen Farben oder Helligkeitsgraden usw.), um die Erkennung unter allen praktisch vorkommenden Umständen zu ermöglichen.
4. Speicherung komplizierter Gestalten in Form einer Aussage über die gegenseitige Lage der Teilgestalten, etwa in folgender Weise: „$B = $ Lange, ungefähr vertikale Gerade $+$ drei wesentlich kürzere, ungefähr horizontale Gerade, an der erstgenannten rechts an den Enden und ungefähr in der Mitte anstoßend $+$ zwei links offene Halbkreise, mit ihren Enden tangential an den drei kurzen Geraden derart anstoßend, daß jeder Halbkreis den Abstand zwischen zwei benachbart übereinanderliegenden Geraden überbrückt."
Die Kompliziertheit der soeben benützten Formulierung (die ohne Substanzverlust kaum wesentlich gekürzt werden kann) läßt es auf den ersten Blick merkwürdig erscheinen, daß auf diese Weise eine Vereinfachung des Erkennungsprozesses erzielt werden soll. Man bedenke aber, in welchen Verzerrungen ein Buchstabe noch sicher erkannt werden sollte, wieviel Infor-

mation also beispielsweise im Falle des direkten Koinzidenzvergleiches gespeichert werden müßte; man bedenke ferner, aus welcher geringen Zahl von Teilgestalten das Alphabet samt den arabischen Ziffern zusammengestellt werden kann. Man wird dann verstehen, daß eine Ökonomie der Informationsspeicherung durch Anwendung des beschriebenen Verfahrens tatsächlich möglich ist, wenn die Trennungslinie zwischen Teilgestalten und zusammengesetzten Gestalten möglichst zweckmäßig gezogen wird.

Daß diese Erkenntnis keineswegs gleichbedeutend ist mit einem Nachweis der Existenz einer derartigen Arbeitsmethode beim lebenden Organismus, braucht hier wohl nicht speziell betont zu werden. Immerhin kann man sich sehr wohl vorstellen, daß ein kombiniertes Verfahren zur Anwendung gelangt, bei dem einfachere Gestalten integral gespeichert werden, während kompliziertere eine Aufteilung erfahren. Dies bedingt naturgemäß das Vorhandensein einer Vorrichtung, die darüber zu entscheiden hat, wie die Verteilung zwischen integraler Speicherung und Zusammensetzung aus Teilgestalten für jeden Einzelfall optimal im Sinne kleinsten Aufwandes und größter Leistung zu treffen ist.

Ob damit bereits die beste mögliche Lösung des Gesamtproblems skizziert ist, wird in der Folge noch zu untersuchen sein. Einstweilen sei nur festgehalten, daß — ähnlich wie beim einfachen Koinzidenzvergleich — die Frage unerklärt bleibt, wieso auch Teilgestalten, die nur einmal in einer bestimmten Verzerrung dargeboten wurden, später mühelos in anderen Verzerrungen wiedererkannt werden.

Die vorzüglichen Untersuchungen von HUBEL und WIESEL (1959, 1962), die eine Aufteilung des Gesichtsfeldes in Teilfelder mit bevorzugten Richtungen erkennen lassen, sollen erst im Abschnitt 6.6 besprochen werden, da es sich dabei nicht um Makro-Teilgestalten im Sinne der hier angestellten Überlegungen handelt. Allerdings lassen sich auch auf der Basis der Mikro-Teilgestalten schon mit relativ einfachen Schaltungen komplexere Aufgaben lösen, wie FUKUSHIMA (1970) und andere gezeigt haben. Ein einfacher Fall wird im Abschnitt 7.4 dieser Arbeit im Detail behandelt.

Schließlich sei noch erwähnt, daß eine Transposition der angeführten Gedankengänge auf den akustischen Bereich ohne Vergewaltigung des Stoffes kaum möglich ist.

## 6.4 Gestaltserkennung durch Abtasten der Gestalt

Schon WIENER (1948) wies auf die Möglichkeit hin, das auf der Netzhaut simultan verfügbare Bild könnte durch einen geeigneten Abtastmechanismus zeilenweise ähnlich wie in einer Fernsehkamera abgetastet werden. Er dachte

## 6.4 Gestaltserkennung durch Abtasten der Gestalt

dabei aber wohl eher an die unvermeidliche Informationsreduktion zwischen Retina und Sehnerv als an die eigentliche Gestaltserkennung: In der Tat kann der Sehnerv bei weitem nicht die ganze Information übertragen, die ihm von den Rezeptoren der Netzhaut zur Verfügung gestellt wird. Andere Forscher haben die Idee einer Abtastung zum Zweck der Gestaltserkennung auf verschiedene Weise erörtert.

Zunächst ist festzuhalten, daß die gelegentlich geäußerte Vermutung, die Gestaltserkennung könne auf dem Umweg über eine Messung der Bewegungen der Augenachsen erfolgen (allenfalls in Kombination mit einer Zerlegung in Teilgestalten), aus rein technischen Gründen nicht haltbar ist (PLATT, 1958). Denn die Geschwindigkeit einer Augenbewegung reicht für das rasche Erfassen einer optisch gegebenen Situation (es handelt sich ja nicht nur um das immer wieder als Beispiel zitierte Lesen eines Textes) bei weitem nicht aus. Eine allfällige Abtastung muß also offenbar mit trägheitslosen Neuronenschaltungen ohne mechanisch bewegte Teile vor sich gehen, um erfolgreich zu sein.

Das Lesen gedruckter Buchstaben kann übrigens ohne Abtastung der Gesamtgestalt erfolgen, wie STEINBUCH (1958, 1961 b) mit seiner Sondenmethode nachgewiesen hat. Dabei werden lediglich einige geschickt angeordnete gerade Linien abgetastet, die das für einen Buchstaben reservierte Feld durchkreuzen. Die Abtastvorrichtung braucht nur den Unterschied zwischen schwarzem Buchstaben und weißem Hintergrund festzustellen. Die Lage der Schnittpunkte zwischen den abgetasteten Linien und dem Buchstaben wird als Erkennungskriterium benützt.

Das Bemerkenswerte an diesem Verfahren liegt in der Tatsache, daß für die Erkennung bei weitem nicht die gesamte angebotene Information (der ganze Buchstabe), sondern nur ein sehr kleiner Teil davon (die Schnittpunkte mit den abgetasteten Geraden) herangezogen wird. Wenn dies möglich ist, so muß der ganze Buchstabe ein großes Überangebot an Erkennungskriterien enthalten. Man stößt also erneut (wie im Abschnitt 6.2) auf das wichtige Phänomen der Redundanz.

Grundsätzlich ist dazu zu bemerken, daß die Ausnützung einer bestehenden Redundanz entweder (wie im angeführten Beispiel) einer Vereinfachung des Erkennungsapparates dienen kann oder (wie im Abschnitt 6.2) einer Erkennung entstellter Informationen oder aber einer Erhöhung der Sicherheit der Erkennung (beispielsweise beim Sondenverfahren durch Einführung einer oder mehrerer Kontrollsondierungen, die über das für die eigentliche Erkennung absolut Nötige hinausgehen). Übrigens beruht die erstaunliche Fähigkeit, die der Mensch im Lesen von Handschriften entfaltet, auf weiteren — übergeordneten — Redundanzen: Der Einzelbuchstabe wird, selbst wenn an sich unleserlich oder falsch, aus dem Zusammenfang (es handelt sich hier nicht um einen Druckfehler, sondern um eine Demonstration) des Wortes, nötigenfalls des Satzes, erschlossen. Näheres darüber enthält der Abschnitt 6.6.

Einen höheren Grad der Datenverarbeitung repräsentiert das Erkennungsverfahren von SPRICK (1958, Weiterentwicklung siehe PALMIERI/WANKE, 1968), bei dem die Kontur der Gestalt (wieder steht das Lesen gedruckter Buchstaben im Vordergrund) abgetastet wird. Dabei bewegt sich der abtastende Strahl in einer Richtung (etwa vertikal) mit konstanter Ge-

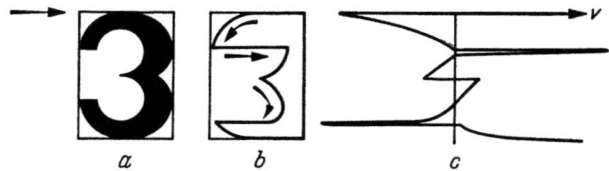

Abb. 45. Gestaltserkennung nach SPRICK durch Abtasten der Kontur. $a$ = abzutastende Gestalt. Der abtastende Strahl läuft auf dem Hintergrund in Pfeilrichtung an die Gestalt heran und folgt der Grenze zwischen Gestalt und Hintergrund. Gleichzeitig wird er langsam von oben nach unten verschoben. $b$ = Weg des abtastenden Strahles. $c$ = Geschwindigkeit des Strahles, die mit einem gespeicherten Muster verglichen wird

schwindigkeit. Dieser Strahl wird von einer geeigneten Elektronik so gesteuert, daß er sich auf der schwarzen Gestalt beispielsweise nach links, auf dem weißen Hintergrund nach rechts verschiebt. Tastet er die linke Seite der Gestalt ab, so folgt er auf diese Weise tatsächlich der Kontur derselben. Gemessen wird nicht etwa der horizontale Ausschlag des Strahles in Funktion des vertikalen, sondern — durch laufende Differentiation — die horizontale Geschwindigkeit in Funktion des vertikalen Ausschlages (Abb. 45). Erst dieses Resultat wird mit einem gespeicherten Muster verglichen. Der Vorteil dieses Verfahrens gegenüber dem direkten Koinzidenzvergleich (mit dem es offensichtlich nahe verwandt ist) besteht vor allem in der Tatsache, daß das Resultat in horizontaler Richtung unempfindlich gegen Translationen ist. In diesem Sinne liegt ein Ansatz zur Erarbeitung invarianter, also von den verschiedensten Störeinflüssen unabhängiger Ergebnisse vor, wie sie im nächsten Abschnitt betrachtet werden sollen. So steht das beschriebene Verfahren an einem Kreuzungspunkt.

Daß es übrigens eine gewisse praktische Brauchbarkeit besitzt, geht aus der Verwandtschaft zur ersten kommerziellen Lesevorrichtung hervor, die unter gewissen Bedingungen auch handgeschriebene Ziffern zu „ent-ziffern" vermag (PFLUGER, 1971).

## 6.5 Gestaltserkennung durch Auswertung von Invarianzen

Schon WIENER (1948) weist darauf hin, daß zur Gestaltserkennung eine Transformation der ankommenden Information erforderlich ist, die auch bei Verzerrung der angebotenen Gestalt immer das gleiche Resultat ergibt. Ein solches gleichbleibendes Resultat sei als Invarianz bezeichnet.

In neuerer Zeit haben sich vor allem REICHARDT und seine Mitarbeiter (REICHARDT/McGINTIE, 1962) mit dem Problem der Invarianzen befaßt. Sie gingen allerdings nicht auf eine Entzerrung aus, sondern unternahmen den Versuch, gewisse Invarianzen als Mittel zur quantitativen Codierung von Gestalten auszunützen. Im Gegensatz zu den Erkennungsverfahren der beiden letzten Abschnitte, die von der Frage nach technischen Lösungsmöglichkeiten des Erkennungsproblems getragen sind, wurde dabei ein bekannter physiologischer Tatbestand als Ausgangspunkt einer mathematisch hochinteressanten theoretischen Untersuchung gewählt. Hier soll versucht werden, das Wesentliche des Gedankenganges unter Verzicht auf mathematische Formulierungen verständlich zu machen.

Die Überlegung basiert auf dem Phänomen der lateralen Inhibition, das bereits im Abschnitt 4.4 kurz gestreift wurde. Ob die dort angeführten Gegentaktschaltungen tatsächlich im Facettenauge Verwendung finden, braucht hier nicht erörtert zu werden [die damit verknüpften seit langem bekannten Erscheinungen (SHERRINGTON, 1906)] lassen auch andere Deutungen zu (GRÜSSER/GRÜSSER, 1964). Dagegen ist die gesicherte Tatsache von Interesse, daß das Signal eines der vielen Einzelaugen (eines Ommatidiums) trotz gleichbleibendem Reiz geschwächt wird, wenn gleichzeitig auch benachbarte Ommatidien Reize erhalten. Ein charakteristisches Ergebnis dieses Phänomens dokumentiert sich in der Betonung der Unstetigkeit am Übergang zwischen einem hellen und einem dunkleren Feld: Die Signale der auf der hellen Seite liegenden „Rand-Ommatidien" sind infolge Abwesenheit von Signalen auf der dunklen Seite stärker als innerhalb des hellen Feldes; die Signale der „Rand-Ommatidien" auf der dunklen Seite sind durch die starken Signale ihrer Nachbarn geschwächt, so daß ein Verlauf gemäß Abb. 46 entsteht (KIRSCHFELD/REICHARDT, 1961). Mit Recht weisen die Autoren darauf hin, daß diese „künstliche Instabilität" ein gutes Mittel sein könnte, um die an sich (infolge erheblicher Überdeckung der Gesichtsfelder der einzelnen Ommatidien) bescheidene Randschärfe des Facettenauges zu verbessern. Auf den gleichen Effekt weisen auch andere Publikationen hin, zum Teil im Sinne eines generell zur „Bündelung" der Signale in parallelen Nervenfasern dienenden Verfahrens (HARTH et al., 1970; HUBEL/WIESEL, 1962; MOUNTCASTLE, 1966). Am Rande sei noch die Verwandtschaft mit dem bekannten „Xerox"-Effekt vermerkt.

Es läßt sich aber auch zeigen, daß die laterale Inhibition direkt als Mittel zur Unterscheidung gewisser Gestalten dienen könnte. Benützt man etwa als Beurteilungskriterium für eine Gestalt die Summe aller von den betrof-

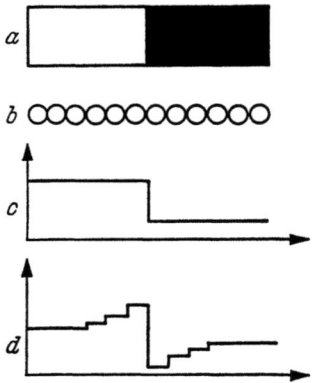

Abb. 46. Steigerung der Kontrastwirkung durch laterale Inhibition. $a$ = betrachteter Ausschnitt des Gesichtsfeldes. $b$ = an der Betrachtung beteiligte Rezeptoren. $c$ = Verlauf der Signale ohne laterale Inhibition. $d$ = Verlauf der Signale unter Einfluß der lateralen Inhibition. Der Sprung am Übergang zwischen schwarzer und weißer Fläche ist verstärkt

fenen Ommatidien herrührenden Signale, so erhält man bei gleichmäßiger Reizstärke und ohne laterale Inhibition einfach die auf der aktiven Augenpartie (etwa der Netzhaut) von der Gestalt eingenommene Fläche. Mit lateraler Inhibition können zwei an sich flächengleiche Gestalten völlig verschiedene Resultate liefern, wie Abb. 47 zeigt: Angesichts der Bevorzugung der weniger inhibierten Randbezirke liefert stets die Figur das größere Resultat, die mehr Randbezirke besitzt, die also zerrissener (oder weniger kompakt) ist. Mit anderen Worten: Das Verhältnis zwischen dem summierten Signal mit und demjenigen ohne laterale Inhibition kann als Maß (und damit auch als quantitativer Code) für die Kompaktheit der betrachteten Gestalt dienen.

Auf den ersten Blick mag ein solches Verfahren wenig ergiebig erscheinen. Denn obgleich das soeben definierte Verhältnis sicher als Invarianz einer gegebenen Gestalt bezeichnet werden kann und auch einige primitive

## 6.5 Gestaltserkennung durch Auswertung von Invarianzen

Verzerrungen (sofern Translation in beliebiger Richtung und Rotation um einen beliebigen Winkel als solche zu bezeichnen sind) unverändert zu überstehen vermag, ist es leicht einzusehen, daß zahlreiche verschiedene Gestalten ein und dieselbe Invarianzgröße liefern und somit nicht voneinander unterschieden werden können. Ein Lesen von Ziffern nach diesem Verfahren wäre beispielsweise schon darum nicht möglich, weil die „6" und die „9" voneinander kaum zu unterscheiden wären.

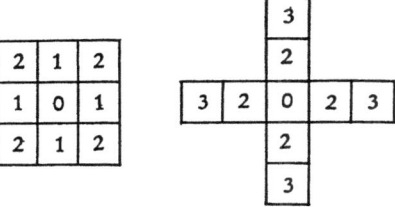

Abb. 47. Laterale Inhibition als Mittel der Gestaltserkennung. Willkürliche Annahme: Ein freies Feld erhält das Gewicht 4, bei einem anstoßenden Nachbarfeld 3, bei zweien 2 usw. Die so entstehenden Gewichte der Einzelfelder sind eingetragen. Das Gesamtgewicht der kompakten Gestalt links beläuft sich auf 12, dasjenige der flächengleichen zerrissenen Gestalt rechts auf 20 Punkte

Dennoch ist die Grundidee nicht von vornherein als unfruchtbar abzuschreiben. Bewegt man sich nämlich nicht auf dem Niveau eines lesenden Menschen, sondern auf demjenigen einer blütensuchenden Biene, so kann die Kompaktheit einer Gestalt ein sehr wertvolles Unterscheidungskriterium zwischen interessanten (weil nahrungsverheißenden) Blüten und anderen indifferenten Farbflecken sein. In der Tat hat v. FRISCH (1965) nachgewiesen, daß Bienen (deren Formensehen im allgemeinen ausgesprochen schlecht ist) zerrissene, blütenartige Lockfiguren flächengleichen gleichfarbigen Kreisscheiben eindeutig vorziehen. Die Möglichkeit eines „Größersehens" der weniger kompakten Gestalten dank lateraler Inhibition ist in diesem Zusammenhang zwar keineswegs erwiesen, läßt sich aber auch nicht ohne weiteres von der Hand weisen. Es handelt sich um einen der wenigen Fälle, wo eine vollständige Indizienkette (wenn auch beileibe kein Indizienbeweis) von einer Neuronenschaltung über deren physiologische Auswirkungen bis zur Verhaltensweise eines Gesamtorganismus führt.

Aber auch für höhere Ansprüche kann die Hypothese der Invarianzen interessante Ausblicke eröffnen. Man muß sich nur vergegenwärtigen, daß nicht unbedingt mit nur einem einzigen Invarianzkriterium gearbeitet werden muß. Eine zweckmäßige Auswahl solcher Kriterien könnte bei adäquater Kombination eine große Zahl von Gestalten zu unterscheiden gestatten. Um nur ein Beispiel zu nennen: Die oben erwähnte Schwierigkeit bei der Unterscheidung zwischen „6" und „9" fällt dahin, wenn man neben der Kompaktheit die Schwerpunktslage beider Ziffern heranzieht, die ebenfalls als charakteristische Invarianz verwendbar ist. Einen interessanten Hinweis in dieser Richtung geben die bereits im Abschnitt 6.3 erwähnten und im Abschnitt 7.4 eingehend behandelten Arbeiten von FUKUSHIMA (1970), bei denen Teilgestalten durch systematisches „Herausfiltrieren" von Invarianzen erkannt werden.

So erscheint es durchaus möglich, daß gewisse Invarianzen bei der Gestaltserkennung durch Organismen, wenigstens auf niedrigem Niveau, eine nicht unwesentliche Rolle spielen. Welche Höchstleistungen dabei erreichbar sind, ist beim heutigen Stand des Wissens noch schwer zu ersehen.

## 6.6 Kritische Betrachtung der dargelegten Möglichkeiten der Gestaltserkennung und Versuch einer Synthese

Die Ausführungen der vorangehenden Abschnitte sind in mehrfacher Hinsicht unbefriedigend: Zum ersten ist fast durchwegs von optischer Erkennung die Rede, wobei meist stillschweigend vorausgesetzt wird, die Gestalt sei bereits richtig „ins Auge gefaßt", also zentriert; zum zweiten wird praktisch ausschließlich von den Erkennungskriterien gesprochen, nicht aber von dem dahinterstehenden Übertragungs- und Speichermechanismus, insbesondere für das Wiedererkennen; schließlich werden vorwiegend technische Möglichkeiten diskutiert, wobei nur im Abschnitt 6.5 ein direkter Zusammenhang mit physiologischen Gegebenheiten aufgezeigt wird.

In der Folge soll der Versuch unternommen werden, die genannten Lücken zwar nicht zu schließen, aber doch nach Möglichkeit einzuengen.

Neben der optischen Gestaltserkennung ist die akustische von so großer Wichtigkeit, daß ihr der nachfolgende Abschnitt zur Gänze gewidmet werden soll. Es muß aber darauf aufmerksam gemacht werden, daß eine Gestaltserkennung auch auf anderen Sinnesgebieten möglich und im lebenden Organismus wirksam ist. Hier nur zwei wesentliche Beispiele: Wäre die Wohltat einer Blindenschrift denkbar ohne eine Gestaltserkennung unter Einsatz des Tastsinnes? Was den Geruchssinn betrifft, so ist seine enge Verknüpfung mit dem Gedächtnis geradezu notorisch.

In diesen beiden Fällen scheinen recht verschiedene Mechanismen am Werk zu sein. Der Tastsinn ist — obgleich sicher viel weniger differenziert, also informationsärmer — in mancher Beziehung mit dem Gesichtssinn verwandt. Beide haben es unter anderem mit den Formen der umgebenden

## 6.6 Kritische Betrachtung und Synthese

Welt zu tun. Manches deutet darauf hin, daß beim „Sehenlernen" des Kleinkindes (und auch mancher Jungtiere) der primitivere, aber auch in höherem Maß mit angeborenen Elementen ausgestattete Tastsinn (unterstützt vom propriozeptiven „Muskelsinn") eine entscheidende Rolle spielt (ERISMANN, T. P., 1948, 1962; HELD/HEIN, 1963; HUBEL/WIESEL, 1960, 1963; KOHLER, 1964). Bei Versuchen, die der Vater des Verfassers mit Blindgeborenen und Früherblindeten anstellte, zeigte sich eine erstaunliche Übereinstimmung zwischen ihren Raum- und Gestaltsvorstellungen und denjenigen Sehender. Zudem spielen beim Tastsinn die meisten Verzerrungen keine Rolle, die die Gestaltserkennung beim Sehen zu einem solch komplizierten Problem machen: Perspektive und Distanz sind von vornherein ausgeschaltet, und Farben gibt es keine. So darf man wohl behaupten, eine spezielle Betrachtung des Tastsinnes dürfte gegenüber derjenigen des Gesichtssinnes kaum grundsätzlich neue Anhaltspunkte liefern.

Mit dem Geruchssinn steht es ganz anders: Ohne beim Menschen einen Grad von Differenziertheit zu erreichen, der auch nur im Entferntesten demjenigen der akustischen oder gar der optischen Gestaltserkennung gleichkäme, scheint dieser Sinn eine starke Tendenz zur gedächtnismäßigen Speicherung einmal perzipierter Informationen zu besitzen. Dabei gilt offenbar in hohem Maß, was im Abschnitt 5.8 über die Reproduktion von Gedächtnisinhalten gesagt wurde: Wird ein bestimmter olfaktorischer Reiz mehrfach mit anderen Sinnesreizen simultan dargeboten, so genügt die erneute Darbietung der betreffenden Geruchsempfindung, um „eine ganze Welt" von Erinnerungen (also reproduzierten Gedächtnisinhalten) erstehen zu lassen. In übertragenem Sinne könnte man sagen, die olfaktorische „Gestalt" sei eine einheitliche Etikette, die uns das rasche Erkennen einer Vielzahl von verschiedenartigen Essenzen gestattet. An sich ist dieses Phänomen keineswegs erstaunlich; seine Verwandtschaft zum bedingten Reflex ist offensichtlich, und es paßt zwanglos in die Organisationsformen der Lernmatrix, der Diagonalmatrix oder der „conjunctio rerum omnium". Erstaunlich ist nur die geradezu explosive Gewalt, mit der scheinbar längst vergessene Informationen fast augenblicklich bei Darbietung des dazugehörigen Geruches „über uns kommen". Das vorzügliche Personengedächtnis gewisser Tiere (etwa der Hunde) gehört sicher in den gleichen Zusammenhang, wie überhaupt die Bedeutung von Gerüchen im Tierreich (und auch bei unseren halbtierischen Vorfahren) keiner besonderen Erwähnung bedarf. Die notorische affektive Komponente von Geruchsempfindungen ist gewiß ein weiterer Rest eines einstmals (im phylogenetischen Sinn) reicheren Bestandes an Differenzierungsmöglichkeiten. Die Parfümindustrie lebt von dieser Tatsache. Daß sich nicht auch die Sportmedizin systematisch der hier liegenden Möglichkeiten bemächtigt hat, ist eigentlich erstaunlich, da ein allerdings bescheidener Vorläufer in Form der diversen Riechfläschchen nachgewiesen werden kann, mit denen die Damen des letzten Jahrhunderts aus ihren häufigen Ohnmachten zu neuen physischen Leistungen stimuliert wurden.

So ist es sicher zu bedauern, daß sich die Kybernetik bisher des Geruchssinnes wenig angenommen hat. Allerdings hängt dieser Mangel weitgehend auch mit der bedeutend geringeren Kenntnis zusammen, die wir (im Vergleich zum optischen oder akustischen Gebiet) von den Details der olfaktorischen Perzeption besitzen. Diese Tatsache wiederum mag durch den Gang der technischen Entwicklung beeinflußt worden sein: Während eine photographische Kamera große Ähnlichkeit mit einem Wirbeltierauge besitzt und auch Geräte zur Frequenzanalyse existieren, die mit dem Ohr grundsätzlich nahe verwandt sind, besteht zwischen den Geruchsrezeptoren und den am ehesten dem gleichen Zweck dienenden technischen Hilfsmitteln, nämlich den verschiedenartigen Einrichtungen zur chemischen Analyse (vom Reagenzglas bis zur Massenspektrometrie) keine derart augenfällige Analogie. Da technische Leistungen von Organismen vielfach erst beim Auftauchen verwandter von Menschenhand stammender Einrichtungen richtig verstanden werden — wer wüßte dies besser als der Kybernetiker? —, ist unser mangelndes Wissen auf dem vorliegenden Gebiet wohl kein Zufall.

Es ist durchaus denkbar, daß das fortschreitende Studium der Geruchsrezeptoren lebender Organismen gelegentlich auf dem Gebiet der technischen Gasanalyse Schule machen könnte. Dabei scheinen insbesondere im Hinblick auf die Entdeckung gewisser Stoffe in stärkster Verdünnung einige Möglichkeiten offenzustehen.

Das „Zentrieren" einer Gestalt wurde bewußt nicht näher behandelt, da es sich gegenüber der eigentlichen Erkennung um eine untergeordnete Operation handelt. Daher sei auf die Literatur verwiesen (PFLUGER, 1971; SPRICK, 1958; STEINBUCH, 1958, 1961 b).

Was die Übertragung und Speicherung von Gestalten anbelangt, so handelt es sich im vorliegenden Zusammenhang weniger um den eigentlichen Speichervorgang, der ja im Abschnitt über das Gedächtnis eingehend erörtert wurde. Vielmehr soll hier die Frage betrachtet werden, in welcher Weise die von den Sinnen aufgenommene Information für die Speicherung bereitgestellt werden dürfte. Dieser Problemkreis ist mit der dritten zu Beginn dieses Abschnittes genannten Aufgabe (Beziehung zur physiologischen Seite) so eng verquickt, daß eine parallele Behandlung sich von selbst ergibt.

Wiederum stellt das Auge die kompliziertesten Probleme. Diesmal liegt die Schwierigkeit beim gewaltigen Informationsfluß, den die Netzhaut eines menschlichen Auges bereitstellen kann (Größenordnung $10^8$ Bit/s, verglichen

## 6.6 Kritische Betrachtung und Synthese

mit $10^5$ beim Ohr), während das Bewußtsein als Datenverarbeitungsmittel nur gegen $10^2$ Bit/s aufzunehmen vermag. Wenn man sich auch vergegenwärtigt, daß das visuelle Gedächtnis sicher wesentlich schneller arbeitet als das Bewußtsein (man denke nur an Eidetiker, die nach kurzer Betrachtung eines Bildes erstaunliche Einzelheiten davon in großer Fülle erzählen können), so ist doch mit hoher Wahrscheinlichkeit anzunehmen, daß auch zwischen Sinnen und Gedächtnis — nicht nur zwischen Sinnen und Bewußtsein — eine wirksame Informationsreduktion im Zeichen einer Beschränkung auf das Wesentliche stattfindet, ganz abgesehen von der Umwandlung in eine dem Gedächtnis gemäße Form.

Ohne den Betrachtungen des Abschnittes 7.2 vorgreifen zu wollen, soll hier die Frage erörtert werden, was wir auf Grund bekannter Tatbestände über Ort und Art solcher Transformationen aussagen können.

Zunächst steht die Unfähigkeit des Sehnervs fest, den von der Netzhaut herkommenden enormen Informationsfluß „unabridged and unexpurgated" weiterzuleiten, obwohl schon auf der Retina eine zweckmäßige Informationsraffung (engste Besetzung mit Rezeptoren in der Gegend der Fovea) vorliegt.

Einen ersten Anhaltspunkt für das, was zwischen Retina und Sehnerv geschieht (und was durch den Anschluß vieler Dutzende von Sehzellen an eine Bipolarzelle und mehrerer Bipolarzellen an eine Ganglienzelle als Informationsverdichtung illustriert wird (GRANIT, 1966), geben die Arbeiten von HUBEL und WIESEL (1959), die vorab an Katzen durchgeführt wurden. Danach ist das Gesichtsfeld in kleine Teilfelder eingeteilt. Jedes dieser Teilfelder besteht aus einem Mittelstreifen und zwei seitlichen Segmenten. Die Signale der im Mittelstreifen befindlichen Rezeptoren werden über erregende, diejenigen der seitlichen Segmente über hemmende Synapsen weitergeleitet (oder vice versa). Dadurch entsteht eine Bevorzugung in der Weitergabe eines im Mittelstreifen abgebildeten Striches gegenüber einem quer dazu liegenden. Da die Mittelstreifen der einzelnen Teilfelder verschiedene Orientierungen besitzen, gesellt sich zur explizit vom Sehnerv übertragenen Information (Intensität der Teilfelder) eine implizite Zusatzinformation (Orientierung von Strich-Elementen). Am Rande sei noch vermerkt, daß sich aus diesen Versuchen sehr interessante Folgerungen ziehen lassen, speziell bei Hinzunehmen der weiteren Verarbeitung im Gehirn (VON SEELEN, 1970; FUKUSHIMA, 1970). Dabei zeigt sich die Möglichkeit eines Invariantmachens von Teilgestalten und sonstigen Erkennungskriterien (etwa Krümmungen), obwohl nur recht einfache Schaltungen erforderlich sind. Ein für den Kybernetiker besonders reizvolles Beispiel findet sich im Abschnitt 7.4 dieser Arbeit.

Die bereits von WIENER (1948) geäußerte Vermutung, es könnte ein Abtasten der Sehzellen in der Retina im Sinne einer Fernsehkamera erfolgen, verliert angesichts der soeben dargelegten Forschungsergebnisse zusehends an Wahrscheinlichkeit. Es liegen auch keine anatomischen Anhaltspunkte für die Richtigkeit einer solchen Vermutung vor. Im Gegensatz zur ersten Auflage der vorliegenden Arbeit (1968) soll daher auf die Wiedergabe einer (an sich durchaus plausiblen) Neuronenschaltung verzichtet werden. Immerhin sei auf einen immanenten Vorteil einer derartigen Abtastung hingewiesen: Sie dürfte das einzige Verfahren darstellen, das trotz Informationsreduktion keinen Verlust im Auflösungsvermögen bei stationär dargebotener Eingangsinformation (also beispielsweise keinen Verlust an Sehschärfe) zur Folge hat. Der entstehende Verlust ist nämlich ein Zeitverlust, indem eine Änderung des Signals eines Rezeptors (oder einer Gruppe von Rezeptoren) erst dann gemeldet wird, wenn dieser Rezeptor im Abtastvorgang an die Reihe kommt (vorbehalten bleibt die allfällige Priorisierung besonders starker Reize durch Eingriff in die Abtaststeuerung oder Benützung spezieller „Expreßkanäle"). Die Parallele zu Mehrpunkt-Registrierapparaten und Übertragungssystemen nach dem Zeitmultiplexverfahren ist übrigens frappant.

An die datenverarbeitenden Leistungen im Auge selber allzu hohe Erwartungen zu knüpfen, wäre wohl fehl am Platze. Sehr wahrscheinlich werden alle komplizierteren Aufgaben direkt im Gehirn gelöst. Hier seien nur zwei Beispiele herausgegriffen:

Bei Betrachtung der Umwelt (etwa einer Landschaft) können wir die Augen, den Kopf und den ganzen Körper ziemlich weitgehend bewegen, ohne den Eindruck einer ruhenden Welt zu verlieren. Die propriozeptiven Signale der Muskulatur (oder auch diejenigen der die Muskelbewegungen steuernden Nervenzentren) werden also in die Verarbeitung des Gesamtbildes einbezogen. Man „weiß" auch, was außerhalb des Gesichtskreises liegt, und sieht nicht erst nach der Stuhllehne, ehe man sich zurücklehnt. Mit Recht weist MACKAY (1971) auf die große Fülle gespeicherter Information und auch auf die gestaltserkennende Leistung hin, die sich in der richtigen Reaktion auf „non-events", also auf das Nichteintreffen von zu Erwartendem, manifestiert. Es liegt also ein Bestreben vor, im Gedächtnis ein im Rahmen der Sinneseindrücke objektives Bild der näheren und weiteren Außenwelt aufzubauen, in welches dann die augenblicklichen Gesichtseindrücke eingebaut werden. Da ein solches Bild der Außenwelt gar nicht vom Gesichtssinn allein geliefert wird und zudem für seinen Aufbau eines sehr komplizierten Apparates bedarf, kann man mit Sicherheit annehmen, daß das Auge nicht der Ort einer solch vielschichtigen Datenverarbeitung ist.

## 6.6 Kritische Betrachtung und Synthese

Nebenbei sei auf die Möglichkeit hingewiesen, die gleiche Aufgabe wenigstens partiell mit anderen Mitteln zu lösen: Tintenfische ersetzen den Apparat zur Korrektur des visuellen Einflusses von Kopfdrehungen um eine zur Augenachse parallele Achse durch einen Servomechanismus, der das — auch um seine Achse drehbare — Auge stets „im Wasser" hält (TEUBER, 1966).

Das zweite Beispiel betrifft die Kombination der Augenbewegungen mit gewissen Nachbildern. Betrachtet man längere Zeit einen roten Farbfleck auf grauem Hintergrund und richtet dann das Auge auf eine andere Stelle dieses Hintergrundes, so wird man dort als Nachbild einen grünen Fleck erblicken, der nach einiger Zeit verschwindet. Hier handelt es sich um ein „negatives Nachbild", das durch lokale Anpassung des Auges an die gebotenen Reize erklärt werden kann. Setzt man nun aber einer Versuchsperson eine Brille auf, bei der beide Gläser in der linken Hälfte rot und in der rechten grün gefärbt sind, so tritt nach einiger Angewöhnung ein merkwürdiges Phänomen ein, das der Vater des Verfassers (1962) das „Situationsnachbild" nannte. Statt infolge des häufigen Wechsels zwischen Rot und Grün (bedingt durch die unvermeidlichen Augenbewegungen) ständig von einem Nachbild ins entgegengesetzte zu verfallen, lernt die Versuchsperson, das Vorhandensein der verschiedenen Filter überhaupt zu übersehen und sieht keine durch die Brille bedingten Nachbilder mehr. Nach Entfernung der Brille entsteht nun das negative Situationsnachbild, indem — in Abhängigkeit von den Augenbewegungen — bei Blickrichtung links grün, bei Blickrichtung rechts rot gesehen wird. Hier scheint ein gutes Beispiel für Datenverarbeitung auf verschiedenen Ebenen vorzuliegen: Der wahrscheinlich im Auge befindliche Anpassungsmechanismus für das gewöhnliche Nachbild bleibt zwar weiter im Betrieb, wird aber durch eine übergeordnete Vorrichtung kompensiert, die die Augenbewegungen in die Datenverarbeitung einbezieht. Diese Vorrichtung ist mit großer Wahrscheinlichkeit im Gehirn untergebracht.

Als generelle Regel kann somit die Tendenz angesehen werden, in den Sinnesorganen und unmittelbar daran anschließend so viel Datenverarbeitung zu erledigen, als mit der nur vom betreffenden Organ gelieferten Information möglich ist. Intersensuelle Koordination und andere anspruchsvollere Aufgaben dürften meist höheren Zentren vorbehalten sein. So tritt der hierarchische Aufbau des Nervensystems — der auf Grund der anatomischen Tatbestände sehr naheliegend erscheint — auch in funktioneller Hinsicht deutlich zutage.

Zur Frage, wo die digitale Codierung der Signale vonstatten geht, kann vorerst nur festgestellt werden, daß die afferenten (von den Sinnen herkommenden) Informationskanäle — soweit bekannt — durchwegs mit analoger Codierung zu arbeiten scheinen. Sofern also das Gedächtnis mit digitalen Mitteln arbeitet, ist die Anordnung der Analog-Digital-Wandler (sowie der Digital-Analog-Wandler für die efferenten — der Muskelsteuerung dienenden — Nerven) in höheren Zentren wahrscheinlich.

Nach diesem unvermeidlichen Exkurs soll die Generallinie der eigentlichen Gestaltserkennung wieder mit Nachdruck verfolgt werden.

Läßt man die in den vorangehenden Abschnitten beschriebenen technischen Erkennungsverfahren Revue passieren, so kann man etwa folgende Feststellungen machen:

1. Gestaltserkennung durch einfachen Koinzidenzvergleich mit einem gespeicherten Muster, also ohne zusätzliche Datenverarbeitung, kommt wegen ungenügender Flexibilität für den (menschlichen) Organismus nicht in Frage.
2. Gestaltserkennung durch Analyse nach Teilgestalten verspricht eine Reduktion des Aufwandes. Einige grundlegende Fragen (etwa das Wiedererkennen in bis dahin nicht dargebotenen Verzerrungen) bleiben auch hier ungeklärt.
3. Gestaltserkennung durch Abtasten der Gestalt ist in erster Linie ein technisches Problem, das die grundsätzlichen Schwierigkeiten der vorher angeführten Systeme auf andere Gebiete transponiert, aber keineswegs beseitigt.
4. Gestaltserkennung durch Auswertung von Invarianzen kann nur dann gegenüber dem Koinzidenzvergleich Vorteile bieten, wenn die Invarianzen den — insbesondere auf optischem Gebiet — auftretenden Verzerrungen unverändert zu widerstehen vermögen.

Mit anderen Worten: Technisch läßt sich mit jedem der diskutierten Verfahren „etwas anfangen"; keines aber verspricht eine Erklärung der Leistungen organischer Gestaltserkennung, sofern nicht eine Ergänzung durch äußerst sinnreiche Datenverarbeitungsmittel hinzukommt. Diese Mittel sollen in der Folge etwas näher betrachtet werden.

Wie in so vielen anderen Fällen gab auch hier WIENER (1948) einen ersten, wenn auch noch keineswegs ausgearbeiteten Anstoß. Er spricht von Transformationen der dargebotenen Gestalten nach bestimmten Prinzipien bis zur Erreichung gewisser „invarianter Integrale" sowie vom Vergleich der transformierten Gestalten mit gespeicherten Mustern. Auf Grund von Diskussionen mit Gehirnspezialisten äußert er auch die vielleicht etwas kühne Vermutung, die vierte Cortexschicht könnte als Transformationsrechner für die Größenwandlung von Gestalten dienen.

## 6.6 Kritische Betrachtung und Synthese

Am Beispiel des Lesens eines stark verzerrten Buchstaben sei der Versuch unternommen, tiefer in diese Zusammenhänge einzudringen.

Man geht von der — übrigens nicht unbestrittenen (MACKAY, 1971) — Annahme aus, es bestehe ein Mechanismus, der in der Lage ist, die erforderlichen Entzerrungstransformationen vorzunehmen. Es soll nicht etwa versucht werden, die entsprechenden Neuronenschaltungen abzuleiten. Daß sie möglich sind, steht außer Zweifel, da die Grenzen der logischen Algebra bei

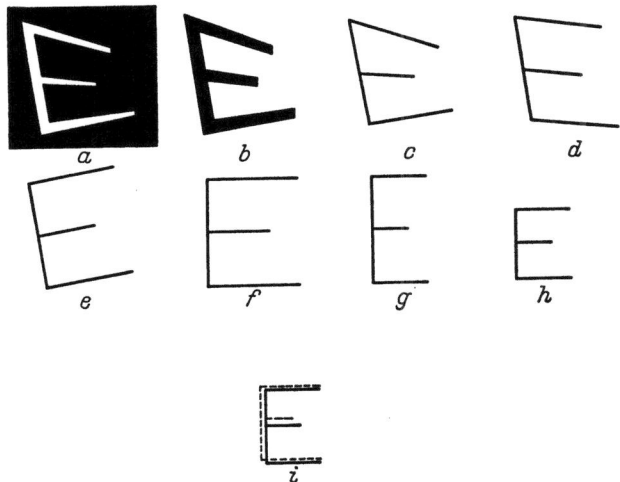

Abb. 48. Transformationen zur Angleichung einer verzerrt gebotenen Gestalt an ein gespeichertes Muster. $a$ = ursprüngliche Gestalt. $b$ = Normalisierung des Helldunkelkontrastes. $c$ = Normalisierung der Strichdicke. $d$ = perspektivische Entzerrung. $e$ = Schränkung. $f$ = Drehung. $g$ und $h$ = affine Transformationen. $i$ = Vergleich mit dem (gestrichelt und etwas versetzt gezeichneten) Muster

geometrischen Transformationen sicher nicht überschritten werden müssen, und auch in der Analogtechnik Transformationsmöglichkeiten verschiedener Art bestehen. Zunächst sei die Frage beantwortet, welche Transformationen überhaupt nötig sind, um einen stark verzerrten aber noch gut leserlichen Buchstaben (Abb. 48) in eine Normalform überzuführen, die mit einem gespeicherten Muster vergleichbar ist. Wie die Abb. zeigt, müssen der Reihe nach (abgesehen von der unumgänglichen Translation bzw. Zentrierung sowie von der Berücksichtigung der Farben) Normalisierungen des Helldunkelkontrastes sowie der Strichdicke, eine perspektivische Entzerrung, eine Schränkung, eine Drehung und zwei affine Transformationen durchgeführt werden. Das Endresultat ist dann hinlänglich normalisiert, um vermittels eines primitiven Koinzidenz- (oder Ähnlichkeits-) Vergleiches auf genügende Übereinstimmung mit einem gespeicherten Muster geprüft zu werden. Ob [wie STEINBUCH (1958, 1961 b) vermutet] auch noch eine nichtlineare Entzerrung, also eine Krümmung nötig ist, hängt von der Leistungsfähigkeit des Ähnlichkeitsvergleiches ab.

Die nächste Frage betrifft die Art und Weise, in der die Transformationen ausgelöst werden und vor sich gehen. Zunächst ist es noch keineswegs ersichtlich, ob eine Entzerrung der Gestalt im Sinne der obigen Ausführungen oder eine Verzerrung des Musters in umgekehrtem Sinne stattfindet.

Abb. 49. Demonstration einer Situationstransformation. Die Pfeilspitze und das „L" werden beide richtig gedeutet, obwohl sie in der angebotenen verzerrten Form annähernd kongruent sind

Ein Fingerzeig in diesem Zusammenhang wird sich aus den nachfolgenden Betrachtungen ergeben.

Die eigentliche Transformation kann man sich — als erste Arbeitshypothese — in Anlehnung an die Diskussion des einfachen Koinzidenzvergleiches so vorstellen, daß die erwähnten Ver- oder Entzerrungsoperationen in allen möglichen Kombinationen (natürlich unter Bevorzugung der häufig vorkommenden) der Reihe nach oder wenigstens teilweise parallel durchgespielt werden, bis eine genügend gute Koinzidenz erreicht ist. Ein solches Verfahren ist weder für die Technik noch für die Natur unmöglich, wenn es auch einen sehr bedeutenden Aufwand bedingt. Es stellt sich somit die Frage nach allfällig denkbaren Vereinfachungen, die durch ein weniger stures Vorgehen zu erreichen wären.

Eine Anregung gibt hier Abb. 49. Der Buchstabe „L" im Wort „LEO" und die Pfeilspitze werden beide sofort richtig gedeutet, obwohl die Verzerrungen der beiden Zeichen zu einer fast vollständigen Kongruenz auf dem Papier führen. Was dabei geschieht, scheint eindeutig zu sein: Die bei-

## 6.6 Kritische Betrachtung und Synthese

den Einzelgestalten werden gar nicht für sich betrachtet, sondern in einen Zusammenhang mit der dargebotenen Gesamtsituation gebracht (was übrigens auch bei vielen optischen Täuschungen der Fall ist). Dabei wird von den vielen an sich in Frage kommenden Transformationsmöglichkeiten nur jener kleine Sektor herausgegriffen, der mit der Gesamtsituation nicht im Widerspruch steht. Diese äußerst ökonomische Arbeitsweise könnte man in Angleichung an das Situationsnachbild als „Situationstransformation" bezeichnen. In kybernetischer Betrachtungsweise bedeutet dieses Phänomen folgendes: Übergeordnete Zentren, die das Erfassen einer Gesamtsituation [oder wie PREUSS (1968) sagt, des „Kontextes"] zu besorgen haben, schalten sich in die Tätigkeit der Transformationsmechanismen für Einzelgestalten ein und steuern diese derart, daß ein möglichst widerspruchsfreier Gesamteindruck entsteht. Die enorme Vereinfachung der Transformationsmechanismen ist dabei evident. Gleichzeitig kann man aber heute nur in groben Umrissen ahnen, welche Komplexität die übergeordneten Schaltungen aufweisen müssen.

Die soeben erwähnten übergeordneten Zentren beeinflussen wahrscheinlich auch die Speicherung von Gestalten im Sinne einer Fixierung der Außenwelt „so wie sie in Wirklichkeit ist", eine subjektive Formel, die objektiviert etwa so lauten sollte: „... so wie sie sich auf Grund der verfügbaren Sinneseindrücke möglichst widerspruchsfrei präsentiert." Nicht umsonst zeichnen Kinder unbedenklich die Katze samt der gefressenen Maus als „Röntgenbild". Nicht umsonst hatte sich auch die gesamte ägyptische Malerei und Reliefkunst einem Stil verschrieben, der Nase und Beine im Profil, Auge und Schultern en face darstellte, also jeden Teil in der für ihn charakteristischen Ansicht. Dies deutet auf eine Speicherung, die nicht nur die rein optisch dargebotene Gestalt, sondern ein „Situationsbild" umfaßt. Bezogen auf dieses Situationsbild wird die Einzelgestalt dann normalisiert gespeichert, was natürlich keineswegs mit einer geometrischen Normalprojektion zu verwechseln ist. Ein anderweitig vorhandenes und dementsprechend auch anders normalisiertes Muster wird also wahrscheinlich in das Situationsbild „eingepaßt", was nichts anderes bedeutet als eine Verzerrung des Musters entsprechend den Gegebenheiten des neuen Situationsbildes. Wer von der Macht der Gesamtsituation noch nicht überzeugt ist, versuche die Worte in Abb. 50 ebenso flüssig zu lesen wie im gedruckten Text. Weiteres Anschauungsmaterial in praktisch beliebiger Menge kann aus dem weiten Feld der optischen Täuschungen bezogen werden.

Mit diesen Überlegungen zeichnet sich ein ziemlich klares Bild der Gestaltserkennung durch den Menschen ab, wobei eine deutliche Gewichtsverschiebung gegenüber den vielleicht allzu sehr vom technischen Standpunkt und damit vom Detailproblem her aufgefaßten bisher behandelten Verfahren erkennbar wird. Als wahrscheinlich können folgende Charakteristiken betrachtet werden:

1. Die eigentliche Gestaltserkennung geschieht durch Koinzidenzvergleich mit einem gespeicherten Muster oder durch Ermittlung einer hinreichenden Information über bestehende Invarianzen. Beides ist nebeneinander möglich, wobei Invarianzen bevorzugt für die Erkennung einfacher Teilgestalten anzunehmen sind.

$$\beta_3 \in \cap \leq \bigcirc \quad \cap \setminus \bigsqcup \Leftrightarrow \int \cdot \infty$$

Abb. 50. Demonstration der Schwierigkeiten beim Lesen ohne die Möglichkeit einer Situationstransformation. Jeder Buchstabe muß nach einem anderen Gesetz als der vorhergehende transformiert werden

2. Bei der Aufbereitung der Information für die Gestaltserkennung können verschiedene ein für allemal festgelegte Transformationen (beispielsweise durch laterale Inhibition) eine Informationsraffung ohne wesentlichen Substanzverlust bewirken.
3. Gespeicherte Muster können sich auf ganze oder Teil-Gestalten beziehen.
4. Unter Einfluß der das Situationsbild erfassenden Zentren wird das Muster einer Situationstransformation unterworfen, so daß der Koinzidenz- bzw. Ähnlichkeitsvergleich keinen bedeutenden Aufwand erfordert.
5. Zum Situationsbild sind auch individuelle oder kollektive Besonderheiten wie Drucksorten, Handschriften, Tonfall von Stimmen usw. zu rechnen.

Neben dem ökonomischen Argument (Einfachheit der Transformationsmechanismen) spricht für das dargelegte Konzept auch die bei keinem der vorher diskutierten Verfahren festgestellte Möglichkeit, eine Gestalt auch in einer Verzerrung zu erkennen, in der sie früher nie dargeboten wurde.

Man beachte, daß die obigen Formulierungen in keiner Weise an ein bestimmtes Sinnesgebiet gebunden sind. Fragen wie diejenige nach der Informationsreduktion zwischen Retina und Sehnerv gehören nicht in diesen grundsätzlichen Zusammenhang.

Man beachte aber auch die Verschiebung des Problems auf eine höhere Ebene: Zwar scheint die Gestaltserkennung durch den menschlichen Organismus dank der Einführung des Situationsbildes und der Situationstransformationen einer Lösung nähergebracht zu sein. Es erhebt sich aber die noch viel schwierigere Frage nach der Art und Weise, wie das Situationsbild aufgebaut wird. Über die Funktion der dafür zuständigen Zentren kann beim heutigen Wissensstand in kybernetischer Schau nur wenig Schlüssiges ausgesagt werden. Versuche in dieser Richtung enthalten die Abschnitte 7.2, 7.4 und 7.5. Hier sei nur eine Randbemerkung erlaubt: Sicher spielt sich vieles dabei ohne Mitwirkung des Bewußtseins ab. Diese Tatsache gibt einerseits einige Hoffnung auf eine wenigstens Teilgebiete erfassende kybernetische Durchdringung. Sie erklärt andererseits die beträchtliche (über dem Arbeitstempo des Bewußtseins liegende) Geschwindigkeit, mit der die Anpassung an eine neue Situation vollzogen werden kann.

## 6.7 Bemerkungen zur akustischen Gestaltserkennung

Die akustische Gestaltserkennung nimmt in mancher Hinsicht eine Sonderstellung ein, einerseits weil das Ohr zu den bestbekannten Sinnesorganen gehört, andererseits weil die direkt in diesem Organ vor sich gehende Datenverarbeitung sich fast zwangsläufig aus den anatomisch feststellbaren Gegebenheiten erschließen läßt. In der Tat wissen wir schon seit HELMHOLTZ (1863) um die in der Basilarmembran nach dem Resonanzprinzip stattfindende Frequenzanalyse, die stark an die in der Technik viel verwendeten Zungenfrequenzmesser erinnert. Wohl nirgends im Bereich der Sinne ist eine erste Datenverarbeitung direkt im Sinnesorgan so offensichtlich wie hier.

Das eigentliche Problem beginnt bei der Frage, wie aus dem verfügbaren Frequenzspektrum in seinem zeitlichen Ablauf eine Gestalt, etwa ein gesprochenes Wort, „herausgelesen" werden kann. Ob dazu tatsächlich eine Weiterleitung hochfrequenter Vorgänge (beim Menschen bis 16 KHz) über Nervenleitungen erforderlich ist, braucht in diesem Zusammenhang nicht entschieden zu werden. Immerhin wird man die von WEVER (1949) nachgewiesene Möglichkeit, die übrigens schon im Abschnitt 3.3 gestreift wurde, mit Genugtuung zur Kenntnis nehmen. Die als „Volley-Verfahren" bezeichnete Lösung (Abb. 51) basiert auf der Möglichkeit einer dosierten Verschiedenheit der Laufzeiten der Signale in mehreren Nervenfasern, bedingt durch spezifische Eigenschaften des Axons oder der Synapsen. Man kann mit richtiger Abstimmung dieser Laufzeiten bei Parallelschaltung mehrerer Nervenfasern beispielsweise dafür sorgen, daß ein einziger gemeinsamer Eingangsimpuls am Ende jeder Faser einen Ausgangsimpuls hervorruft, der gegenüber demjenigen der nächstfolgenden Faser um einen sehr geringen Betrag phasenverschoben ist. Die Summe der in dem Faserbündel gegeneinander phasenverschoben ankommenden Impulse ergibt dann ein Phänomen, dessen Frequenz höher liegt als bei den schnellsten bekannten Impulsfolgen in einzelnen Nervenfasern.

Dieser Kunstgriff der Übertragungstechnik bringt aber keinen Fortschritt in der Bereitstellung der Daten für eine Gestaltserkennung. In neueren Arbeiten über dieses Gebiet (TERHARDT, 1966; ZWICKER, 1962) wird ein recht anschauliches Funktionsmodell diskutiert, das eine technisch aussichtsreiche Lösung darstellt und trotz seiner Einfachheit einige Parallelen zu entsprechenden organischen Mechanismen aufweisen könnte. Dieses Modell wurde seit seiner Entstehung intensiv weiterentwickelt (ANKE/HOESCHELE, 1968; ZWIKKER, 1971; ZWICKER et al., 1967), doch eignet sich die hier kurz wiedergegebene Form besonders gut für die Erläuterung der Grundprinzipien.

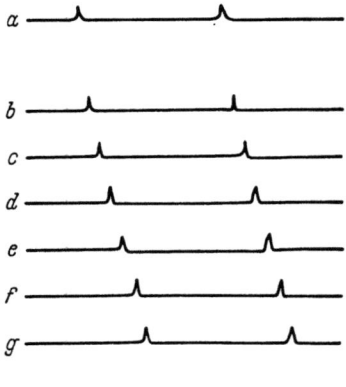

Abb. 51. Übertragung hoher Signalfrequenz nach dem Volley-Verfahren von WEVER. $a$ = auslösendes Signal. $b$ bis $g$ = Signale am Ausgang der Übertragung (dosierte Phasenverschiebung durch verschiedene Laufzeiten). $h$ = hochfrequente Summe der Signale $b$ bis $g$. Diese Summe kann wegen der hohen Frequenz nicht in einer normalen Addierschaltung gebildet werden

Das Verfahren strebt folgende Ziele an: Es soll eine gewisse Unabhängigkeit einerseits von der allgemeinen Tonhöhe, andererseits von der allgemeinen Lautstärke einer Stimme erreicht werden; ferner sollen die vorherrschenden Frequenzen hervorgehoben und der „Dschungel" unwichtiger Nebengeräusche gelichtet werden. Ein Blockschema des Modells gibt Abb. 52. Das polyfrequente Signal eines Mikrophons wird einem Frequenzfiltersystem zugeführt. Dieses zerlegt das Gesamtgeräusch nach Frequenzbändern, wobei nicht etwa mathematisch festgelegte Abstufungen, sondern solche nach der subjektiven menschlichen Unterschiedsempfindlichkeit vorgesehen sind. Damit erreicht man eine gewisse Unabhängigkeit von der allgemeinen Tonhöhe einer Stimme: Registriert man simultan die Ausgänge aller Filter (24 an der Zahl), so erhält man bei einer hohen und bei einer tiefen Stimme etwa das gleiche Bild, nur wird je nach der Tonhöhe eine Verschiebung zu den Kanälen höherer oder tiefer Frequenz erfolgen. Anschließend wird jeder Kanal (Ausgang eines Filters) einer Logarithmierung seiner Amplitude unterworfen, so daß am Ausgang des hierzu vorgesehenen Gerätes eine allgemeine Lautstärkenänderung als additive (nicht als multiplikative) Konstante erscheint, womit auch die gewünschte Unabhängigkeit von der Lautstärke erreicht wird. Als dritte Maßnahme

## 6.7 Bemerkungen zur akustischen Gestalterkennung

erfolgt eine Signalselektion, die im Prinzip der Kontraststeigerung durch laterale Inhibition entspricht: Kanäle mit geringen Amplituden werden von Nachbarkanälen mit großen Amplituden unterdrückt. Am Ausgang des Selektionsapparates wird nur noch festgestellt, welche Kanäle nach dem

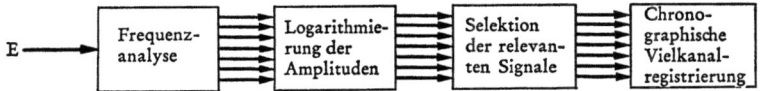

Abb. 52. Blockschema einer Vorrichtung zur akustischen Gestaltserkennung nach TERHARDT bzw. ZWICKER. Umwandlung akustischer Signale in lesbare optische. Nähere Erläuterungen im Text

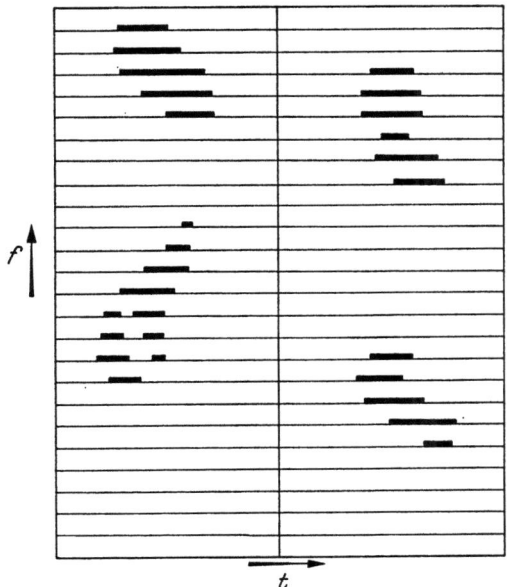

Abb. 53. Schematische Darstellung eines mit der Vorrichtung gemäß Abb. 52 aufgenommenen Diagrammes. Die sichtbaren Gestalten sind genügend typisch, um bei einiger Übung entziffert zu werden. $f$ = Frequenzbänder. $t$ = Zeit

Inhibitionsvorgang über einer bestimmten Amplitudenschwelle liegen. Dieses Resultat wird mit einem Registrierapparat für jeden Kanal einzeln in Funktion der Zeit aufgezeichnet (Abb. 53). Dabei entstehen Gestalten, die bei einiger Übung ein „Lesen" gesprochener Ziffern gestatten und ohne allzu große Mühe auch für den Anschluß einer automatischen Schreibmaschine umgeformt werden könnten.

Dieses Verfahren wurde einigermaßen in extenso dargestellt, weil es als gutes Beispiel für die Aufbereitung einer Information bis zu dem Punkt betrachtet werden kann, wo die Situationstransformation einsetzen muß. In der Tat wird durch nichtlineare Frequenz- und logarithmische Amplitudentransformation sowie die Inhibition auf die Bildung von Invarianzen hingearbeitet. Eine erste Digitalisierung erfolgt bei der Einteilung der Frequenzen in Bänder, eine zweite bei der Signalselektion. Schließlich ist die eigentliche Gestaltserkennung (die im hier beschriebenen Modell allerdings nicht über die Registrierung hinausgeht) als Koinzidenzvergleich möglich.

Es ist bemerkenswert, daß mit solchen relativ einfachen Mitteln schon ein gewisser Grad an Gestaltserkennung erreichbar ist. Sicher sind bei prinzipiell ähnlichen Ausführungen auch weitere Verfeinerungen denkbar [so das „Herausfiltrieren" einer akustischen Gestalt aus dem „Dschungel" der Hintergrundgeräusche mit Hilfe korrelationsähnlicher Verfahren oder die Ausstattung des — durch die endliche Schallgeschwindigkeit stets verspäteten — Hörsystems mit besonders schnellen Übertragungsmitteln zum Gehirn (SPRENG/KEIDEL, 1963)]. Dennoch dürfte ein Vordringen auf ein wesentlich höheres Leistungsniveau auch hier ohne Situationstransformationen schwerlich durchführbar sein. Schon das individuell sehr verschiedene Sprechtempo verlangt eine Anpassung in Form einer laufenden Synchronisation, also einer gesteuerten Zeittransformation des Musters. Noch wesentlicher dürfte aber das „Heraushören" undeutlich oder abnormal gesprochener Worte mit Hilfe des Satzzusammenhanges sein. Nur ein Beispiel: Es gibt Dialekte (die auch auf das hochdeutsche Sprechen abfärben), bei denen gewisse stimmhafte und stimmlose Konsonanten regelmäßig durcheinandergebracht werden. Nur der Satzzusammenhang und die Anpassung an seine sprachlichen Gegebenheiten bewahrte einen Filmkritiker vor Mißverständnissen, der mit erstaunlicher Regelmäßigkeit von der „siebenden Gunst" statt von der „siebenten Kunst" sprach...

So sind denn die Schlußfolgerungen des vorangehenden Abschnittes für die akustische Gestaltserkennung in gleichem Ausmaß gültig wie für die optische.

> Der Perzeptions-Neuronen Zeichen
> In des Gehirnes Zonen reichen,
> Wo eifrig dann Neuronen zucken,
> An peripheren Zonen rucken,
> Bis winzige Neuronen-Zecken
> Der Servo-Muskeln Zonen recken.
> So kann man an Neuronen zeigen
> Des Regelkreises Zonen-Reigen.
>
> Unveröffentlichte
> Schüttelreimsammlung

## 7. Leistungen komplexer Neuronenschaltungen

### 7.1 Vorbemerkungen

Wenn in der Folge von den Leistungen höherer Nervenzentren die Rede sein soll, so muß mit allem Nachdruck betont werden, daß die besprochenen Leistungen durchwegs eindeutig unter der Grenze liegen, die gemeinhin mit dem Stichwort „Bewußtsein" bezeichnet wird. Oder anders ausgedrückt: Es handelt sich ausnahmslos um Leistungen, die das Gebiet des kybernetisch (also mit den Mitteln der Datenverarbeitung) Erfaßbaren nicht überschreiten. Solche Leistungen — so staunenswert sie auch sein mögen — sind stets ihrem Wesen nach auch einer Nachahmung durch technische Einrichtungen zugänglich.

Die Auseinandersetzung mit dem Problemkreis des Bewußtseins wird den letzten Abschnitten dieser Schrift vorbehalten sein. Hier soll nicht einmal das unterbewußte Gebiet (im psychoanalytischen Sinn) tangiert werden.

Auch ohne Vordringen zu diesen schwierigsten Fragen stellt sich eine fast unübersehbare Fülle von Aufgaben. Mit Sicherheit darf das Vorhandensein verschiedener leistungsfähiger Datenverarbeitungssysteme weit unter der Bewußtseinsschwelle angenommen werden. Einiges davon wurde im Zusammenhang mit der Gestaltserkennung bereits erwähnt. Besonders sei nochmals auf die beträchtliche Diskrepanz zwischen dem von den Sinnesorganen aufgenommenen gewaltigen Informationsfluß und der relativ bescheidenen Verarbeitungsgeschwindigkeit im bewußten Bereich hingewiesen. Eine Reduktion der Information um viele Zehnerpotenzen zwischen den beiden genannten Stellen kann nicht anders als durch sinnvolle Auslese, also durch datenverarbeitende Prozesse, vor sich gehen, wenn das Bewußtsein überhaupt mit brauchbaren Eingangssignalen gespeist werden soll. Die Bemerkung FREUDS, das bewußte Ich sei ein armes Ding, darf also mit mindestens ebenso gutem Recht auf wesentlich peripherere Zonen angewendet werden wie auf das Unterbewußte. Im gleichen Atemzug muß dieser Ausspruch aber auch relativiert werden, da das „Ich" zwar mit sehr wenig, aber dafür gewiß mit äußerst sorgfältig aufbereiteter, gewissermaßen veredelter Information versehen wird. Es geht diesem „Ich" also ähnlich wie dem Generaldirektor einer wohlorganisierten Firma, der alles Wesentliche weiß, ohne von überflüssigem Kleinkram behindert zu sein.

Mit Bedacht bezieht sich der Titel dieses Kapitels auf die Leistungen, nicht auf den detaillierten Aufbau der behandelten Neuronenschaltungen. Denn von einem Wissen um diesen Aufbau sind wir dank der Kompliziertheit des untersuchten Gegenstandes noch viel weiter als im Fall der im Kapitel 4 besprochenen einfacheren Beispiele.

Wieder präsentieren sich die hinter den sichtbaren Leistungen stehenden Einrichtungen als „black boxes" im Sinne der Theorie von Ashby (1961): Man kennt einigermaßen die Zusammenhänge zwischen den Eingangs- und Ausgangssignalen, nicht aber die Schaltungen, die diese Zusammenhänge bewirken. Der Vergleich mit einem Radiohörer drängt sich auf: Er weiß zwar, wie der Apparat auf die einzelnen Bedienungsoperationen reagiert, hat aber von der inneren Organisation dieses Apparates in den meisten Fällen höchstens eine vage Vorstellung.

Zum Glück können aus der Kenntnis der äußeren funktionellen Zusammenhänge und mit Unterstützung der leider meist (in kybernetischer Sicht) summarischen Beschreibung der anatomischen Tatbestände gewisse Schlüsse auf den inneren Aufbau einer black box gezogen werden. Beispielsweise kann man — hinreichenden Überblick über das Verhalten der Ein- und Ausgänge sowie analytische Erfassung der dabei auftretenden Gesetzmäßigkeiten vorausgesetzt — feststellen, welche funktionellen Komponenten mindestens vorhanden sein müssen, um die beobachtete Gesamtfunktion zu bewirken. In diesen Fällen ist man somit in der Lage, ein Funktionsmodell des untersuchten Systems zu entwerfen und — bei Vorhandensein der erforderlichen technischen Möglichkeiten — auch zu verwirklichen. Man kann sich auch Rechenschaft darüber ablegen, ob die unbedingt erforderlichen funktionellen Komponenten mit bestimmten Mitteln (beispielsweise mit Ne) hergestellt werden können.

Hat man diesen Punkt erreicht, so ist man in einer Beziehung ebenso weit gekommen wie seinerzeit bei der Synthese von Neuronenschaltungen: Man kann die Frage beantworten, ob eine bestimmte Aufgabe mit Ne als einzigen Elementen (abgesehen von den Anschlußorganen für Sinne und Muskeln) lösbar ist. Die Wichtigkeit dieser Frage wurde im Abschnitt 4.1

bereits ausführlich herausgestrichen, bedarf also an dieser Stelle keiner weiteren Kommentare.

In besonders günstigen Fällen ist es sogar möglich, detaillierte Neuronenschaltungen aufzustellen, die dem beobachteten Verhalten der „black box" Genüge tun. Damit wird — wie schon mehrfach betont — nicht der Anspruch verknüpft, daß es im Organismus auch so sei, wohl aber, daß es so sein könnte, eventuell sogar im Sinne einer Minimallösung.

Leider sind die Bedingungen für ein so tief gehendes Eindringen in die Mechanismen komplexer Neuronenschaltungen nur selten gegeben. Nur zu oft fehlen die Voraussetzungen, sei es infolge mangelnder Kenntnis der Ein- und Ausgänge und ihrer äußeren funktionellen Zusammenhänge, sei es angesichts einer großen Kompliziertheit der beobachteten Funktionen und daraus resultierendem Versagen der analytischen Behandlung. Hier liegt der Sinn der verschiedenen Verhaltensmodelle, die im Abschnitt 7.6 zur Behandlung gelangen sollen: Über eine nicht vollständig überblickte Verhaltensweise des organischen Vorbildes wird zunächst eine Arbeitshypothese aufgestellt und in einem Funktionsmodell verwirklicht. Dieses wird dann einer Prüfung unter möglichst vielen bekannten Eingangsbedingungen unterzogen. Aus den Übereinstimmungen und Diskrepanzen zwischen Vorbild und Modell können Schlüsse auf die Qualität der gewählten Arbeitshypothese gezogen werden. Daß der Bau oder die Programmierung solcher Modelle nicht als Spielerei abgetan werden dürfen, liegt somit auf der Hand.

## 7.2 Datenaustausch zwischen unter- und übergeordneten Zentren

Ein Teil des Datenaustausches zwischen unter- und übergeordneten Zentren eines Organismus wurde bereits im Zusammenhang mit der Gestaltserkennung ausführlich behandelt, nämlich die unumgängliche Informationsverdichtung in der afferenten Verbindung zwischen Sinnesrezeptoren und Bewußtsein. Zusammenfassend kann man sich diesen Veredelungsprozeß so vorstellen, daß die Signale auf ihrem Wege mehrere Stationen (Zentren) passieren, wobei die Datenverarbeitung sowohl in den Sinnesorganen, auf dem Wege zum Stammhirn, im Stammhirn selbst wie auch im Großhirn erfolgen kann. Die Zahl der möglichen Verarbeitungsstellen ist also sehr groß, und es ist trotz verhältnismäßig genauer Kenntnis der jeder Hirnpartie zukommenden Funktionskomplexe (PENFIELD/RASMUSSEN, 1950; TEUBER, 1966) äußerst schwierig, eine Neuronengruppe ausfindig zu machen, die eine bestimmte Detailoperation zu erledigen hat.

Nun kann man sich mit Recht fragen, ob denn die ganze auf dem Wege zum Bewußtsein ausgeschiedene Information einfach verloren geht. Das ist keineswegs der Fall. Man denke nur an die ungeheuer vielen Bewegungen, die wir — zwar von den Sinnen geleitet, aber ohne jedes Zutun des Bewußtseins — ausführen, etwa zur Erhaltung des Gleichgewichtes beim Gehen oder beim Radfahren. Offenbar wird die von den Sinnen gelieferte Information nicht nur zur Benützung im Bewußtsein präpariert, sondern auch — verarbeitet von untergeordneten Zentren — direkt an efferente Nerven weitergeleitet.

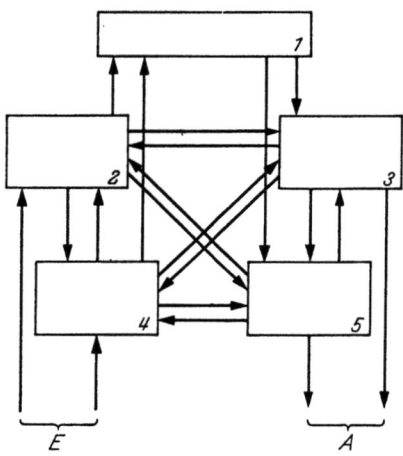

Abb. 54. Summarisches hypothetisches Blockschema des Datenflusses zwischen Sinnesorganen, Bewußtsein und Muskeln. 1 = Bewußtsein. 2, 4 = zwei afferente Verarbeitungszentren auf verschiedenen Stufen. 3, 5 = zwei efferente Zentren auf verschiedenen Stufen. $E$ = Eingänge von den Sinnen. $A$ = Ausgänge zu den Muskeln. Jeder der Blöcke 2 bis 5 steht für eine große Zahl von Zentren, desgleichen $E$ und $A$. Man beachte die grundsätzliche (in natura sicher nur zum Teil ausgenützte) Möglichkeit beliebiger gegenseitiger Verknüpfungen zwischen den einzelnen Zentren

So läßt sich erneut die Notwendigkeit eines hierarchischen Aufbaues der kybernetischen Mechanismen erkennen. Ein sehr rohes Bild dieses Aufbaues entwirft STEINBUCH (1961 a, 1961 b) in der Form gestaffelt organisierter Lernmatrizen und MARKO (1966) in noch allgemeinerer Weise. Den Versuch einer mathematischen Formulierung für ein Gehirnmodell unternehmen RICCIARDI und UMEZAWA (1967). Abb. 54 lehnt sich an die von MARKO stammende Darstellung an, geht aber noch etwas darüber hinaus. Darin wird angedeutet, wie der Datenfluß grundsätzlich auf jeder Stufe in fast beliebiger Weise verzweigt und auch wieder zusammengeführt werden kann. Dem Verfasser scheint diese Möglichkeit ungemein wichtig zu sein, da sie eine starke Entlastung der höheren Zentren erkennen läßt und so auf einen ökonomischen Gesamthaushalt hindeutet (dabei ist die Einsparung an Zeit sicher nicht weniger bedeutsam als diejenige an Ne, wie aus den Betrachtungen des Abschnittes 7.5 zu entnehmen sein wird). Es ist auch sehr wahrscheinlich, daß untergeordnete Zentren mit eigenen Lern- und Speicherungsmöglichkeiten ausgestattet sind, wobei in erster Linie an eine kurzzeitige Speicherung von Daten, jedoch langfristiges Lernen durch Synapsenbildung zu denken ist.

Betrachtet man in Abb. 54 die efferenten Verbindungen, so könnte man auf den ersten Blick vermuten, der afferenten Informationsraffung müsse eine ebenso starke efferente Informationsausweitung entsprechen. Dem ist aber nicht so, denn viele Raffungsprozesse sind (wie derjenige zwischen Netzhaut und Sehnerv) weitgehend irreversibel, während bei anderen eine Rekonstruktion keinen Nutzen bringt. Insgesamt darf aber doch eine Ausweitung zur Peripherie hin festgestellt werden, da den Muskeln beispielsweise beim schnellen Schreiben mit der Schreibmaschine ein viel größerer Informationsfluß geliefert werden muß, als bewußt verarbeitet werden könnte. Man bedenke: Jede Fingerbewegung zu einer Taste und jeder Anschlag müssen eine genau dosierte Steuerung erfahren, um präzis das gewünschte Resultat zu zeitigen; dabei handelt es sich schon rein mechanisch um einen komplexen Vorgang, bei dem mehrere Muskeln koordiniert zu wirken haben.

## 7.3 Parallelen und Unterschiede zwischen organischen und technischen Regelkreisen

Jeder hochentwickelte Organismus ist ein äußerst kompliziertes Gebilde, das nur dank der Regelung einer großen Zahl von Parametern funktionstüchtig bleibt. Man denke nur an die Aufrechterhaltung der konstanten Körpertemperatur oder des Blutdruckes sowie an die verschiedenen automatisch ablaufenden Vorgänge zur Anpassung an Wärme und Kälte, Helligkeit und Dunkelheit, vom geregelten Zusammenspiel der Hormone und anderer vielschichtiger funktioneller Kombinationen ganz zu schweigen. Die Liste ließe sich mühelos bis zu einer sehr beträchtlichen Länge ausweiten.

Neben diesen ganz oder vorwiegend ohne Zutun des Bewußtseins ablaufenden Vorgängen besteht eine ebenfalls sehr große Anzahl solcher, die zumindest global dem Bewußtsein und dem Willen untertan sind. Zu diesen zählen vor allem die Bewegungen der Extremitäten, der Augen-, Rumpf- und Halsmuskulatur sowie der Sprech- und Eßwerkzeuge. Die Tätigkeit der genannten Organe erfolgt durchwegs geregelt, also unter laufender Berücksichtigung der von den Sinnen gemeldeten Situation der Umwelt.

Es ist hier nicht der Ort, eine Aufzählung und Analyse der in Organismen wirksamen Regelkreise vorzunehmen. Es soll auch kein Abriß der Regeltechnik geboten werden. Über beide Gebiete besteht eine spezialisierte Fachliteratur (AISERMAN et al., 1967; ALBERS/LUDWIG, 1968; ECCLES, 1969; LANDGRAF/SCHNEIDER, 1970; MATTHEWS, 1964; PIEWINGER, 1966; RANKE, 1960; RÖVER, 1966; SCHAEFER, 1966, 1967; TÄUMER et al., 1970; TRUXAL, 1960; VARJÚ, 1967; ZEMANEK, 1959 b, und viele andere), die bis zur Betrachtung von Krankheitserscheinungen in regeltechnischer Sicht geht (DÜCHTING, 1968). Die hier gestellte Aufgabe soll lediglich in einer Illustration der Parallelen zwischen organischen und technischen Regelkreisen (durchgeführt an Hand leicht verständlicher Beispiele) sowie im Hinweis auf einige Unterschiede bestehen, die sich zwangsläufig aus den Eigenheiten beider Gruppen von Systemen ergeben.

Betrachtet wird eine Aufgabe, die in der Praxis sowohl von Menschenhand als auch mit technischen Hilfsmitteln gelöst wird, nämlich das Abtasten der Grenze zwischen einer ebenen dunklen Figur und einem hellen Hintergrund. Ähnliche Abtastungen werden von Hand vor allem beim Planimetrieren vorgenommen, während entsprechende Automaten für gewisse Kopiersteuerungen an Werkzeugmaschinen in Frage kommen. Der Einfachheit halber sei angenommen, der Hintergrund mit der darauf gezeichneten Figur bewege sich mit konstanter Geschwindigkeit in einer bestimmten Richtung; senkrecht dazu sei in beiden Fällen die Führung eines Schlittens angebracht, der das eigentliche Abtastorgan trägt. Der Abtastvorgang spielt sich nun in folgender Weise ab (Abb. 55):

1. Bei Handbetrieb trägt der Schlitten eine „Fahrmarke" (etwa ein Fadenkreuz auf einem Glasplättchen direkt über der Ebene der Figur). Der Gesichtssinn des Operators stellt fest, ob sich diese Marke auf dem hellen Hintergrund oder auf der dunklen Figur befindet, und sendet ein entsprechendes Signal aus.
2. Beim Automaten trägt der Schlitten einen „Abtastkopf", dessen Hauptteil ein mit passender Optik versehener photoelektrischer Wandler (Photozelle, Phototransistor, Photomultiplier usw.) ist. Je nachdem, ob sich der Kopf über dem hellen Hintergrund oder über der dunklen Figur befindet, sendet der Wandler ein stärkeres oder schwächeres Signal aus.
3. Bei Handbetrieb wird das vom Gesichtssinn kommende Signal im Zentralnervensystem so verarbeitet, daß der Armmuskulatur je nach Lage der Fahrmarke eine Signalfolge „Drehung rechts" oder „Drehung links" übermittelt wird.

## 7.3 Organische und technische Regelkreise 131

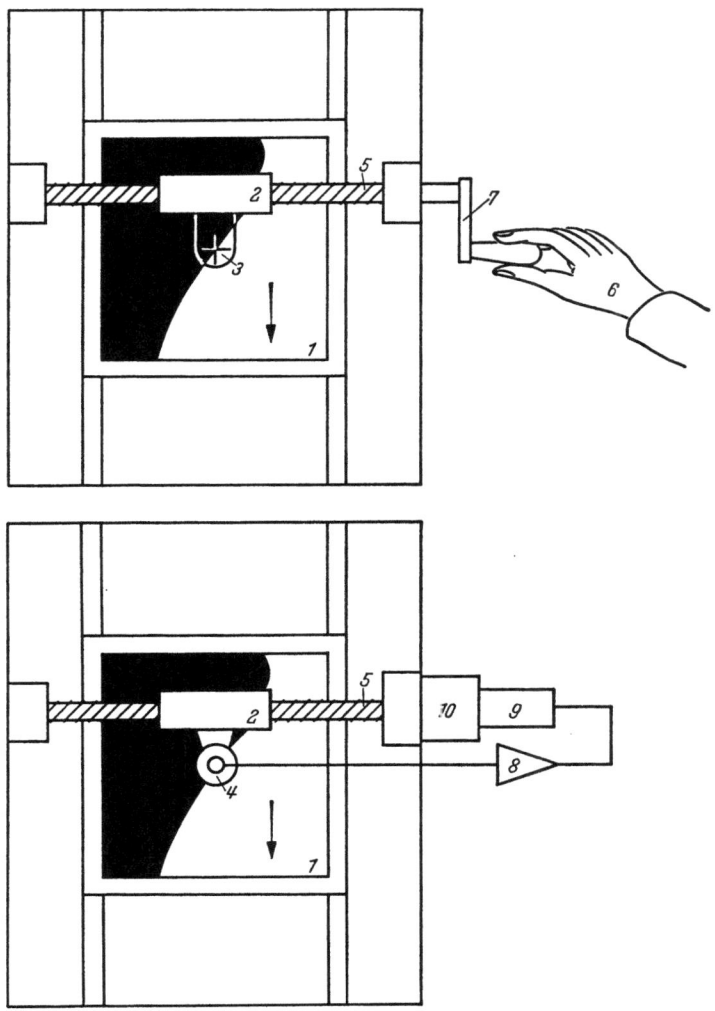

Abb. 55. Handbetriebene (oben) und automatische (unten) Abtastung für gezeichnete Figuren. 1 = in Pfeilrichtung vorgeschobener Wagen mit der Figur. 2 = Schlitten. 3 = Fahrmarke (darüber das Auge des Operateurs). 4 = Abtastkopf mit photoelektrischem Wandler. 5 = Antriebsspindel des Schlittens. 6 = Hand des Operateurs. 7 = Handkurbel. 8 = Verstärker. 9 = Servomotor. 10 = Getriebe. Erläuterung der Funktion im Text

4. Beim Automaten wird das vom photoelektrischen Wandler kommende Signal in einem Vorverstärker so verarbeitet, daß dem Endverstärker (Leistungsstufe) je nach Lage der Fahrmarke ein Signal „Erregung rechts" oder „Erregung links" übermittelt wird.
5. Bei Handbetrieb setzt sich die Armmuskulatur entsprechend der empfangenen Signalfolge in Bewegung und treibt den Schlitten mit der Fahrmarke über eine Kurbel und eine Spindel an, bis die vorgeschriebene Stellung des Schlittens (Fahrmarke auf Grenze zwischen Figur und Hintergrund) erreicht ist.
6. Beim Automaten erregt der Endverstärker die Wicklungen des Servomotors entsprechend dem empfangenen Signal. Der Motor setzt sich im befohlenen Drehsinn in Bewegung und treibt den Schlitten mit dem Abtastkopf über ein Getriebe und eine Spindel an, bis die vorgeschriebene Stellung des Schlittens (Abtastkopf auf Grenze zwischen Figur und Hintergrund) erreicht ist.

Die Parallelen zwischen dem organischen und dem technischen Regelkreis springen in dieser Zusammenstellung schon dank der fast wörtlich identischen Formulierung in die Augen. Dringt man nicht tiefer in die Details ein, so scheint der Unterschied zwischen den verglichenen Systemen sich auf technologische Varianten zu beschränken.

Am Rande sei noch vermerkt, daß in der Sprache der Regeltechnik folgende Fachausdrücke üblich sind:

Regelgröße = Größe, die auf einem konstanten Wert gehalten werden soll (relative Lage der Fahrmarke oder des Abtastkopfes zur abzutastenden Grenzlinie).

Störgröße = Größe, die die Regelgröße aus ihrer Sollage bringt (Verschiebung der Lage der abzutastenden Grenzlinie).

Regler = materieller Träger des Regelkreises vom Meßfühler (Fahrmarke/Auge oder Optik/photoelektrischer Wandler) bis zum Stellglied (Schlitten auf Spindel).

Stellgröße = vom Regler erzeugte Größe, die das Stellglied beeinflußt (Drehwinkel der hand- oder motorgetriebenen Spindel).

Das Vorhandensein wesentlicher Unterschiede wird erst klar, wenn man sich vergegenwärtigt, daß in den beiden Fällen Komponenten im Spiel sind, deren charakteristische Werte zum Teil um Zehnerpotenzen auseinanderliegen. Hier das wichtigste Beispiel: Eine entscheidende Größe in jedem Regelkreis ist die Zeit, die ein Signal (hervorgerufen etwa durch eine sprunghafte Änderung der Störgröße) braucht, um den ganzen Kreis vom Meßfühler bis zum Stellglied zu durchlaufen und somit eine Änderung der Regelgröße zu bewirken (KÜPFMÜLLER, 1953). Um die Bedeutung dieser Größe

## 7.3 Organische und technische Regelkreise

zu ermessen, braucht man sich nur einen Polizisten (als Regler) vorzustellen, der immer erst eine Sekunde zu spät merkt, in welcher Richtung ihm der Dieb (als Störgröße) entschlüpft ist. CHAPLIN hat die Komik eines solchen regeltechnischen Ungenügens in einigen Verfolgungsszenen meisterhaft ausgenützt.

Nun kann diese Ansprechzeit eines technischen Regelkreises dank elektronischen Verstärkern und trägheitsarmen Servomotoren um ein Vielfaches kürzer gemacht werden als die Reaktionszeit eines menschlichen Operateurs. Man muß sich also fragen, welche Möglichkeiten dem organischen Regelkreis offenstehen, um die relative Langsamkeit der Signalübertragung und Datenverarbeitung teilweise wieder wettzumachen und nicht in ein hoffnungsloses Hin- und Herpendeln zu verfallen (wie der erwähnte Polizist).

Die Antwort auf diese Frage ist einfach: Der organische Regelkreis ist zwar langsamer, aber dafür in vielen Fällen auch raffinierter als der technische. Er verwendet schon bei einfachen Aufgaben einen Apparat, wie er in der Technik nur dort eingesetzt wird, wo Zeitverluste aus zwingenden Gründen nicht zu vermeiden sind. Dies ist unter anderem bei den ebenfalls als Regelkreise aufzufassenden Fliegerabwehrgeschützen mit Kommandogeräten der Fall, wo die Flugzeit des Geschosses eine unvermeidliche Verzögerung der Signalübertragung ergibt (das Signal „reitet" hier auf dem Geschoß).

Die Mittel, die dem Organismus (und auch der Technik) zur Verfügung stehen, um sein regeltechnisches Verhalten zu verbessern, sind so verschiedenartig, daß nur ein einfacher Fall herausgegriffen werden soll, um das Arbeitsprinzip zu illustrieren: Bei konstanter Änderungsgeschwindigkeit der Störgröße (konstanter Neigung der abgetasteten Linie; konstanter Geschwindigkeit und Flugrichtung des Zieles) läßt sich ein Zeitverlust dadurch wettmachen, daß die Änderungsgeschwindigkeit mit der Verlustzeit multipliziert und das Produkt als Korrektur der Störgröße verwendet wird. Man rechnet also nicht mit dem im Augenblick vorliegenden Wert der Störgröße, sondern mit dem Wert, den sie nach Ablauf der Verlustzeit erreichen wird. Eine solche Prädiktion setzt im wesentlichen eine Differentiation voraus (Schätzung des Neigungswinkels; Messung der Geschwindigkeit). Hier liegt einer der Gründe für die Bedeutung der Infinitesimalrechnung in der Regeltechnik (siehe Abschnitte 4.3 und 4.5).

Aus der langen Reihe ähnlicher Mittel seien nur die wichtigsten genannt: Berücksichtigung höherer Ableitungen (Krümmung, Krümmungsänderung usw.), Berücksichtigung direkt gemessener oder aus Messungen errechneter Daten des Servomotors oder Muskels (Beschleunigung, Geschwindigkeit, Stellung), Berücksichtigung sekundärer äußerer Störfaktoren (etwa der Temperatur). Ein mit all diesen Verfeinerungen ausgestatteter Regelkreis kann trotz langsamer Signalübertragung einen hohen Grad von Perfektion erreichen. Hier ein Beispiel: Ein Erwachsener wird in vielen Fällen einen Ball besser fangen als ein (an sich vielleicht schneller reagierendes) Kind, weil er seine Hände nicht in Richtung auf den Ball in seiner augenblicklichen Lage, sondern im Sinne eines „Kollisionskurses" bewegt (Abb. 56).

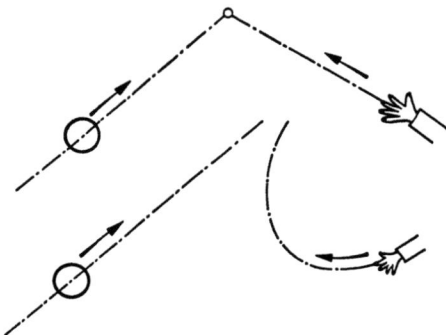

Abb. 56. Illustration der Wichtigkeit höherer Datenverarbeitung am Beispiel einer geschickten (oben) und einer unbeholfenen (unten) Fangbewegung

Daß auch Erwachsene in ihrer industriellen und wirtschaftlichen Tätigkeit gegen die Fehler nicht gefeit sind, die aus Mißachtung des Einflusses von Differentialquotienten entstehen, kann man fast täglich an den Fehlentscheidungen der führenden Stellen beobachten. Eine Geschäftsleitung, die beispielsweise ihre Personalsuche stets auf die augenblickliche Marktlage ausrichtet, verhält sich kaum besser als CHAPLINs Polizist: Sie wird „im entscheidenden Moment" meist zu viel oder zu wenig, oder auch falsch ausgewähltes Personal haben (ERISMANN, T. H., 1969).

Technisch lassen sich die angedeuteten Möglichkeiten nur im Rahmen des wirtschaftlich Tragbaren verwirklichen. Der Organismus verfügt dagegen in den Ne über „billige", wenn auch nicht extrem schnelle Datenverarbeitungsmittel in fast unbegrenzter Zahl. Er kann sich daher ein hohes technisches Niveau schon bei einfachen Regelungen leisten und damit seine langsamere Funktion zum Teil wettmachen. Vor allem aber kann er Aufgaben lösen, die wegen ihrer Kompliziertheit einstweilen noch keiner Maschine zugänglich sind.

Gerade im Zusammenhang mit regeltechnischen Aufgaben ist die im Abschnitt 5.2 eingehender erörterte Möglichkeit eines Aufbaues von synap-

7.4 Wege ins Dunkel der „black boxes"

tischen Bindungen „nach Bedarf" von besonderem Interesse. Diese Art der Lernfähigkeit würde beispielsweise im Falle des Ballfangens bedeuten, daß der erforderliche „Vorhaltrechner" bei Lebzeiten aufgebaut werden könnte, und zwar in dezentralisierter Weise, also ohne Inanspruchnahme der eigentlichen Gedächtnismechanismen. Die Alternative zu einer solchen Lösung wäre offenbar das Vorhandensein eines fest verschalteten angeborenen „Vorhaltrechners" und der Aufbau einer Assoziationsverbindung zwischen der Situation „Fangen" (allgemeiner: „Verfolgung bewegter Ziele") und den Eingängen dieses Rechners.

Als Alternative könnte man sich allerdings auch die Möglichkeit vorstellen, daß alle Synapsen eines Ne zwar bei seiner Bildung entstehen, jedoch wenigstens zum Teil erst später durch äußere Einflüsse aktiviert (also voll funktionstüchtig gemacht) werden. Sollte die Dauerspeicherung im Gedächtnis durch lernfähige Synapsen erfolgen, so läge hier eine interessante Parallele der Mechanismen für zwei verwandte Aufgaben vor.

## 7.4 Wege ins Dunkel der „black boxes"

Die in der vorliegenden Arbeit routinemäßig benützte Methode der Synthese hypothetischer Neuronenschaltungen auf Grund bekannter Funktionsschemata gewinnt dort an Interesse, wo auf empirischem Wege relativ einfache funktionelle Zusammenhänge aus einem an sich komplexen Gesamtsystem „herauspräpariert" und einem begrenzten räumlichen Bereich des Zentralnervensystems zugeordnet werden können, so daß eine nicht allzu unübersichtliche „black box" vorliegt. Damit erhöht sich die Wahrscheinlichkeit der Verwandtschaft zwischen der analytisch-synthetisch ermittelten Schaltung und ihrem im Organismus wirksamen Korrelat.

Drei Beispiele dieser Art sollen in der Folge etwas näher betrachtet werden. Sie sind so gewählt, daß sie auch sonst das Interesse des Kybernetikers verdienen: Einerseits betreffen alle drei den vielschichtigen Problemkreis visueller Perzeption, teils an Insekten, teils an höheren Wirbeltieren; andererseits weisen alle drei einen Zug zur Beschränkung der Mittel auf, weshalb sich die abgeleiteten Schaltungen als verhältnismäßig übersichtlich erweisen; schließlich lassen sich in allen drei Fällen Minimalschaltungen angeben, so daß man mit Sicherheit weiß, welcher Aufwand mindestens getrieben werden muß, um die gegebenen Funktionen erbringen zu können.

Der erste Fall betrifft den visuellen Apparat zur Flugstabilisation der Fruchtfliege Drosophila melanogaster. Die von Götz (1968) mit großem Geschick durchgeführten Versuche gehen von ähnlichen Überlegungen aus wie die in Abb. 31 (Abschnitt 4.5) dargestellten. Sie zeichnen sich aber durch zwei Maßnahmen aus, die einen vertieften Einblick in die Funktion des Perzeptionssystems gestatten:

Zum ersten ist die Streifentrommel durch zwei Projektionsschirme ersetzt (Abb. 57), so daß jedem Auge der kleinen Fliege ein getrenntes Bild dargeboten werden kann. Wiederum handelt es sich um Streifenfolgen, die mit gleichmäßiger Geschwindigkeit über die beiden Schirme laufen. Jede der Projektionen läßt sich aber unabhängig von der anderen derart drehen

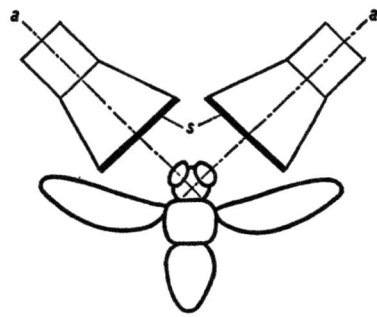

Abb. 57. Versuchsanordnung zur Messung der Flugreaktionen bei Darbietung visueller Reizfolgen. Die Fliege ist stark vergrößert dargestellt. Die auf die Schirme S projizierten Streifenmuster lassen sich beliebig um die Achsen a drehen. Die Vorrichtungen zum Festhalten der Fliege und zur Messung der Kräfte und Momente sind nicht dargestellt

(Achse $a$ im Bild), daß die visuelle Außenwelt beispielsweise am einen Auge von rechts nach links, am anderen von oben nach unten vorbeistreicht.

Zum zweiten gelang es, die Kräfte und Momente mit genügender Genauigkeit zu messen, welche die Fliege im gefesselten Flug erzeugt. Es handelt sich dabei um die Schubkraft $F$ in der Längsachse des Insektes und das Kurvenmoment $M$ um seine Hochachse. Angesichts der Kleinheit dieser Meßwerte (maximal etwa 0,6 dyn bzw. 0,04 dyn cm) mußte einige Sorgfalt für die Festhalte- und Meßvorrichtung aufgewendet werden (Götz, 1964).

Die folgenden Ausführungen weichen in verschiedenen Einzelheiten von der Originalpublikation ab. Dies geschieht einerseits im Interesse einer leichtverständlichen Zusammenfassung auf knappem Raum. Andererseits wird in der Methodik (durch Übergang vom Blockschema zur konkreten Neuronenschaltung) noch etwas über die ursprüngliche Fassung hinausgegangen. Stellenweise genügten für dieses Vorgehen die publizierten Angaben nicht, so

7.4 Wege ins Dunkel der „black boxes"

daß eine Ergänzung durch Heranziehen symmetrisch angeordneter Meßwerte erforderlich war.
Abb. 58 zeigt die — als Mittelwerte aus zahlreichen Einzelversuchen zu verstehen — Meßresultate im Überblick. Schon aus dieser Darstellung lassen sich einige interessante Schlüsse ziehen:
Das Moment ist in erster Linie eine Funktion der Summe der Horizontalkomponenten der dargebotenen Bewegungen. Es ist so gerichtet, daß das

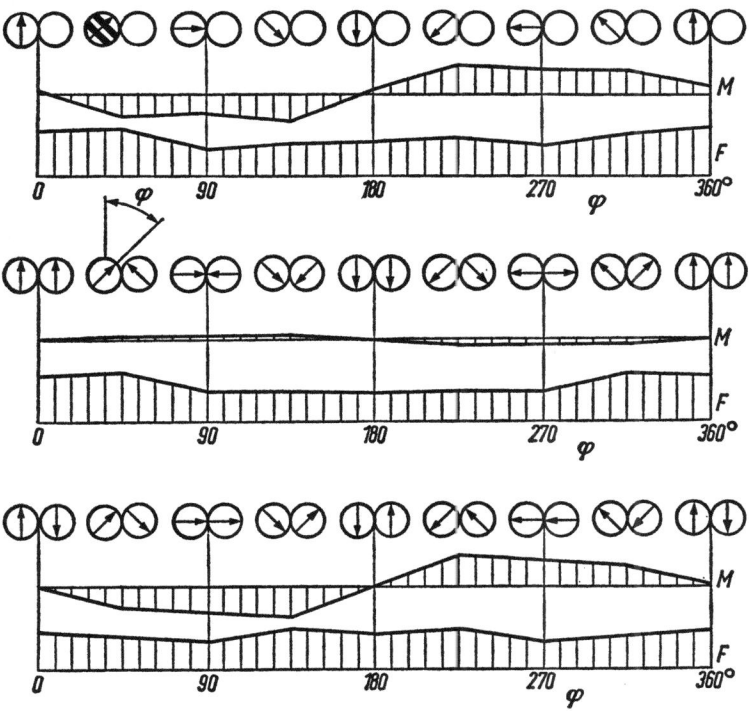

Abb. 58. Momente $M$ um die Hochachse und Schubkräfte $F$ einer in waagerechter Lage gefesselten Fruchtfliege bei visueller Darbietung verschieden bewegter Streifenmuster (nach GÖTZ). Die Pfeile in den „Brillen" deuten die Bewegungsrichtung der visuellen Außenwelt gegenüber dem rechten bzw. linken Auge aus der Schau der Fliege an. Das Muster steht immer senkrecht zu dieser Richtung, wie an einem Beispiel links oben ersichtlich. Oben einäugige Darbietung. Mitte zweiäugig symmetrische Darbietung (Eindrücke von links nach rechts: „Sinken" — „Rückwärtsflug" — „Steigen" — „Vorwärtsflug" — „Sinken"). Unten zweiäugig gegenläufige Darbietung (Eindrücke: „Rolle links" — „Kurve links" — „Rolle rechts" — „Kurve rechts" — „Rolle links")

## 7. Leistungen komplexer Neuronenschaltungen

Insekt der visuellen Außenwelt in ihren Bewegungen zu folgen sucht. Es besteht eine starke Nichtlinearität der Summenbildung, indem die zweiäugig gegenläufige Darbietung (unten) nur eine geringe Erhöhung des Momentes gegenüber der einäugigen (oben) ergibt.

Der Schub ist in erster Linie eine Funktion der Summe der Vertikalkomponenten der dargebotenen Bewegungen. Er ist maximal bei scheinbarem Sinken, minimal bei scheinbarem Steigen. Der Gesamtbetrag des Schubes kann aufgefaßt werden als eine Kombination aus einem konstanten „Grundschub" und einer von der visuellen Darbietung abhängigen „Schubmodulation". Die Summenbildung der Schubmodulation zeigt bessere Linearität als diejenige des Momentes, indem die zweiäugig symmetrische Darbietung (Mitte) wesentlich stärker moduliert ist als die einäugige (oben).

Insgesamt kann also das betrachtete optomotorische System als ein Mittel aufgefaßt werden, um gegenüber der Umgebung einerseits auf geradem Kurs (Moment-Effekt) und andererseits auf konstanter Höhe (Schub-Effekt) zu bleiben. Eine Geschwindigkeitsregelung scheint nicht vorzuliegen. Die auftretenden Nichtlinearitäten können leicht als Folgen der Charakteristiken der beteiligten Ne gedeutet werden.

Will man zu einer plausiblen Neuronenschaltung vordringen, die dem beobachteten Verhalten entspricht, so geht man mit Vorteil von einer Annäherung der dargestellten Funktionen durch das erste Glied einer FOURIER-Reihe aus. Die Güte der Annäherung mag auf den ersten Blick schlecht erscheinen. Berücksichtigt man aber die Möglichkeit des Aussteuerns eines Ne durch Erreichen der von der Refraktärzeit bestimmten Grenzfrequenz, so wird die Approximation vermittels einer einzigen Harmonischen für die Erläuterung des Prinzips durchaus akzeptabel.

Ausgehend von einem Abstand $a$ zwischen den Wirkungslinien der Schübe beider Flügel kann man unschwer die Beziehungen

$$M = \frac{a}{2} \cdot (F_L - F_R) \tag{14}$$

und

$$F = F_L + F_R \tag{15}$$

aufstellen, in denen $F_L$ und $F_R$ die Schübe des linken und rechten Flügels bedeuten. Man kann somit den Schub jedes Flügels mit

$$F_L = \frac{F}{2} + \frac{M}{a} \tag{16}$$

und

$$F_R = \frac{F}{2} - \frac{M}{a} \tag{17}$$

## 7.4 Wege ins Dunkel der „black boxes"

ausdrücken. In Abb. 59 sind die damit gegebenen Verhältnisse unter Ausnützung der soeben besprochenen harmonischen Annäherung, also in idealisierter Weise, für den Fall der einäugigen Darbietung (entsprechend Abb. 58 oben) dargestellt. Dabei sind die Größen $M$ und $F$ mit den konstanten Koeffizienten behaftet, die ihnen in den Beziehungen (16) und (17) zugeordnet sind. Die Größenverhältnisse der (an sich qualitativ zu verstehenden) Abbildung sind so gewählt, daß sie mit den Gegebenheiten von Drosophila einigermaßen im Einklang stehen. So können die Schubkräfte rechts und

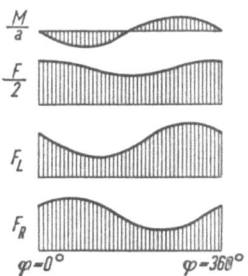

Abb. 59. Idealisierte Darstellung des Momentes $M$, der gesamten Schubkraft $F$ sowie der Schubkräfte $F_L$ und $F_R$ am linken und rechten Flügel bei einäugiger Darbietung. Weitere Erläuterungen im Text

links ($F_L$ und $F_R$) direkt durch Addition beziehungsweise Subtraktion der Amplituden ermittelt werden.

Nun sind die beiden Sinusfunktionen $F_L$ und $F_R$ um einen normalerweise unrunden Betrag (im vorliegenden Fall um etwa 130°) gegeneinander phasenverschoben. Mit anderen Worten: Bei einäugiger Darbietung erhalten die beiden Flügel völlig verschiedene Signalfunktionen. Das ist ohne sehr weit hergeholte Erklärungen nur verständlich, wenn für jedes Auge zwei unabhängige Detektorsysteme angenommen werden, die die Geschwindigkeitskomponenten von Umweltsbewegungen in zwei wohldefinierten Richtungen zu messen vermögen. Götz weist auf die Möglichkeit hin, diese Tatsache könnte mit der Anordnung der Ommatidien im Auge zusammenhängen, bei der ausgezeichnete Richtungen je 30° über und unter der Horizontalen vorliegen, die also Winkel von 60° und 120° (entsprechend etwa den erwähnten 130°) untereinander einschließen. Für die Neuronenschaltung entscheidend ist aber die Tatsache, daß zur Ansteuerung der Flügelmuskeln insgesamt vier Kanäle (je zwei pro Auge) auf alle Fälle unerläßlich sind.

Nimmt man als Arbeitshypothese an, die Funktionen $F_L$ und $F_R$ werden von den Verarbeitungsmechanismen jedes Auges in der Form gemäß Abb. 59

bereitgehalten, so ergibt sich für die weitere Datenverarbeitung das äußerst einfache Schema von Abb. 60, das lediglich eines additiv arbeitenden Ne für die Erregung des Ansteuerungsmechanismus eines Flügels bedarf. Es handelt sich dabei um ein Minimalschema, das für die oben beschriebenen Funktionen unerläßlich ist, also ohne Anspruch auf Vollständigkeit. Hier einige plausible Ergänzungen: Es ist ziemlich unwahrscheinlich, daß ein einziger Bewegungsdetektor die Funktion $F_L$ oder $F_R$ unmittelbar zu formen vermag; eher ist je ein Detektor für jede der entgegengesetzten Richtungen

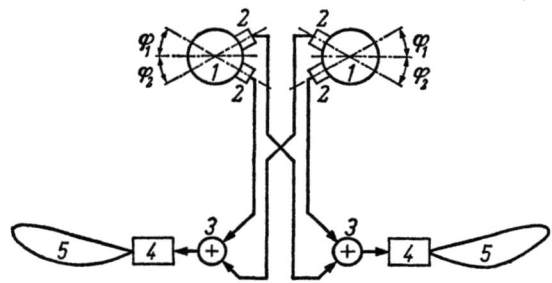

Abb. 60. Rein additive Minimalschaltung für die optomotorische Regelung der Flugrichtung und der Flughöhe von Drosophila. $\varphi_1$, $\varphi_2$ = Winkel der Geschwindigkeitsdetektoren. 1 = Augen. 2 = Geschwindigkeitsdetektoren. 3 = Verarbeitungsneuronen. 4 = Ansteuerungsmechanismen. 5 = Flügel

und ein zum Auge gehöriges Verarbeitungsneuron für die Bildung des ausgehenden Signals anzunehmen. Es ist möglich, daß die Mechanismen 2 der Abbildung nur die Modulation und nicht das von der visuellen Darbietung unabhängige Grundsignal von $F_L$ und $F_R$ liefern. Dabei können eventuell teilweise auch hemmende Signale auftreten, so daß — wie GÖTZ es annimmt — effektiv bis zu acht Kanäle erforderlich sind. Fast sicher ist zumindest, daß die Verarbeitungsneuronen 3 noch weitere Eingänge besitzen, die für zusätzliche Reizkanäle unerläßlich sind, vor allem für einen Kanal „Flugstimmung", der das Fliegen überhaupt auslöst und das Grundsignal abgeben könnte.

Zur Versuchstechnik sei abschließend noch bemerkt, daß GÖTZ und GAMBKE (1968) für die Beobachtung von Käfern ein weiteres Verfahren entwickelt haben: Der festgehaltene Käfer „kriecht" auf einer in ihren drei Rotations-Freiheitsgraden frei beweglichen Kugel, deren Bewegungskomponenten auf elektromechanische Weise abgegriffen und registriert werden. Bei anderen Versuchen (REICHARDT, 1971) wurde eine gefesselte Fliege sogar

## 7.4 Wege ins Dunkel der „black boxes"

zum Teil eines Regelkreises gemacht, in dem sie durch Erzeugung von Momenten ihre Umwelt „nach Wunsch" zurechtdrehen konnte.

Das zweite hier angeführte Beispiel kann schlechterdings als Musterfall für die analytisch-synthetische Bearbeitung von Neuronenschaltungen betrachtet werden. Es hängt so eng mit der Gestaltserkennung zusammen, daß es ebensogut in einem der Abschnitte 6.3 oder 6.6 behandelt werden könnte wie an dieser Stelle.

Den Ausgangspunkt bilden die bereits erwähnten Arbeiten von HUBEL und WIESEL (1959, 1962), die durch Anstechen verschiedener Ne im visuellen Cortex von Tieren (vorab Katzen) aus einer gewissen Anzahl von Sehzellen der Retina bestehenden „Rezeptorfelder" bestimmten, welche einen Einfluß auf das Ansprechen der betreffenden Ne ausüben. Dabei wurden nicht nur die im Abschnitt 6.6 kurz gestreiften Felder zur Erkennung von Linien und anderen einfachen Teilgestalten entdeckt, sondern auch eine bestimmte Rangordnung der beteiligten Ne festgestellt: Die sogenannten „einfachen" Ne sprechen auf Linien bestimmter Richtung an, die durch das Zentrum ihrer Rezeptorfelder gehen; verschiedene „komplexe" Ne reagieren auf verschiedene Gestalten, unter anderem auf Linien bestimmter Richtung, die an beliebiger Stelle (zentrisch oder exzentrisch) durch die Rezeptorfelder gehen; schließlich gibt es „hyperkomplexe" Ne, deren Ansprechen durch bestimmte Kombinationen (insbesondere durch Richtungsänderungen) von Linien hervorgerufen wird. Dabei muß man sich nicht etwa vorstellen, das Rezeptorfeld eines bestimmten Ne wirke auf der betreffenden Rangstufe ausschließlich auf dieses eine Ne. Das Gegenteil ist der Fall, indem sich die einzelnen Felder weitgehend überlappen. Dies steht im Einklang mit den anatomischen Gegebenheiten: Jedes Ne einer Rangstufe ist synaptisch mit mehreren Ne tieferer und mehreren Ne höherer Rangstufen verknüpft.

Ausgehend von diesen Ergebnissen hat es FUKUSHIMA (1970) unternommen, funktionelle Modelle zur Erkennung einfacher Gestalten unter Verwendung einfacher Basiselemente zu synthetisieren, und er hat auch deren Tauglichkeit durch Simulation auf einem digitalen Computer nachgewiesen. Seine Überlegungen werden hier in vereinfachter Form dargestellt. Dabei wird die Erkennung einer rechtwinkligen Richtungsänderung innerhalb eines willkürlich als schachbrettartig angenommenen extrem kleinen Rezeptorfeldes betrachtet, und es gilt die Nebenbedingung, daß die beiden Schenkel des Linienzuges den Mittelpunkt des Feldes einschließen sollen. Die folgenden Ausführungen stehen also nur hinsichtlich des Grundprinzips im Einklang mit den Vorstellungen von FUKUSHIMA vom entsprechenden organischen Apparat. Um jede Unklarheit in dieser Hinsicht zu vermeiden, seien die bewußt in Kauf genommenen Vereinfachungen explizit aufgezählt:

Das Modell erfaßt nur horizontale und vertikale Teillinien und deren rechtwinklige Verknüpfungen, während in Wirklichkeit eine recht feinstufige Auflösung der Winkel möglich ist; das Modell ist als digital gedacht, womit auf die Verfeinerung durch Analogdarstellung verzichtet wird; das Modell arbeitet mit einem viel kleineren Rezeptorfeld als der Organismus, und

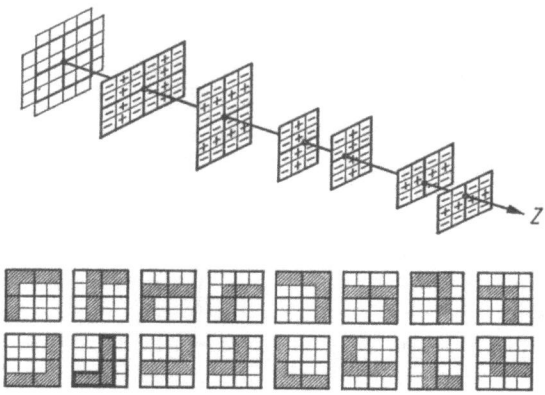

Abb. 61. Illustration der Schaltung zur Erkennung von Richtungsänderungen. Links oben Rezeptorfeld aus vier Quadranten zu je vier Rezeptoren mit Randstreifen. Daran rechts anschließend die 16 mehrfach überlappenden Teilfelder mit Vorzeichenangaben für die Verarbeitung der Signale. Die Achse z markiert die relative Lage des Gesamtfeld-Mittelpunktes zu jedem Teilfeld. Unten die 16 Möglichkeiten rechtwinkliger Richtungsänderungen, bei denen die Schenkel der geknickten Linie den Mittelpunkt des Gesamtfeldes einschließen. Die verstärkt markierte Gestalt wird im Text und in Abb. 62 als Beispiel verwendet

auch die Teilfelder sind auf ein Minimum reduziert; am Modell sind nur die zur Erklärung des Prinzips erforderlichen synaptischen Verbindungen vorgesehen, während in Wirklichkeit verschiedene zusätzliche Kombinationen wahrscheinlich sind; die Rezeptoren bilden im Modell im Gegensatz zur Retina eine Art Schachbrett; das Modell ist nur für Gestalten „hell auf dunkel" gedacht, der Organismus kann auch „dunkel auf hell" arbeiten.

All diese Vereinfachungen könnten ohne weiteres durch entsprechende Ergänzungen am Modell kompensiert werden. Dies würde aber nur die Darstellung komplizieren, ohne wesentliche neue Aspekte in die Betrachtung einzuführen.

Abb. 61 zeigt links oben das in diesem Sinne aufgebaute quadratische Rezeptorfeld (das „Gesamtfeld"). Wegen der zahlreichen Überlappungen

## 7.4 Wege ins Dunkel der „black boxes"

sind die erforderlichen Teilfelder nicht in dieses Feld eingezeichnet, sondern in Zweier- und Vierergruppen räumlich davor dargestellt. Dabei dient die vom Mittelpunkt des Gesamtfeldes ausgehende Achse z als Mittel zur Festlegung der Lage jedes einzelnen Teilfeldes. Da die Teilfelder stellenweise über die Ränder des Gesamtfeldes hinausgreifen müssen, sind auch die dafür erforderlichen Randstreifen angedeutet. Im Hinblick auf die später erforderliche Betrachtung ist das Gesamtfeld in vier Quadranten gleichmäßig unterteilt.

Im unteren Teil der Abbildung sind die 16 Gestalten dargestellt, deren Erkennung das System ermöglichen soll. Bei der Beurteilung der in der Folge dargelegten Schaltung beachte man den getriebenen Aufwand an Schaltelementen und vergegenwärtige sich den Umfang eines Systems, das für eine Erkennung nach dem Prinzip des Koinzidenzvergleiches notwendig wäre. Man wird die bemerkenswerte Ökonomie der vorliegenden Lösung unschwer erkennen.

Die gesamte erforderliche Schaltung ist aus Abb. 62 zu entnehmen. Die 16 Teilfelder sind als Eingänge oben und unten (auf den Niveaus $A$) sichtbar. Ihre Anordnung innerhalb des Gesamtfeldes ist durch je einen Ring angegeben, der die relative Lage des Gesamtfeld-Mittelpunktes (entsprechend der räumlichen Achse z in Abb. 61) markiert. Die synaptischen Verbindungen von den einzelnen Rezeptoren zu den auf den Niveaus $B$ befindlichen „einfachen" Ne sind nur links unten im Detail angegeben; für alle anderen Teilfelder sind sie lediglich summarisch durch Strichlinien angedeutet. Man wird übrigens bemerken, daß die gleichen Rezeptoren im einen Teilfeld positiv, im anderen negativ markiert sind. Das bedeutet: Zwar werden allen Rezeptoren erregende Signale zugeordnet, doch können diese durch Vorzeichenumkehr je nach Zugehörigkeit zum einen oder anderen Teilfeld auch hemmend auf die betreffenden Ne einwirken.

Die soeben erwähnten Ne sind in erster Linie Negationsneuronen. Bei mindestens einem hemmenden Eingangssignal bleiben sie also inaktiv. Für die erregenden Eingänge haben sie multiplikativen Charakter. Das bedeutet, daß erst bei Aktivität beider erregenden Eingänge ein Feuern des Ne eintritt. Dieses Feuern enthält also die Aussage: „In meinem Teilfeld sind die beiden mittleren Rezeptoren und nur diese erregt." Das entspricht der Erkennung einer im Teilfeld zentrierten Linie bestimmter Richtung.

Die beiden „einfachen" Ne, deren mittlere Rezeptoren im gleichen Quadranten des Gesamtfeldes liegen, sind jeweils durch ein „komplexes" Ne (Niveau $C$) additiv verknüpft. Dieses Ne feuert also, wenn einer seiner beiden Eingänge aktiv ist. Die erhaltene Aussage lautet hier: „In meinem Quadranten ist eine durchgehend horizontale (bzw. vertikale) Linie vorhanden." Damit ist eine Linie bestimmter Richtung, aber freier Lage innerhalb des Quadranten erkannt, wobei der Quadrant allerdings angesichts seiner Kleinheit nur zwei mögliche Lagen gestattet.

Schließlich fassen die „hyperkomplexen" Ne des Niveaus $D$ die soeben dargestellten Signale je zweier diagonal gegenüberliegender Quadranten multiplikativ zusammen. Feuern tritt also dann ein, wenn beide Eingänge

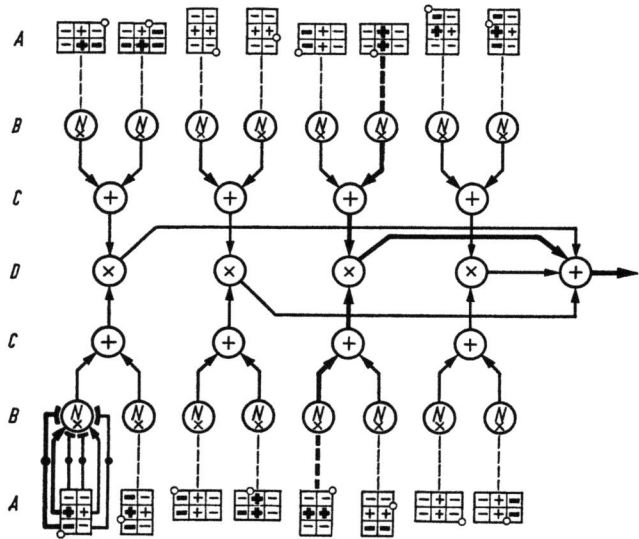

Abb. 62. Schaltung zur Erkennung einer Richtungsänderung im Rezeptorfeld von Abb. 61. $A$ = Rezeptor-Teilfelder. $B$ = „einfache" Ne. $C$ = „komplexe" Ne. $D$ = „hyperkomplexe" Ne und Ausgangsneuron. Verstärkt ausgezogene Linien bedeuten Verbindungen, die bei Erkennung der in Abb. 61 unten verstärkt markierten Gestalt aktiv werden. Weitere Erläuterungen im Text

eines solchen Ne aktiv sind. Dabei wird jeweils vom einen Quadranten das Vorhandensein einer horizontalen, vom anderen das einer vertikalen Linie gemeldet. Am Ausgang steht somit die Aussage zur Verfügung: „In jedem der beiden mir zugeordneten diagonal gegenüberliegenden Teilfelder ist eine durchgehende Linie vorhanden. Gemäß der Anordnung dieser Teilfelder ist die eine Linie horizontal, die andere vertikal." Erkannt wird somit das Auftreten einer Richtungsänderung, wobei zusätzlich spezifiziert wird, in welchen Quadranten sich die beiden Schenkel befinden und welche Richtung

## 7.4 Wege ins Dunkel der „black boxes"

jeder Schenkel besitzt. Vernachlässigt wird dagegen das Geschehen in dem Quadranten, in dem die beiden Linien aufeinanderstoßen müssen.

Erst die additive Zusammenfassung der so erhaltenen Signale durch das Ne auf dem Niveau D rechts liefert, wie leicht einzusehen ist, die Aussage: „Im Gesamtfeld ist eine und nur eine Richtungsänderung vorhanden, wobei der Mittelpunkt des Feldes von den Schenkeln eingeschlossen wird." Damit ist der Grad der Verallgemeinerung erreicht, der alle Gestalten von Abb. 61 unten umfaßt.

Um die Anschaulichkeit der Darstellung noch zu erhöhen, ist in Abb. 61 unten eine der Gestalten verstärkt markiert in der Annahme, es handle sich um die dargebotene Reizkombination. In Abb. 62 sind für diesen Fall sowohl die feuernden Rezeptoren als auch die von ihnen in Aktion gesetzten Übertragungsleitungen ebenfalls verstärkt eingetragen. So kann man den Lauf der Signale unmittelbar verfolgen.

Für die Auswahl des beschriebenen Beispiels war übrigens unter anderem die von verschiedenen Autoren gemachte Feststellung bestimmend, daß Richtungsänderungen im Rahmen der Erkennung komplizierterer Gestalten eine ausgezeichnete Rolle spielen (ATTNEAVE, 1954; BARLOW, 1969).

Die dritte Arbeit, die hier einer näheren Betrachtung unterzogen wird, stammt von HASSENSTEIN (1968). Es handelt sich um eine mit den Mitteln der Kybernetik durchgeführte Analyse des menschlichen Farbensehens. Dabei wird von der Tatsache ausgegangen, daß zwischen den physikalisch feststellbaren Signalen der Farbrezeptoren (Zäpfchen) in der Retina und den experimental-psychologisch zugänglichen Farbempfindungen Unterschiede bestehen. Wie im vorangehenden Beispiel werden auch hier die Grundideen unverändert übernommen, jedoch in etwas vereinfachter und leicht faßlicher Weise dargelegt.

In der Retina sind drei Arten von Farbrezeptoren vorhanden, die gewöhnlich mit den Kennworten „blau" (b), „grün" (g) und „rot" oder „gelb" (r, y) bezeichnet werden. Unter Berücksichtigung der Filterwirkung des Auges ergeben sie relative (auf den Maximalwert $A_{max}$ bezogene) Absorptionswerte $A$ für monochromatisches Licht gemäß dem obersten Diagramm von Abb. 63, das — wie alle weiteren — die Wellenlänge $\lambda$ als unabhängig Veränderliche benützt. Als Arbeitshypothese wird angenommen, die durch Absorption von Lichtquanten ausgelösten Signale seien proportional zu $A$. So kann das Diagramm als Darstellung der Eingangsgrößen des hier interessierenden Datenverarbeitungssystems betrachtet werden.

Die vom Normalsichtigen erlebten Farbempfindungen sind völlig anders geartet: Es können nicht nur drei, sondern vier grundverschiedene Farbqualitäten festgestellt werden, nämlich „Blau" (B), „Grün" (G), „Gelb" (Y)

146  7. Leistungen komplexer Neuronenschaltungen

und „Rot" (R), die in der Folge im Gegensatz zu den klein geschriebenen Rezeptorsignalen mit Großbuchstaben gekennzeichnet werden sollen; je zwei dieser Qualitäten (B/Y und G/R) werden als miteinander unvereinbar

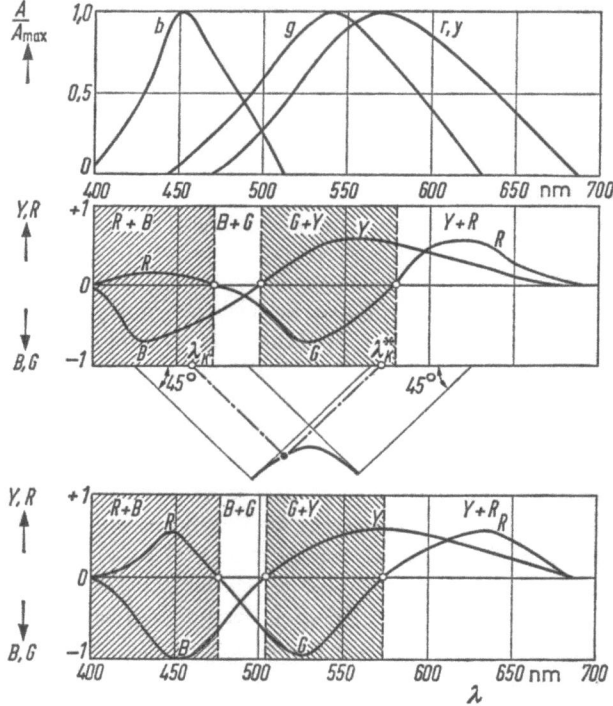

Abb. 63. Diagramm zu den Untersuchungen von HASSENSTEIN über das Farbensehen des Menschen. $\lambda$ = Wellenlänge eines monochromatischen Lichtreizes (1 nm = $10^{-6}$ mm). A/Amax = relative Absorption der drei Rezeptorarten (b = blau, g = grün, r, y = rot-gelb) unter Berücksichtigung der Filterwirkung des Auges. Y, R, B, G = Farbempfindungen für Gelb, Rot, Blau, Grün (oberes Diagramm: experimentalpsychologische Messungen; unteres Diagramm: aus A/Amax nach HASSENSTEIN errechnete Werte). $\lambda_k$, $\lambda_k^*$ = Wellenlängen zueinander komplementärer Farben

empfunden, indem zum Beispiel eine Farbe nicht gleichzeitig Blau und Gelb getönt sein kann; die Folge der vereinbaren Mischfarben im monochromatischen Spektrum ist R+B, B+G, G+Y, Y+R (mit den dazwischenliegenden Punkten der „reinen" Farbempfindungen B, G, Y), wobei vor allem das

## 7.4 Wege ins Dunkel der „black boxes"

zweimalige Auftreten der Qualität R (an beiden Enden des Spektrums) auffällig ist.

Damit kommt man zu einer Darstellung gemäß dem zweiten Diagramm der Abb. 63, worin die unvereinbaren Qualitäten willkürlich mit antagonistischen Vorzeichen versehen und die Mischbereiche zwischen den Wellenlängen „reiner" Farbempfindungen (dicke gestrichelte Linien) durch alternierende Schraffuren gekennzeichnet sind. Der gewählte Ordinatenmaßstab ist von untergeordneter Bedeutung und soll hier nicht näher diskutiert werden. Die in der Literatur angegebenen Werte streuen übrigens aus begreiflichen Gründen nicht unerheblich, so daß eine gewisse Vorsicht bei genauen Auswertungen geboten ist.

Die unten am Diagramm angehängte Hilfsfigur gibt die Möglichkeit zur Bestimmung von Komplementärfarben, deren Mischung bei richtigem Verhältnis grau (also farblos) gesehen wird: Geht man von der Wellenlänge $\lambda_k$ einer Farbe auf der Abszisse des Diagramms unter einem Winkel von 45° nach rechts unten (strichpunktierte Linie) bis zur stark ausgezogenen Funktionskurve und von dort nach rechts oben wieder bis zur Abszisse, so ergibt der erhaltene Schnittpunkt die Wellenlänge $\lambda_L^*$ der zu $\lambda_k$ komplementären Spektralfarbe. Beispielsweise gilt diese Relation für die beiden „reinen" Farben B und Y.

Um die dargestellten Empfindungen zu erhalten, müssen die Rezeptorsignale offenbar einer Datenverarbeitung unterzogen werden, deren Ausgang Signale ungefähr gemäß Abb. 63 (zweitoberstes Diagramm) liefert, sofern diese Ausgangssignale von der Versuchsperson unverzerrt beschrieben werden können. Die gestellte Aufgabe besteht somit in der Formulierung von Beziehungen, die eine Transformation von b, g, r in B, G, Y, R erlauben, sowie in der Aufstellung einer Neuronenschaltung, welche diese Transformationen zu leisten vermag.

Nimmt man an, daß in der Datenverarbeitung keine allzu groben Nichtlinearitäten auftreten, so erscheint das Gleichungssystem

$$BY = \beta_B \cdot b + \gamma_B \cdot g + \varrho_B \cdot r \qquad (18)$$

$$GR = \beta_G \cdot b + \gamma_G \cdot g + \varrho_G \cdot r \qquad (19)$$

als geeignete Näherung. Allerdings ist die Zahl der wichtigsten zu berücksichtigenden Parameter beträchtlich: Zumindest sollten die 7 Nullpunkte der BY- und GR-Kurven sowie gewisse Diagrammflächen (letztere im Interesse einigermaßen richtiger Graumischungen) ungefähr stimmen. Die Lösung des Gleichungssystems nach den Koeffizienten $\beta$, $\gamma$, $\varrho$ ist also auf alle Fälle überbestimmt und kann nur durch richtige Gewichtung der Parameter optimiert werden. HASSENSTEIN hat sich aber im Interesse einer gleichzeitigen Minimalisierung des Datenverarbeitungsapparates die zusätzliche Aufgabe gestellt, wenigstens für eine der beiden Funktionskurven mit nur zwei Koeffizienten auszukommen, was bei Betrachtung der beiden oberen Diagramme von Abb. 63 für BY nicht aussichtslos erscheint, da b und r sich ziemlich genau im Punkt „reines Grün" schneiden. Legt man den Hauptakzent auf vernünftige Annäherung der Schnittpunkte von BY und GR mit der Abszissenachse, so ist die von HASSENSTEIN vorgeschlagene Lösung

$$BY = -1{,}0 \cdot b + 0{,}6 \cdot r \qquad (20)$$

$$GR = +0{,}6 \cdot b - 1{,}7 \cdot g + 1{,}2 \cdot r \qquad (21)$$

(unterstes Diagramm von Abb. 63) ziemlich plausibel.

Eines erscheint bei der Betrachtung dieses Resultates übrigens frappant: Die weitverbreitete Auffassung, „Gelb" (Y) entstehe als Mischung aus g und r, erweist sich als nicht haltbar. Vielmehr zeigt sich, daß „Rot" (R) aus b und r (welch letzteres eher „gelb" als „rot" heißen sollte) entsteht, deren gewichtete Summe zu g antagonistisch wirkt. Dieser Tatbestand kann übrigens direkt aus den beiden oberen Diagrammen von Abb. 63 abgelesen werden: Da R an beiden Enden des Spektrums erscheint (am kurzwelligen als Komponente von „Violett", am langwelligen als „Rot"), muß es von den an den Enden auftretenden Rezeptorsignalen (b und g; oder b und r; oder b und g und r) getragen werden. Da aber G offensichtlich zur Hauptsache von g erzeugt wird und antagonistisch zu R ist, scheidet g als Komponente für R aus, so daß b und r übrigbleiben. Es ist mit Nachdruck festzuhalten, daß die Richtigkeit dieser Überlegung nur dann in Zweifel gezogen werden kann, wenn man die beiden erwähnten Diagramme nicht als gültige Darstellungen für Ein- und Ausgang der unerläßlichen Datenverarbeitungsinstanz zwischen Rezeption und Perzeption im Farbensehen betrachtet oder die Genauigkeit der erzielten Resultate für ungenügend hält. Bis auf die (experimentell allerdings nicht einwandfrei gesicherte) Erfüllung dieser Bedingungen hat der Gedankengang zwingenden Charakter. Die grundsätzliche Bestätigung der Hypothese liegt also auf der experimentellen Seite, was für die hier interessierenden Zusammenhänge allerdings nicht von entscheidender Bedeutung ist.

Natürlich besteht keine Garantie dafür, daß alle Instanzen außerhalb der eigentlichen Datenverarbeitung nichts als rein proportionale Weitergabe leisten. Hier liegt eine der möglichen Erklärungen für die quantitativen Unterschiede zwischen dem zweitobersten und dem untersten Diagramm von Abb. 63.

## 7.4 Wege ins Dunkel der „black boxes" 149

Es gibt mindestens zwei Möglichkeiten, die in den Gleichungen (20), (21) formulierten Funktionen der Datenverarbeitung mit sieben Ne zu bewältigen. Welche der beiden Schaltungen gemäß Abb. 64 mehr Wahrscheinlichkeit für sich hat, sei vorerst dahingestellt, da sich für beide gewisse Argumente anführen lassen: Die reine Parallelschaltung links erlaubt die Einführung einer größeren Zahl von Konstanten, da die Koeffizienten von (18), (19) für positive und negative Werte von BY beziehungsweise GR nicht unbedingt gleich sein müssen. Bei näherer Betrachtung der Absorptionsfunktionen der einzelnen Farbrezeptoren erweist sich dieser Vorteil allerdings als partiell illusorisch. Zudem liefert die Parallelschaltung die Empfindungswerte unmittelbar mit richtiger Lage des Nullpunktes, während

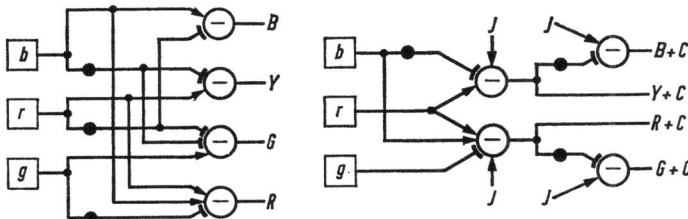

Abb. 64. Minimalschaltungen für die Datenverarbeitung des Farbensehens. Quadratische Felder = Farbrezeptoren. $J$ = Eingänge von Impulsquelle. Weitere Erläuterungen im Text

die Serieparallelschaltung rechts um einen Konstantwert $C$ versetzte Resultate ergibt. Aber auch dieser Unterschied wiegt angesichts der Möglichkeit einer Korrektur durch die Gegebenheiten der nachgeschalteten Instanzen nicht zu schwer. Andererseits erinnert die Serieparallelschaltung eher an Bilder, wie sie von der Wiedergabe anatomischer Präparate her bekannt sind. Diese Bemerkung ist allerdings angesichts der Vielfalt möglicher Kombinationen mit einiger Vorsicht zu betrachten. HASSENSTEIN selber gibt lediglich eine Art Blockschema an, in dem nicht die einzelnen Ne zur Darstellung kommen. Dieses Schema gleicht eher der Serieparallelschaltung.

Dafür werden in der erwähnten Publikation (HASSENSTEIN, 1968) verschiedene weitere interessante Aspekte des angeschnittenen Problemkomplexes eingehend betrachtet. Beispielsweise werden Angaben über die zur Darstellung der Empfindung „Weiß" erforderlichen Mittel gemacht; daneben wird dargelegt, welche Glieder des untersuchten Systems unbefriedigend arbeiten müssen, um die bekannten Arten von Störungen des Farbensehens erklären zu können. So wird versucht, unsere Gesamtvorstellung von der apparativen Seite des menschlichen Farbensehens nach verschiedenen Seiten hin abzurunden. Das gute Zusammenpassen der dabei erhaltenen Resultate beweist zwar die Richtigkeit der angestellten Betrachtungen nicht auf der ganzen Linie, verringert aber immerhin die Wahrscheinlichkeit von Fehlern.

Überlegt man sich anhand der drei besprochenen Beispiele („Kurssteuerung von Insekten", „Feststellung von Richtungsänderungen im Formensehen von Säugetieren", „Farbensehen beim Menschen") die beobachteten Funktionen und ihre Relation zu den erforderlichen Minimalschaltungen, so wird man gewiß beeindruckt sein von der Einfachheit eines neuronalen Apparates, der Leistungen von beachtlicher Komplexheit zu vollbringen vermag. Bedenkt man gleichzeitig die Zahl von Ne, über die höhere Lebewesen für Zwecke der Datenverarbeitung verfügen, so findet man vielleicht einen (nicht unbedingt den einzigen) Zugang zum Verständnis der gelegentlich feststellbaren frappanten Überlegenheit organischer Systeme gegenüber technischen, insbesondere hinsichtlich ihrer Vielseitigkeit und Anpassungsfähigkeit.

Diese Zusammenhänge halte man sich vor Augen, wenn in den beiden folgenden Abschnitten organische Leistungen auf wesentlich höherem Niveau zur Sprache kommen. Allerdings ist es dort nicht mehr möglich, auf analytisch-synthetischem Wege Neuronenschaltungen anzugeben, die eine vernünftige Chance haben, eine gewisse Ähnlichkeit mit den mutmaßlichen organischen Schaltungen aufzuweisen. Man wird sich mit dem Nachweis begnügen müssen, daß solche Leistungen überhaupt mit Neuronenschaltungen erzielt werden können.

## 7.5 Kybernetische Spitzenleistungen bei Tier und Mensch

Es gibt eine ungeheure Zahl von Fällen, die zum Thema dieses Abschnittes passen. Schon die Aufstellung einer Systematik würde ein umfangreiches Arbeitspensum bedeuten. Dies soll hier auch gar nicht versucht werden. Zweck der folgenden Ausführungen ist vielmehr die Darlegung zweier Beispiele, die so ausgewählt sind, daß sie eine Vorstellung von der Breite des vorliegenden Gebietes vermitteln sollen. Beide basieren auf einem umfangreichen und wohlfundierten experimentellen Material aus den betreffenden Disziplinen der Wissenschaft (im einen Fall der Zoologie bzw. Verhaltensforschung, im anderen Fall der Experimentalpsychologie). Was dabei gezeigt werden soll, ist einmal ein Beispiel, für das trotz einer gewissen Kompliziertheit noch ohne weiteres eine plausible Arbeitshypothese des Funktionsschemas angegeben werden kann; zum zweiten ein solches, dessen Zusam-

## 7.5 Kybernetische Spitzenleistungen bei Tier und Mensch

menhänge aus kybernetischer Sicht nur in großen Zügen dargestellt werden können, wobei das Bewußtsein — gemäß der im Abschnitt 7.1 dargelegten Zielsetzung — nicht frontal angegangen wird, obwohl ein interessanter Fall der Arbeitsteilung zwischen bewußter und unbewußter Tätigkeit vorliegt.

Das erste Beispiel bezieht sich auf die bereits im Abschnitt 4.5 gestreiften beachtlichen Orientierungsleistungen, welche die Bienen bei der Futtersuche und der Heimkehr zum Stock täglich zu vollbringen haben. Dieses Verhalten wurde in erster Linie durch VON FRISCH (1965) und seine Mitarbeiter erforscht und gehört zum Vollständigsten, was heute auf dem Gebiet tierischer Orientierung bekannt ist.

Die den weiteren Betrachtungen zugrunde liegenden Tatbestände können in stark gekürzter Form folgendermaßen umschrieben werden:

1. Eine von erfolgreicher Futtersuche heimkehrende Suchbiene tanzt auf der normalerweise senkrechten Wabe den bekannten Schwänzeltanz (Abb. 65). Die Achse der dabei beschriebenen Figur schließt mit der Vertikalen einen Winkel ein, der dem Winkel zwischen der Flugrichtung zum Futterplatz und dem Azimut des Sonnenstandes annähernd gleich ist.

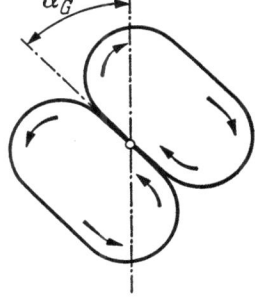

Abb. 65. Schwänzeltanz einer erfolgreichen Suchbiene auf der (vertikalen) Wabe. Die Biene rennt in Pfeilrichtung ihren Weg in Form einer 8, wobei der Winkel $\alpha_G$ die Richtung zur Futterstelle angibt

2. Sammelbienen folgen der Suchbiene auf ihrem Tanzweg und sind anschließend in der Lage, den Futterplatz mit guter Genauigkeit anzufliegen.
3. Das Verfahren ist auch dann wirksam, wenn die Sonne unsichtbar bleibt, sofern der Himmel in einem bestimmten (relativ kleinen) Ausschnitt blau ist. Es ist erwiesen, daß dabei das ziemlich komplizierte und vom Sonnenstand abhängige Polarisationsmuster des Himmels als Basis zur Ermittlung des Sonnenazimutes dient. Am Rande sei vermerkt, daß jedes Ommatidium des Bienenauges mehrere Polarisationsfilter enthält, die das Erkennen der Polarisationsrichtung gestatten.
4. Das Verfahren versagt auch dann nicht, wenn zwischen Suchflug und Sammelflug eine Zeit verstreicht, die infolge Änderung des Sonnenstandes ohne spezielle Korrekturmaßnahmen zu einer vollständigen Fehlorientierung führen müßte. In der Tat tanzen Bienen um Mitternacht so, als hätten sie (auf der nördlichen Halbkugel) soeben die Sonne im Norden stehen sehen.

152  7. Leistungen komplexer Neuronenschaltungen

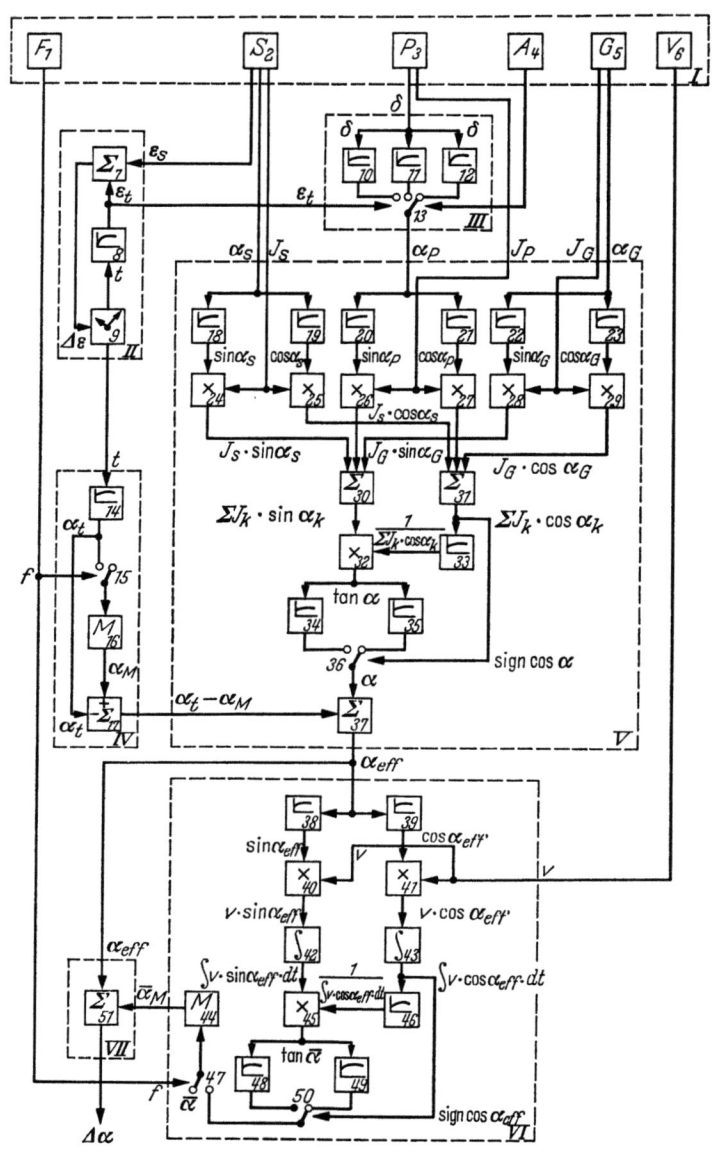

Abb. 66.

## 7.5 Kybernetische Spitzenleistungen bei Tier und Mensch

5. Bienen, die mit Flugzeugen in der geographischen Länge um beträchtliche Beträge versetzt wurden, arbeiten einige Zeit nach dem Sonnenstand des alten Standortes, passen sich dann aber allmählich demjenigen des neuen an. Ihre „innere Uhr" ist also nachstellbar.
6. Suchbienen, die auf ihrem Suchflug Umwege (um Felsen oder hohe Bauten) beschrieben haben, geben beim Schwänzeltanz mit beachtlicher Genauigkeit die Richtung der Luftlinie zwischen Stock und Futterstelle an. Die Sammelbienen überfliegen dann das Hindernis.

Damit ist keineswegs etwa ein vollständiger Katalog der Orientierungsmöglichkeiten einer Biene bei der Futtersuche aufgestellt. Eine große Anzahl weiterer Einzelheiten ist in diesem Zusammenhang bekannt, von denen nur die wichtigsten erwähnt seien: Drehung um 180° für die Orientierung beim Heimflug; zusätzliche Orientierung nach sichtbaren Marken; Angabe der Distanz zur Futterstelle beim Schwänzeltanz; Korrektur von Windeinflüssen in Längs- und Querrichtung; Benützung anderer Tanzformen für die Informationsübermittlung bei extrem kurzer Distanz zwischen Stock und Futterstelle. Alle diese Fähigkeiten sollen im Interesse einer nicht allzu überladenen Darstellung unberücksichtigt bleiben. Es darf im übrigen festgestellt werden, daß prinzipiell kein Einwand gegen die Anwendung des hier benützten Verfahrens auf diese Fälle bestünde.

Was in der Folge näher untersucht werden soll, ist also lediglich der Mechanismus, der es der Suchbiene gestattet — trotz Änderung des Sonnenstandes und Umwegen — beim Schwänzeltanz die korrekte Richtung anzugeben.

Wie aus dem Blockschema (Abb. 66) entnommen werden kann, ist der Gesamtaufbau des erforderlichen Apparates ohnehin schon reichlich kompliziert. Um die Übersicht zu erleichtern, sind daher die beteiligten Funktionselemente (arabische Zahlen) zu sieben Funktionsgruppen (römische Zahlen, gestrichelte Umrahmung) zusammengefaßt. Jede dieser Gruppen kann einzeln kommentiert werden:

Gruppe I umfaßt die Eingabe der benötigten Daten von außen. Auf den inneren Aufbau der dafür erforderlichen Einrichtungen wird nicht eingegan-

---

Abb. 66. Hypothetisches vereinfachtes Schema der für die Durchführung des Schwänzeltanzes erforderlichen Apparaturen, sofern sie die Azimutbestimmung betreffen. I = Vorverarbeitete Signale von den Sinnesorganen. II = innere Uhr. III = Deutung des Polarisationsmusters. IV = Korrektur des zeitbedingten Fehlers. V = Vektoraddition der Sonnen-, Polarisations- und Gravitationssignale. VI = Integration des Flugweges. VII = Bestimmung der Tanzwinkel-Korrektur. Nähere Erläuterungen im Text

## 7. Leistungen komplexer Neuronenschaltungen

gen, sondern einfach angenommen, daß die Daten in der gewünschten Form verfügbar sind. Element 1 gibt an, ob sich die Biene auf einem Suchflug befindet oder nicht. Insbesondere schaltet es zu Beginn des Suchfluges die Elemente 15 und 47 aus der gezeichneten in die entgegengesetzte Lage und am Ende des Suchfluges wieder zurück. Element 2 liefert den Höhenwinkel $\varepsilon_s$ der Sonne, den Azimutwinkel $\alpha_s$ der Sonne (beide bezogen auf den Bienenkörper als Koordinatensystem, siehe auch Abb. 67) und die Intensität $J_s$ der Sonnenstrahlung. Element 3 dient der Perzeption der Polarisationsrichtung $\delta$ des Himmels, wie sie von verschiedenen Ommatidien (Ord-

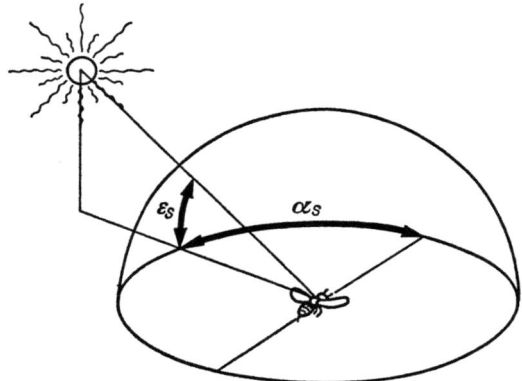

Abb. 67. Definition des Höhenwinkels $\varepsilon_s$ und des Azimutwinkels $\alpha_s$ der Sonne

nungsnummern $i$) empfangen wird, sowie der Messung der Intensität $J_P$ der so empfangenen Signale. Element 4 ist eine Abfrageeinheit, die angesichts der großen Zahl beteiligter Ommatidien periodisch ein Ommatidium nach dem anderen einschaltet und an den „Wählschalter" 13 meldet. Element 5 besteht aus den Rezeptoren zur Messung der Momente um die Hochachse (des Bienenkörpers), die Kopf und Hinterleib gegenüber dem Bruststück ausüben, sowie den nötigen Einrichtungen, um aus diesen Momenten direkt den Neigungswinkel $\alpha_G$ zwischen der Biene und dem Gravitationsvektor auf der senkrechten oder schrägen Wabe zu ermitteln und zu signalisieren. Die Intensität $J_G$ dieses Signals ist durch die Neigung der Wabe gegeben und kann aus den entsprechenden Momenten um die Querachse des Bienenkörpers ermittelt werden. Schließlich wird vorausgesetzt, daß die vom Element 6 gelieferte Fluggeschwindigkeit $v$ mit der Geschwindigkeit über Grund übereinstimmt.

## 7.5 Kybernetische Spitzenleistungen bei Tier und Mensch

Gruppe II besteht aus der „inneren Uhr" (Element 9) und dem Nachstellwerk zur Anpassung an den tatsächlichen Sonnenstand. Im Funktionsgenerator 8 wird aus der Uhrzeit $t$ der Höhenwinkel $\varepsilon_t$ der Sonne berechnet und im Subtrahierwerk 7 vom gemessenen Höhenwinkel $\varepsilon_s$ abgezogen. Die Differenz $\Delta\varepsilon$ gibt den Fehler der Uhr an und kann zum Nachstellen verwendet werden. Dieses Nachstellen kann man sich als Eingabe zusätzlicher oder Hemmung der normalen Eingangsimpulse der Uhr vorstellen. Da der Höhenwinkel der Sonne im Tageslauf zuerst zu- und dann abnimmt, ist noch eine (zur Vereinfachung der Darstellung weggelassene) Vorrichtung erforderlich, die die Korrektur jeweils nur während eines Halbtages einschaltet oder aber deren Vorzeichen sinngemäß umkehrt.

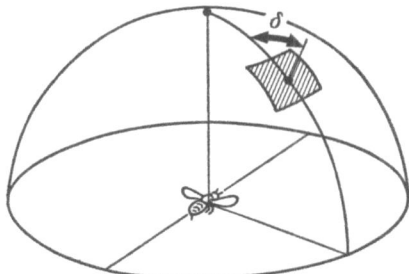

Abb. 68. Definition des Polarisationswinkels $\delta$ eines sichtbaren Himmelsausschnittes (schraffierte Fläche, Schraffur in Polarisationsrichtung)

Gruppe III, bestimmt zur Deutung des Polarisationsmusters des blauen Himmels, ist der aufwendigste Teil der ganzen Apparatur. Denn das Polarisationsmuster ist an sich schon kompliziert und hängt zudem vom Höhenwinkel der Sonne ab. Für jedes Ommatidium (gegeben durch seinen Azimut- und Höhenwinkel gegenüber dem Bienenkörper) ist also der Azimutwinkel der (unsichtbaren) Sonne eine Funktion des festgestellten Polarisationswinkels $\delta$ (Abb. 68) und des Sonnen-Höhenwinkels $\varepsilon_s$ (ersetzt durch $\varepsilon_t$). Die Funktionsgeneratoren 10, 11, 12 des Bildes stehen also für eine ungeheure Anzahl von Elementen mit übrigens teilweise mehrdeutigen Resultaten (bedingt durch die Gestalt des Musters). Man darf wohl annehmen, daß im Organismus eine Einsparung durch Zusammenfassung in Gruppen und allenfalls auch Interpolation erfolgt. Jedenfalls muß das Umschaltwerk 13 sowohl von der Abfrageeinheit 4 als auch von $\varepsilon_t$ beeinflußt sein.

Gruppe IV dient zur Darstellung der Korrektur, die der Azimutwinkel des Sonnenstandes infolge der zwischen Suchflug und Tanz verstrichenen

Zeit erfahren muß, um geographisch richtig zu bleiben. Ein in Abhängigkeit von der Uhrzeit $t$ arbeitender Funktionsgenerator 14 gibt den Azimutwinkel $a_t$ der Sonne gegenüber einer festen geographischen Bezugsrichtung an. Während des Suchfluges wird durch das Schaltwerk 15 der Speicher 16 an $a_t$ angeschlossen, so daß er den jeweiligen Wert dieser Größe enthält. Am Ende des Suchfluges wird der Speicher von $a_t$ getrennt und bleibt somit auf dem am Ende des Suchfluges erreichten Wert des geographischen Sonnenazimutes $a_M$ stehen. Die Differenz zwischen dem weiterlaufenden Wert $a_t$ und dem stehenbleibenden $a_M$ entspricht der Drehung des Sonnenazimutes vom Ende des Suchfluges bis zum jeweiligen Zeitpunkt, also insbesondere auch bis zum Tanz. Diese Differenz wird als Korrekturgröße der Gruppe V zugeführt.

Gruppe V hat die Aufgabe, aus den drei Signalen $a_s$, $a_P$ und $a_G$ sowie der Korrektur $a_t - a_M$ ein gültiges Signal $a_{eff}$ („wahrscheinlichste im Augenblick gültige Sonnenazimut- oder Gravitationsrichtung") herzustellen. Dies könnte an sich durch Umschaltung nach dem Schema „bei Sonnenlicht: Sonne; bei blauem Himmel ohne Sonne: Polarisationsmuster; bei Dunkelheit: Gravitation" erfolgen. Die Versuchsbefunde (gleichzeitige Einwirkung verschiedener und verschieden gerichteter Einflüsse) deuten aber auf eine Überlagerung hin, bei der jeweils der intensivste Einfluß zwar überwiegt, aber nicht allein wirksam ist. Stellt man sich jedes Signal als Vektor vor, dessen Richtung (gegenüber dem Bienenkörper) durch den Winkel $a_k$ (der Sammelindex $k$ steht für $s$, $P$ oder $G$) und dessen Länge durch die Intensität $J_k$ gegeben ist, so bietet sich als nächstliegendes Verfahren die Bildung der Vektorensumme an (Abb. 69). Für eine solche Summation gelten die Beziehungen

$$J \cdot \sin a = \Sigma J_k \cdot \sin a_k \qquad (22)$$

$$J \cdot \cos a = \Sigma J_k \cdot \cos a_k \qquad (23)$$

$$\tan a = \frac{\sin a}{\cos a} = \frac{\Sigma J_k \cdot \sin a_k}{\Sigma J_k \cdot \cos a_k}, \qquad (24)$$

wobei $a$ und $J$ die Richtung und Länge des resultierenden Vektors angeben. Die Winkelfunktionen der drei $a_k$ werden in den Funktionsgeneratoren 18 bis 23 gebildet und in den Multiplizierwerken 24 bis 29 mit den entsprechenden $J_k$ multipliziert. Die rechten Seiten von (22) und (23) liefern die Addierwerke 30 und 31. Der Funktionsgenerator 33 arbeitet nach einem inversen Gesetz, so daß dem Multiplizierwerk 32 der Tangens von $a$ entnommen werden kann und $J$ aus der Rechnung fällt. Da $a$ im Bereich eines vollen Kreises eine zweideutige Funktion von $\tan a$ ist (Abb. 70), müssen zwei Funktionsgeneratoren eingesetzt werden, von denen der richtige — wie die Abb. zeigt — auf Grund des Vorzeichens von $\cos \alpha$ bestimmt und durch das Umschaltwerk 36 gewählt werden kann. Schließlich dient das Addierwerk 37 zur Einführung der in Gruppe IV ermittelten zeitabhängigen Korrektur und liefert somit den gewünschten Winkel $\alpha_{\text{eff}}$.

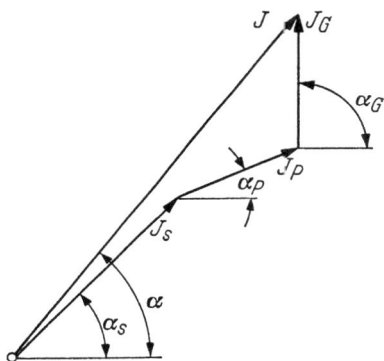

Abb. 69. Bildung der Vektorsumme (Winkel $\alpha$, Länge $J$) aus den Azimutvektoren (Winkel $\alpha_k$, Länge $J_k$) der direkt gesehenen Sonne, der Sonne nach dem Polarisationsmuster und der Gravitation

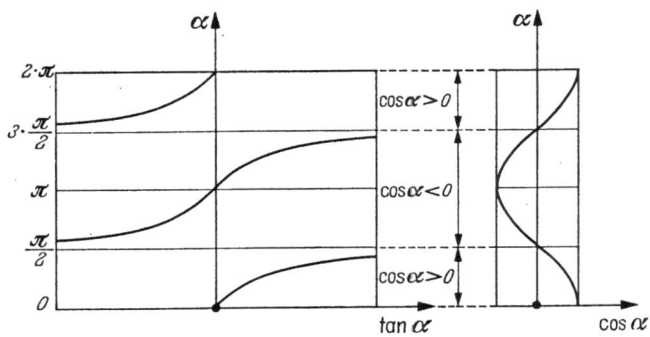

Abb. 70. Ermittlung des Winkels $\alpha$ aus seinem Tangens. Das Vorzeichen des Cosinus entscheidet über den zu benützenden Kurvenast

Gruppe VI enthält die Mittelwertsbildung für den (übrigens auch ohne Hindernisse häufigen) Fall eines nicht geradlinigen Suchfluges. Im Prinzip wird das gleiche Verfahren verwendet wie bei der vektoriellen Addition in Gruppe V, nur werden infinitesimale Elementarvektoren (Winkel $\alpha_{\text{eff}}$,

Länge $v \cdot dt$) summiert bzw. integriert. Der gesuchte Integralvektor (Winkel $\bar{a}$, Länge $R$) ist somit durch die Beziehungen

$$R \cdot \sin \bar{a} = \int v \cdot \sin a_{\text{eff}} \cdot dt \tag{25}$$

$$R \cdot \cos \bar{a} = \int v \cdot \cos a_{\text{eff}} \cdot dt \tag{26}$$

$$\tan \bar{a} = \frac{\sin \bar{a}}{\cos \bar{a}} \frac{\int v \cdot \sin a_{\text{eff}} \cdot dt}{\int v \cdot \cos a_{\text{eff}} \cdot dt} \tag{27}$$

charakterisiert. In Analogie zu Gruppe V dienen die Funktionsgeneratoren 38 und 39 zur Bildung der Winkelfunktionen und die Multiplizierwerke 40 und 41 zur Multiplikation mit der Vektorlänge $v$. Durch Integration über der Zeit bilden die Integratoren 42 und 43 die rechten Seiten von (25) und (26), während $\tan \bar{a}$ und $\bar{a}$ von den Elementen 45, 46, 48, 49, 50 geliefert werden, deren Schaltung mit derjenigen der Elemente 32 bis 36 identisch ist und somit keiner Erläuterung bedarf. Der am Ende des Suchfluges erreichte Wert $\bar{a}_M$ wird im Speicher 44 festgehalten, indem das Schaltwerk 47 in diesem Augenblick die Einspeisung von $\bar{a}$ unterbricht.

Gruppe VII, bestehend aus dem einzigen Element 51, einem Subtrahierwerk, bildet die Differenz $\Delta a$ zwischen dem jeweils ermittelten im Augenblick gültigen Sonnen-Azimut- oder Gravitationswinkel und dem mittleren Azimutwinkel $\bar{a}$ des Suchfluges. Das Signal $\Delta a$ kann direkt als Regelgröße des beim Schwänzeltanz arbeitenden Regelkreises aufgefaßt werden. Mit anderen Worten: Wird diese Größe auf dem Wert Null gehalten, so stimmt die augenblickliche Stellung des Bienenkörpers (unter Berücksichtigung der dargelegten Transformationen) mit der Richtung zur Futterstelle überein. Die Sammelbienen werden bei Tanzrichtung mit $\Delta a = 0$ den richtigen Weg einschlagen.

Die Frage, ob eine derartige Schaltung sich mit Ne als einzigen Elementen verwirklichen läßt, kann mit Leichtigkeit bejaht werden: Mit Ausnahme der Eingabeeinheiten (auf die hier ja nicht näher eingegangen werden soll) werden ausschließlich Elemente verwendet, die in dieser Schrift bereits behandelt und als mit Ne realisierbar erkannt worden sind. In Klammern sind der folgenden Aufzählung die Abschnitte beigefügt, die Näheres enthalten: Schalt- und Umschaltwerke, die leicht mit Schwellensprung oder Negationssperrung aufzubauen sind (3.3, 3.4); Addier-, Subtrahier- und Multiplizierwerke (3.3, 3.4, sofern vorwiegend Analogtechnik vorliegt, was angesichts der Genauigkeitsansprüche naheliegt); Funktionsgeneratoren (4.3); Zeitmesser und Integratoren (4.5); Speicher (5.1, 5.2, sofern keine intramolekulare Speicherung vorliegt, was bei der kurzen Speicherdauer kaum denkbar ist). Damit kann festgestellt werden: Die Lösung der gestellten Aufgabe ist mit Ne als einzigen Basiselementen möglich.

Das kann festgestellt werden, aber nicht viel mehr. Wir wissen, daß im Organismus „etwas ähnliches" vorgehen muß, um das gleiche Resultat zu liefern wie das Gedankenmodell von Abb. 66. Wir können auch einzelne Teile der Schaltung als gesichert bezeichnen (ohne Speicherung ist beispielsweise sicher keine Weitergabe der Information nach längerer Zeit denkbar). Es muß aber von anderen Teilen (etwa von der Technik der vektoriellen Addition und Integration) mit allem Nachdruck festgestellt werden, daß hier einfach eine Möglichkeit von vielen durchgedacht wurde, ohne Anspruch auf besonders große Ähnlichkeit mit dem organischen Vorbild. Und doch muß eine gewisse Isomorphie zwischen Gedankenmodell und Organismus bestehen. Die Funktionsgruppen (nachstellbare Uhr; Entzifferung des Polarisationsmusters; Berechnung der Zeitkorrektur; Überlagerung der Sinnessignale; Integration des Suchweges) mögen in ihrer internen Organisation anders aussehen und entsprechend auch anders verknüpft sein. Vorhanden sein müssen sie aber auf alle Fälle, damit die beobachteten Leistungen überhaupt erbracht werden können.

Bedenkt man, daß in Abb. 66 verschiedenes vereinfacht dargestellt ist (beispielsweise die Ansteuerung der Schaltwerke 13, 15, 36, 47 und 50 oder die ganze Gruppe III); bedenkt man ferner die Beschränkung auf eine (allerdings sehr wichtige) Teilaufgabe des gesamten Orientierungssystems; bedenkt man schließlich die Winzigkeit des zur Lösung solch komplexer Aufgaben eingesetzten Apparates; bedenkt man dies alles, so darf man mit Fug von einer eindrucksvollen Leistung der Natur sprechen, vor allem auf dem Gebiet der Miniaturisierung, auf dem die von Menschen entwickelte Technik einstweilen noch um mehrere Zehnerpotenzen nachhinkt.

Die vom Vater des Verfassers und seinen Mitarbeitern (ERISMANN, T. P., 1962; ERISMANN et al., 1957; KOHLER, 1964; KOTTENHOFF, 1961) durchgeführten Arbeiten sind unter dem Namen „Innsbrucker Brillenversuche" bekanntgeworden. Es handelte sich dabei um die Untersuchung der Anpassung einer Versuchsperson an ein Leben unter abnormalen optischen Bedingungen. Vor allem wurde mit Brillen experimentiert, die das optische Bild der Außenwelt in der Richtung oben-unten, in anderen Fällen rechts-links umkehrten.

Ähnliche Versuche waren schon um die Jahrhundertwende von STRATTON (1897) durchgeführt worden, allerdings mit noch ungenügendem technischen Rüstzeug. In neuerer Zeit wurden neben Menschen (HELD, 1961) auch Affen als Versuchsobjekte herangezogen (BOSSOM, 1965), um das Verhalten bei künstlichen Läsionen bestimmter Cortexpartien studieren zu können.

Wurde der Versuchsführung — insbesondere hinsichtlich der Ausschaltung von Störeinflüssen — die nötige Sorgfalt gewidmet (was an die Versuchsperson sehr beträchtliche Anforderungen stellte), so ergab sich regelmäßig ein Ablauf des Versuches in drei wesentlichen Phasen:

In den ersten Tagen ist der Versuchsperson eine Orientierung nur durch bewußte Umkehrung der Sinneseindrücke möglich, etwa nach dem Rezept: „Diese Tasse sehe ich links vom Teller stehen, also ist sie rechts davon. Meine rechte Hand greift danach, ich sehe sie etwas zu weit links, also ist sie zu weit rechts." Natürlich geht jede optisch kontrollierte Lebensfunktion nur noch in dem Tempo vonstatten, das von der bewußten Datenverarbeitung diktiert wird. Schlimmer noch: Alle raschen Reaktionen (etwa die Abwehr eines Angriffes bei einem Fechtversuch) erfolgen unkorrigiert, also in der falschen Richtung.

In einigen Tagen wird ein Stadium erreicht, bei dem die Versuchsperson zwar nach wie vor verkehrt sieht, aber trotzdem auch plötzliche Bewegungen mit Sicherheit richtig ausführt. Sie ist nicht mehr hilflos wie im Anfang, sondern kann sich frei bewegen, selbst im Straßenverkehr auf dem Motorrad sitzend, oder auf der Skipiste. Bei diesem Lernvorgang ist offenbar in erster Linie die ständige Konfrontation des Gesichtssinnes mit den anderen Sinnen (vor allem Tastsinn, Gehör und Muskelsinn) von großer Bedeutung.

Die dritte Phase wird erst nach mehreren Wochen und nur bei größter Sorgfalt der Versuchsführung erreicht. Sie ist charakterisiert durch richtige Reaktionen und richtiges Sehen. Der Übergang zu diesem endgültigen Zustand ist durch eine gewisse Unsicherheit des Sehens gekennzeichnet, die auch eine erneute Unsicherheit der Reaktionen nach sich zieht. Beispielsweise kann es geschehen, daß (bei Oben-Unten-Umkehr) sowohl ein umrechter als auch ein aufrechter Menschenkopf aufrecht gesehen wird, oder daß eine umrecht gesehene Figur plötzlich „kippt" und aufrecht gesehen wird, wenn der Versuchsperson eine Hilfe gewährt wird, etwa die Möglichkeit des Betastens.

Das „Zurücklernen" nach Abnehmen der Brille geht viel rascher (in einigen Stunden) und gelegentlich auch gewaltsamer (Übelkeit, Erbrechen) vor sich als der eigentliche Brillenversuch. Hat die Versuchsperson das dritte Stadium erreicht, so ist sie anschließend während einiger Tage in der Lage, bei Anziehen der Brille sofort wieder richtig zu sehen und zu reagieren. Dieses „Flip-Flop-Verhalten" kann sehr eindrücklich demonstriert werden, wenn man der Versuchsperson eine genau hergerichtete Brillenattrappe aufsetzt, die keine Umkehrung bewirkt: Sofort tritt falsches Reagieren des geplagten Subjektes ein, dem ohnehin schon einiges an merkwürdiger Kopfhaltung (bei Oben-Unten-Umkehr) oder Schielen (bei Rechts-Links-Umkehr) zugemutet wurde.

## 7.5 Kybernetische Spitzenleistungen bei Tier und Mensch

Mit Recht wiesen schon die Urheber dieser Versuche darauf hin, daß der vorliegende Lernprozeß viel mit dem „Sehenlernen" des Kindes [aber auch des Blindgeborenen (v. SENDEN, 1960) oder des Jungtieres (HELD/HEIN, 1963)] gemeinsam haben dürfte, und vor allem, daß das Lernen hier als Verlagerung der Korrektur von den höchsten Zentren (vom Bewußtsein) auf niedrigere zu werten ist (siehe auch Abschnitt 5.4). Und gerade dieser Aspekt interessiert den Kybernetiker, wenn er den Datenfluß schematisch zu erfassen versucht.

Es handelt sich bei dem im Spiele stehenden System offensichtlich wieder um eine black box, in die aber die Selbstbeobachtung einen partiellen Einblick gestattet. Dies gibt uns die Möglichkeit, wenigstens ein sehr rohes Schema des Datenflusses zu entwerfen (Abb. 71). Beteiligt sind offenbar neben den Augen 1, den übrigen Sinnesorganen 2, den Muskeln 3 (samt Ansteuerung) und dem Bewußtsein 8 mindestens zwei weitere Zentren 4 und 6 über der Sinnes- und unter der Bewußtseinsebene. Eines davon hat mit der Koordination von Sinnesreizen und der Auslösung rascher, reflexartiger Muskelreaktionen zu tun. Das andere bereitet die gesehene Information für das Bewußtsein vor.

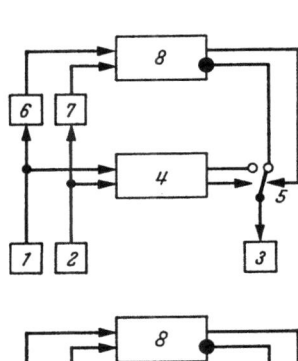

Die dargelegten Versuchsphasen lassen sich nun so erläutern:
1. Zunächst erfolgt eine Vorzeichenumkehr nur im Bewußtsein. Die Muskeln werden nur richtig angesteuert, wenn sie vom Be-

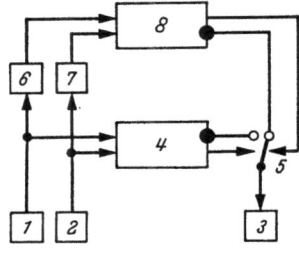

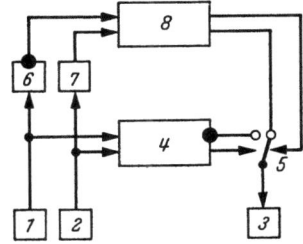

Abb. 71. Hypothetisches Blockschema des Datenflusses in den drei Phasen der Brillenversuche von ERISMANN (senior) mit seitlicher oder vertikaler Bildumkehrung. Man beachte die Verwandtschaft mit dem generellen Schema von Abb. 54. 1 = Augen. 2 = übrige Sinnesorgane. 3 = Muskeln samt Ansteuerung. 4 = Verarbeitungszentrum für reflexartige Reaktionen. 5 = Umschaltwerk zwischen bewußten und reflexartigen Reaktionen. 6 = optisches Verarbeitungszentrum. 7 = Verarbeitungszentren für die übrigen Sinne. 8 = Bewußtsein. Vorzeichenumkehr ist durch schwarze Kreise versinnbildlicht. Reihenfolge der Phasen von oben nach unten. Nähere Erläuterungen im Text

wußtsein beeinflußt sind. Schaltet sich das (aus Selbsterhaltungsgründen mit Priorität ausgestattete) Reaktionszentrum 4 über den Schalter 5 ein, so ist keine Vorzeichenumkehr mehr vorhanden. Es entsteht eine Fehlreaktion.

2. In der zweiten Phase tritt unter dem Einfluß der übrigen Sinnessignale (eventuell auch des Bewußtseins) eine Vorzeichenumkehr auch im Reaktionszentrum in Aktion. Die Ansteuerung der Muskeln ist immer richtig, das Sehen bleibt aber falsch.

3. Das Bewußtsein stellt immer wieder die Widersprüche zwischen den Meldungen der Sinne fest und beeinflußt die Vorverarbeitungszentren dementsprechend, bis das Zentrum 6 die Vorzeichenumkehr übernimmt. Die dabei entstehende Unsicherheit ist begreiflich, denn dieser Vorgang geschieht nicht augenblicklich, bedingt aber zur Aufrechterhaltung einer einwandfreien Funktion eine gleichzeitige Löschung der vom Bewußtsein übernommenen Umkehr. Ein solcher Synchronismus ist offenbar nicht ohne weiteres genau einzuhalten.

Die Brutalität des „Zurücklernens" dürfte ebenfalls darauf zurückzuführen sein, daß die erforderlichen Rück-Umschaltungen (und vielleicht auch gelegentlich nicht erforderliche) zwar rasch, aber ungeordnet vonstatten gehen und so zu einer Desorientierung führen müssen. Das souveräne Stadium „verkehrt mit, unverkehrt ohne Brille" ist dann als Lernen einer Koppelung zwischen den Vorzeichensteuerungen der Zentren 4 und 6 zu deuten, beeinflußt (etwa als bedingter Reflex) durch das An- und Ablegen der Brille.

Grundsätzlich könnte man sich die Schaltung auch mit einem dem Auge unmittelbar nachgeschalteten Zentrum an Stelle des Zentrums 6 vorstellen. Dann müßte aber beim Übergang vom zweiten zum dritten Stadium eine wesentlich stärkere Störung der Reaktionen auftreten, da sowohl das Bewußtsein als auch Zentrum 4 gleichzeitig das Vorzeichen wechseln müßten.

Im Gegensatz zum Beispiel der Bienen-Orientierung wäre es ein allzu gewagtes Unterfangen, über die Details der Arbeitsweise innerhalb der einzelnen Funktionszentren auch nur Mutmaßungen äußern zu wollen.

Im übrigen sei darauf hingewiesen, wie geschickt alles darauf ausgerichtet ist, die höchste Zentrale (das Bewußtsein) zu entlasten. Gleichzeitig mußte dem Bewußtsein aber auch ein eindeutig definierter Platz im Datenfluß zugewiesen werden, allerdings ohne seinen inneren Aufbau näher zu tangieren.

Daß es sich auch hier wie beim ersten Beispiel um eine staunenswerte Leistung handelt, bedarf wohl keiner speziellen Erwähnung. Die Versuchsergebnisse sprechen eine sehr deutliche Sprache. Sicher wird das höchst komplizierte Feld der Sinneskoordination unter der Bewußtseinsschwelle in Zukunft vermehrt zu bearbeiten sein. Interessante Ansätze von der kybernetischen Seite her sind vorhanden (SPRENG/KEIDEL, 1963).

## 7.6 Verhaltensmodelle

Über den Wert von Modellen zur technischen Nachahmung organischer Verhaltensweisen wurde bereits im Abschnitt 7.1 gesprochen. Nochmals sei hier der wichtigste Punkt festgehalten: Die Möglichkeit, Arbeitshypothesen selbst komplizierter Systeme von Schalt- und Regelkreisen mit vielen Parametern zu verwirklichen und auf ihr Verhalten im Vergleich mit organischen Vorbildern zu prüfen. [Ähnliche Gedankengänge finden sich bei MACKAY (1966).] Schlüsse auf eine Ähnlichkeit des inneren Aufbaus sind dann mit der nötigen Vorsicht zu behandeln.

Dabei darf man Nutzen aus der Tatsache ziehen, daß auch sehr komplexe Gesamtsysteme gelegentlich äußerst einfache partielle Regelkreise enthalten. Ein Beispiel: Gewiß ist eine Zusammenkunft mehrerer wohlerzogener Leute in kybernetischer Sicht ein äußerst vielschichtiges Ereignis. Ein Teil-Ereignis davon ist aber recht einfach: Jeder Teilnehmer ist — weil wohlerzogen — bestrebt, zu schweigen, wenn andere sprechen, ein allenfalls eintretendes allgemeines Schweigen aber möglichst bald zu überbrücken. Jeder hat also das Bestreben, im Raume einen ungefähr konstanten Schallpegel aufrechtzuerhalten. Ein Apparat, der das gleiche Bestreben hat, kann aus einem Mikrophon, einem Lautsprecher und einem geeigneten Verstärker zusammengebaut werden. Der Verstärker liefert sein Rauschen an den Lautsprecher und ist derart ans Mikrophon angeschlossen, daß dieses Rauschen bei schwachem Lärmsignal zu-, bei starkem abnimmt. Ein solcher Apparat wurde tatsächlich von KOHLER (1960) zum Gaudium seines Institutes unter dem Namen „Höflicher Emil" gebaut und zeichnet sich durch beachtliche Schmiegsamkeit im „geselligen Umgang" mit Menschen aus. Besonders erheiternd soll die „Unterhaltung" mehrerer „Emile" sein, denen nach Wunsch etwas verschiedene charakteristische Daten („Charaktere") verliehen werden können.

Niemand gibt sich hier Illusionen hin über allzu große innere Verwandtschaft zwischen Vorbild und Modell. Dennoch ist die bescheidene Verwandtschaft offensichtlich und kann auf den ihr gebührenden Platz gesetzt werden. Das ist der Wert dieses völlig durchsichtigen Falles.

In dieser Hinsicht sind die viel zitierten „Schildkröten" von WALTER (1957) und auch die legendären „Mäuse im Labyrinth" von SHANNON [gute deutschsprachige Darlegung bei FLECHTNER (1966)] wesentlich schwieriger zu beurteilen, denn in beiden Fällen wird ein mehr oder weniger willkürlich gewähltes Verhaltensschema durchgespielt, das keinen direkten Vergleich mit einem organischen Vorbild gestattet. Boshafterweise und etwas übertreibend könnte man sagen: „Die Gestalten dieses Spiels sind frei erfunden; jede Ähnlichkeit mit lebenden Personen ist rein zufällig."

Aus diesem Grunde soll hier ein anderes Beispiel näher betrachtet werden, das sich durch strenge Anlehnung an konkrete Resultate der Verhaltensforschung auszeichnet. Es stammt von HAUSKE (1966, 1967), einem Mitarbeiter von MARKO. Untersucht werden die Verhaltensweisen gewisser Fische unter verschiedenen Bedingungen. Dabei werden als Eingänge nicht nur äußere Reize (Auftauchen eines Schwarmes, Annäherung eines Artgenossen usw.), sondern auch allgemeine Stimmungen oder Bereitschaften des Tieres (Angriffslust, Schreckbarkeit usw.) berücksichtigt, deren Entstehung einstweilen offengelassen wird. Das Modell ist nicht als Fisch „getarnt", sondern besteht einfach aus einem Kasten, der die nötigen Bedienungsorgane (samt Anzeigelampen) für die Entstehung der Reize und Bereitschaften sowie weitere Anzeigelampen für die Reaktionen (Schwimmen, Beißen usw.) trägt. Die aus Verhaltensuntersuchungen gewonnenen Verknüpfungen der einzelnen Eingänge sind rein additiver Natur. Trotzdem soll das Modell bemerkenswerte Resultate liefern.

Aus dem vereinfachten Schema von Abb. 72 kann man in einfachen Fällen direkt herauslesen, welche Reaktionen bei welchen Eingangswerten zu erwarten sind. Zwei Beispiele: Die Kombination „Artgenosse+Angriffslust" führt zur Reaktion „Beißen". Die Kombination „Artgenosse+Schreck+Schreckbarkeit" führt zum „Tarnen", sofern nicht weitere Umstände (etwa „$CO_2$-Beigabe"+„Schwarmlust") eine „Flucht" bewirken. Da es sich um einen Analogrechner handelt, können die Einflüsse der einzelnen Parameter reguliert werden, um eine optimale Annäherung an das Verhalten des lebenden Fisches zu erhalten.

Es ist zu hoffen, daß ähnliche Modelle da und dort eine Brücke zwischen Verhaltensforschung und Kybernetik zu schlagen gestatten.

Ähnlich wie bei den Neuronenmodellen ist vorläufig auch bei den Verhaltensmodellen eine Bevorzugung der Analogtechnik zu beobachten. Dies dürfte sich ändern, wenn die Zahl der durchzuführenden Versuche einen Umfang annimmt, der die Herstellung eines neuen Modells für jeden Versuch einfach nicht mehr rechtfertigt. Gewisse Ansätze für die Benutzung universeller digitaler Computer liegen bereits vor (FINDLER, 1966; NEWELL/ SIMON, 1960; v. SEELEN, 1968; SIMON/NEWELL, 1964).

Nebenbei sei noch erwähnt, daß auch Gedankenmodelle (wie das Bienenmodell von Abb. 66) grundsätzlich als Verhaltensmodelle ausgeführt oder

## 7.6 Verhaltensmodelle

programmiert werden könnten. Von einem wissenschaftlichen Nutzen könnte aber nur die Rede sein, wenn aus der Inbetriebnahme des Modells oder Modellprogramms neue Einsichten oder wenigstens Vermutungen über die fraglichen Zusammenhänge zu erwarten wären. Im Falle der Abb. 66 bestünde offenbar kaum eine solche Aussicht.

Dieser Abschnitt soll nicht abgeschlossen werden ohne einen kurzen Hinweis auf die viel diskutierten Spielmaschinen, die in gewisser Hinsicht auch als Verhaltensmodelle (etwa für das Verhalten eines Schachspielers) gewertet werden können. Sie gehören zwar für den Kybernetiker nur in ein Rand-

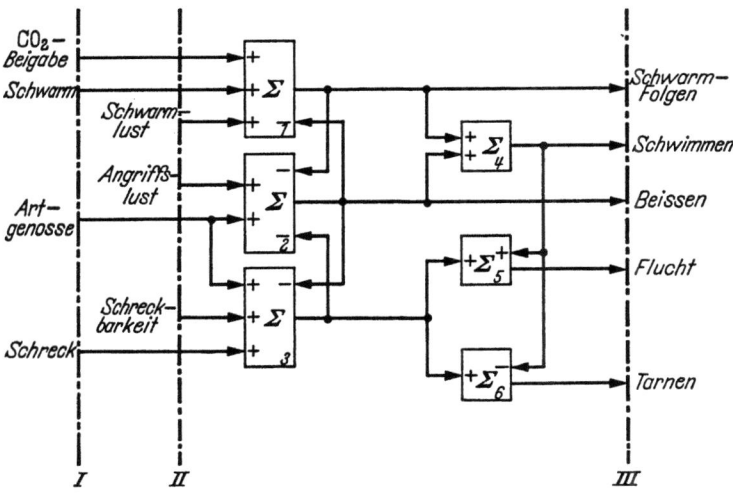

Abb. 72. Schematische Darstellung des Modelles von HAUSKE für das Verhalten gewisser Fische. Ebene I = äußere Reize. Ebene II = Bereitschaften. Ebene III = Reaktionen. 1 bis 6 = Addierwerke. Nähere Erläuterungen im Text

gebiet, doch liegen dank den Arbeiten von SHANNON (1953) für diese Maschinen grundsätzliche Überlegungen vor, die ebenso auf andere Maschinen (beispielsweise für die Sprachübersetzung) wie auch auf Verhaltensmodelle anwendbar sind. SHANNON unterscheidet drei Hauptgruppen von Spielmaschinen, deren Funktionsprinzipien in der Folge auf die Terminologie der Verhaltensmodelle umgesetzt wird:
1. „Wörterbuchmodelle", bei denen ein eindeutig definierter Reiz eine eindeutig definierte Abfolge von Ereignissen in Gang bringt. Solche Modelle zu bauen ist unsinnig, da sie keine neuen Erkenntnisse zu vermitteln vermögen. Als Beispiele könnten alle unbedingten Reflexe dienen.

2. Modelle mit exakt formuliertem Schema. Die Verarbeitung der im Spiel stehenden Größen geschieht nach ein für allemal feststehenden Regeln. Alle oben näher behandelten Modelle gehören zu dieser Klasse.
3. Lernfähige Modelle, deren Funktionsschema sich durch einen Lernvorgang verändern kann. Ein solches Modell wäre ein „Höflicher Emil" mit eingebauter Vorrichtung zur allmählichen Anpassung an die allgemeine Lautstärke in dem Sinne, daß er unter Leisetretern zum Leisetreter, unter Schreihälsen zum Schreihals wird (oder umgekehrt eine Gruppe von Leisetretern großspurig beherrscht, sich unter Schreihälsen aber vorsichtig zurückhält). Wollte man ein Modell der Brillenversuche des vorhergehenden Abschnittes herstellen, es würde ebenfalls dieser Klasse angehören.

Bis heute sind die Möglichkeiten der zweiten Gruppe so wenig ausgeschöpft, daß lernende Modelle vorerst noch relativ selten sind (WALTER, 1957; ZEMANEK, 1962 b). Wohl gibt es zahlreiche lernende Automaten [gute Literaturangaben bei STEINBUCH (1958) und ZEMANEK (1962 a)]. Sie sind aber in der Hauptsache zur Lösung bestimmter Aufgaben und nicht zum Studium organischer Verhaltensweisen konzipiert.

Natürlich kann der Begriff „Modell" noch viel weiter gefaßt werden als hier. Dies gilt insbesondere dann, wenn Denkmodelle gemeint sind, wie dies etwa für erkenntnis-theoretische Betrachtungen unter Benützung kybernetischer Mittel geschehen kann (STACHOWIAK, 1965).

Zum Abschluß noch ein pikantes Detail: Die grundlegende Erkenntnis von der Überlegenheit eines Modells der zweiten Gruppe gegenüber denen der ersten wurde nicht etwa von SHANNON erstmalig formuliert. Vielmehr war es vor fast anderthalb Jahrhunderten kein Geringerer als EDGAR ALLAN POE (1836), der eine damals erfolgreiche Spielmaschine mit einem (zu jener Zeit noch keineswegs ausführbaren) Rechengerät verglich und dieses als hochbedeutende technische Zukunftsleistung pries, an der gemessen der „Schachtürke" als Schwindel oder bestenfalls als klägliches Spielwerk bezeichnet wurde (v. MATT, 1971).

## 7.7 Bemerkungen zum Stand der Forschung

Die Diskrepanz zwischen der Weite des behandelten Gebietes und der Bescheidenheit unseres Wissens wird im Zusammenhang mit den Leistungen komplexer Neuronenschaltungen besonders offensichtlich. Die Situation läßt sich etwa folgendermaßen charakterisieren (Abb. 73, deren Balkenhöhen natürlich keinerlei quantitative Anhaltspunkte geben sollen), wobei sorgfältig zwischen den äußeren Funktionsweisen der betrachteten Objekte (Ge-

## 7.7 Bemerkungen zum Stand der Forschung

setzmäßigkeiten des Informationsaustausches mit der Umgebung) und den inneren Funktionsgrundlagen (Organisationsschema, das der äußeren Funktion zugrunde liegt) unterschieden wird:

1. Auf der Stufe des Einzelneurons bestehen beträchtliche, wenn auch keineswegs umfassende gesicherte Kenntnisse der äußeren Funktionsweisen. Über die inneren Funktionsgrundlagen sind unsere Vorstellungen lückenhafter, aber doch schon ziemlich umfangreich.
2. Die äußeren Funktionsweisen einfacher Neuronenschaltungen sind erst in ganz bescheidenem Maß erforscht. Noch geringer ist das gesicherte Wissen über die inneren Funktionsgrundlagen. Wenn trotzdem plausible Arbeitshypothesen in beachtlichem Umfang möglich sind, so ist dies der Leichtigkeit zu verdanken, mit der solche Schaltungen synthetisch zusammengestellt werden können.
3. Die physiologisch erforschten Regelkreise der Organismen sind sowohl äußerlich wie innerlich relativ gut bekannt. Allerdings mangelt es an Wissen gerade auf dem für den Kybernetiker besonders wichtigen Gebiet des Zusammenwirkens zwischen chemischen und nervösen Teilen dieser Kreise.
4. Dank der Verhaltensforschung und der Experimentalpsychologie wissen wir zahlreiche Einzelheiten über die äußeren Funktionsweisen der unter der Bewußtseinsschwelle liegenden komplexeren Neuronenschaltungen. Dagegen ist hier das Innere der „black box" wirklich noch sehr dunkel und nur da und dort durch Streiflichter von meist hypothetischem Charakter aufgehellt.

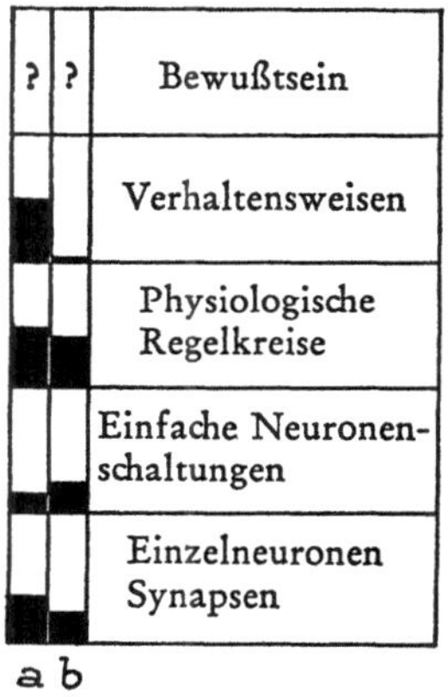

Abb. 73. Qualitative Darstellung unseres Wissenstandes auf den verschiedenen Stufen der Kybernetik. Die Höhen der Balken sollen diesen Stand versinnbildlichen. $a =$ Wissen um die äußeren Funktionsweisen des betrachteten Objektes. $b =$ Wissen um seine inneren Funktionsgrundlagen. Das Bewußtsein ist nur pro memoria erwähnt

5. Das Bewußtsein („blackest of all black boxes") soll in diesem Zusammenhang noch nicht betrachtet werden, weshalb es vorerst nur pro memoria ohne nähere Angaben erwähnt sei.

Man erkennt aus der naturgemäß stark vereinfachten Darstellung (jeder Balken entspricht nur dem Mittelwert eines in Wirklichkeit je nach dem Teilgebiet stark schwankenden Diagrammes), daß gerade auf dem Gebiet des Verhaltens die terra incognita zwischen Wissen um die äußere Funktionsweise und Unkenntnnis der inneren Zusammenhänge einen breiten Raum einnimmt. Dies kommt nicht von ungefähr. Denn einerseits ist das äußere Verhalten von Tier und Mensch das, was sich unserer Beobachtung am unmittelbarsten darbietet. Andererseits sind höhere Tiere und Menschen derart komplexe Gebilde, daß das schon bei einfachen Schaltungen fast undurchführbare Eindringen ins Innere hier zu einem Problem von einmaligem Schwierigkeitsgrad wird.

Es wird ein Mensch gemacht.

GOETHE
(Faust)

# 8. Überblick der technisch-naturwissenschaftlichen Problemstellung

## 8.1 Auffüllen der Lücken in unserem Wissen

Betrachtet man die weißen Flächen von Abb. 73, so kann man direkt die Gebiete unter der Bewußtseinsschwelle ablesen, die einer intensiven Bearbeitung bedürfen, wenn die Kybernetik zu weiteren wesentlichen Erfolgen geführt werden soll.

Unzulänglich ist unser Wissen zwar auf der ganzen Linie, doch sind es insbesondere drei Gebiete, auf denen unsere Ignoranz sich stark hemmend bemerkbar macht:
1. Die Kenntnis des internen Funktionsablaufes innerhalb des Ne und in der Synapse.
2. Die analytische Erfassung einfacher organischer Neuronenschaltungen bis hinunter zum Einzelneuron und zur Einzelsynapse, also sowohl bezüglich des äußeren als des inneren Funktionsschemas.
3. Die Erforschung der Zusammenhänge zwischen an sich bekannten Verhaltensweisen und den dahinter stehenden Neuronenschaltungen.

Leider handelt es sich in allen Fällen um Probleme, die nach einer grundsätzlichen Verbesserung der experimentellen Technik rufen, so daß nur relativ langsame Fortschritte erwartet werden dürfen. Diese Fortschritte sind aber unerläßlich, wenn die Kybernetik aus dem Grenzgebiet zwischen Wissen und Spekulation herauskommen soll. Eine der Hauptschwierigkeiten der Schaltungsanalyse liegt — wie schon erwähnt wurde (Abschnitt 4.1) — in der Anbringung einer genügenden Anzahl von Sonden am funktionsfähigen organischen Präparat. Die vor etwa 15 Jahren eingeführte heute übliche Technik benützt feine Drähte, die in die Neuronen des Präparates eingestochen werden und so eine direkte Messung der elektrischen Spannung gestatten (HARTLINE et al., 1952). Die beste Methode bestünde natürlich in einem kontaktfreien Abgriff der elektrischen Impulse jedes Einzelneurons. Man bedenke aber die Schwäche dieser Signale (Größenordnung $10^{-9}$ W) und das Vorhandensein von Tausenden anderer (vielfach ebenfalls tätiger) Ne im gleichen Kubikmillimeter, um ein Bild der sich stellenden Probleme zu erhalten. SPRENG und KEIDEL (1963) haben wenigstens für periodische Signale durch ebenfalls periodischen Abgriff eine erste, wenn auch noch sehr rohe Methode des „Herausfiltrierens" aus dem „Informationsdschungel" gefunden.

Gelingt es einmal, auf diese oder jene Weise Informationen über das Feuern einer großen Zahl von Ne simultan oder quasisimultan zu erhalten, so wird die nächste Schwierigkeit in der Auswertung liegen. In der Tat wird die angebotene Informationsmenge ungeheuer und zunächst sehr ungeordnet sein. Nur ein systematischer Einsatz sorgfältig programmierter Computer wird es daher ermöglichen, durch Korrelationsprüfungen zusammengehörige Elemente zu finden und so die Grundlagen für die Aufstellung von Schaltplänen zu liefern.

Sicher wird die Analyse durch parallel betriebene synthetische Studien (einschließlich Modellversuche) wirksam unterstützt werden können. Der Wert dieser Studien wird in der Überbrückung von Lücken der Analyse wie auch in der Aufstellung von Arbeitshypothesen, etwa über die abzusuchenden Gebiete, bestehen. Der letzte Nachweis über das Vorliegen einer bestimmten Schaltung wird aber dennoch bei der direkten Untersuchung im mikroskopischen und submikroskopischen Bereich liegen.

## 8.2 Praktische Anwendungsmöglichkeiten kybernetischer Erkenntnisse

Das Nervensystem als Mittel der Datenverarbeitung benützt eine Technologie, die von derjenigen der heutigen Computer wesentlich abweicht. Auf die Hauptunterschiede (einerseits geringere Arbeitsgeschwindigkeit, andererseits geringere Abmessungen der Funktionselemente beim organischen System) wurde bereits im Abschnitt 7.3 hingewiesen. Diese Unterschiede, die eine unmittelbare Folge des physikalisch-chemischen Aufbaus der Ne sind, führen zwangsläufig zu Unterschieden in der Schaltungstechnik:
1. Der Organismus verfügt über eine ungeheure Zahl relativ langsamer Funktionselemente. Er wird komplizierte Aufgaben vorwiegend durch gleichzeitigen (parallelen) Einsatz vieler Ne angehen und dadurch die nötige Arbeitsgeschwindigkeit zu erzielen suchen.

## 8.2 Praktische Anwendungsmöglichkeiten kybernetischer Erkenntnisse 171

2. Der Computer (als technisches Gegenstück des Nervensystems) besitzt eine relativ geringe Zahl ungeheuer schnell arbeitender Funktionselemente. Zur Lösung komplizierter Aufgaben wird man ihn daher so organisieren (programmieren), daß ein und dasselbe Element nacheinander (in Serie) mehrere verschiedene Aufgaben zu lösen hat, womit eine Einsparung an Elementen möglich wird.

Somit ist zu vermuten, daß die organisch-kybernetischen Schaltkreise heute für die allfällige Übertragung auf technische Erzeugnisse meist als zu aufwendig angesehen werden müssen. Nun schreitet aber die Entwicklung immer kleinerer elektronischer Elemente rasch voran. Wenn auch an ähnliche Größenordnungen wie im Organismus noch bei weitem nicht zu denken ist, so rücken doch gewisse Möglichkeiten ins Blickfeld, die noch vor einigen Jahren utopisch scheinen mußten. So ist es durchaus denkbar, daß die Analyse von Neuronenschaltungen — selbst wenn sie nicht bis zum Einzelneuron vordringt — sich mit der Zeit befruchtend auf die logischen Schemata technischer Erzeugnisse auswirken könnte. Dies dürfte in erster Linie bei Einzweckgeräten der Fall sein, bei denen häufig Lösungen unter Verwendung der Analogtechnik sich aufdrängen. Eine solche Befruchtung ist allerdings kaum für die Behandlung von Aufgaben auf gleichem Qualitätsniveau für Organismus und Computer zu erwarten. Vielmehr wird eine Schaltung gegebener Kompliziertheit beim Organismus noch auf weite Sicht für viel einfachere Endziele verfügbar sein als beim technischen Produkt.

Es sind aber noch weitere Nutzanwendungen möglich. Sollte es der Technik nämlich gelingen, Elemente von ähnlicher Vielseitigkeit wie Ne in kleinen Dimensionen und zu billigem Preis herzustellen, so wäre es lohnend, viele Gebiete des Computerbaues, namentlich im Zusammenhang mit dem Einsatz für regeltechnische Zwecke unter Berücksichtigung kybernetischer Erkenntnisse neu zu überdenken. Schon die Einfachheit der Multiplikation und die Leichtigkeit des Überganges von analoger auf digitale Darstellung und zurück würden ein solches Unterfangen auf gewissen Sektoren rechtfertigen.

Allerdings wäre es zwecklos, solche Lösungen mit Hilfe künstlicher Ne (im heutigen Sinne) anzustreben, die aus bereits bekannten Schaltelementen (etwa Transistoren usw.) zusammengebaut wären. Dies würde zwangsläufig zu Umwegen und erhöhtem Aufwand führen. Brauchbare Elemente müßten die Funktion des Ne unmittelbarer (vielleicht ebenfalls auf teilweise chemischem Weg) nachahmen. Ob dies je in betriebstüchtiger Form gelingen wird, bleibt vorerst eine offene Frage.

Auch ohne Eingehen auf solche Zukunftsspekulationen kann eine große Zahl von konkreten Fällen genannt werden, in denen der Organismus dem

Computer heute noch weit überlegen ist. Es seien nur die beiden folgenden Beispiele herausgegriffen: Gestaltserkennung (etwa das bereits mehrfach erwähnte Lesen von Handschriften, das Erkennen eines Flugzeugtyps auf Grund der Dreiseiten- und Perspektivsilhouette oder die Personenerkennung aus Photographie und Fingerabdruck in der Kriminalistik) und Stabilisierung komplexer Regelkreissysteme (der Körper als Gesamtheit umfaßt eine ungeheuere Zahl von Regelkreisen, deren simultane Stabilität lebenswichtig ist).

Die Technik würde sich der Chance interessanter Entwicklungsmöglichkeiten berauben, wollte sie auf ein eingehendes Studium der organischen Gebilde verzichten, in denen derart wichtige Probleme gelöst vorliegen. Dabei handelt es sich offensichtlich weder um Einzelelemente und deren Funktionen noch um Detailschaltungen, sondern um die Strategie für das Angehen solch komplexer Aufgaben.

Einen unmittelbaren Nutzen darf man sich von den Fortschritten kybernetischer Erkenntnis aber auch auf den Grenzgebieten zur Verhaltensforschung (bzw. Psychologie) und zur Medizin erhoffen. Sinn und Zweck der Verhaltensmodelle für Tier- und Menschenpsychologie wurden bereits in den Abschnitten 7.1 und 7.6 ausführlich kommentiert. WIENER (1948) hat sogar die Vision einer kybernetischen Behandlung psychiatrischer Probleme entworfen, deren Verwirklichung allerdings auch heute noch in fast unerreichbarer Ferne zu liegen scheint. Nicht umsonst charakterisiert PENFIELD (1966) die Grobheit unseres Wissens mit der Bemerkung: „It is easier to say where than it is to explain how."

Die Chancen auf medizinischem Gebiet sind wesentlich reeller. Es ist durchaus denkbar, daß der Signalfluß des afferenten wie des efferenten Nervensystems einmal in genügendem Maße erfaßt sein wird, um nicht nur künstliche Gliedmaßen direkt „an den Willen" anzuschließen, sondern um auch künstlichen Sinnesorganen eine unmittelbare Einwirkung auf die entsprechenden Nerven und damit auf das Zentralnervensystem zu ermöglichen. Man darf sich mit Fug fragen, ob etwa die Konstruktion einer am Sehnerv anschließbaren Fernsehkamera nicht ein ebenso wichtiges (wenn auch vielleicht noch schwieriger zu erreichendes) Menschheitsziel darstellt wie die Landung einer Mannschaft auf dem Mond ...

Schon die Lösung von Teilproblemen verspricht hier greifbare Erfolge, wie das folgende Beispiel zeigt: Bei der Diagnose gewisser Augenkrankheiten (vorab des sehr häufigen Glaukoms) spielt die Messung des Gesichtsfeldes eine bedeutende Rolle. Sollte der in diesem Abschnitt postulierte berührungsfreie Abgriff von Signalen im Spezialfall des Sehnervs einmal ohne operativen Eingriff gelingen (und sei es auch mit sperrigen, also keineswegs tragbaren Vorrichtungen), so könnte die dafür erforderliche Untersuchung, die heute während längerer Zeit höchste Konzentration des Arztes und des Patienten voraussetzt, zu einer rasch und präzis durchführbaren Routine vereinfacht werden. Einen ersten Ansatz in ähnlicher Richtung stellt der Einsatz von Computern für die Auswertung von Elektro-Encephalogrammen dar (AKERT et al., 1969).

Solche Bestrebungen stellen letzten Endes nichts anderes dar, als eine immer weiter gehende Integration kombinierter Mensch-Maschine-Systeme, bei der die Ausschaltung nicht unbedingt erforderlicher Zwischenglieder als vornehmste Aufgabe zu betrachten ist.

## 8.3 Bau des Homunculus Sapiens Cybernetes

Es sei für die folgenden Betrachtungen vorausgesetzt, die technische Entwicklung könne auf jeden beliebigen Stand der Perfektion getrieben werden und es lägen auch keine materiellen Beschränkungen bezüglich des zur Lösung einer Aufgabe zu treibenden Aufwandes vor.

Die Aufgabe bestehe darin, einen Roboter (bestehend aus einem oder mehreren, allenfalls räumlich weit auseinanderliegenden Computern) zu bauen, der alle intellektuellen Fähigkeiten eines Menschen erreicht oder übertrifft. Dieser Roboter sei „Homunculus Sapiens Cybernetes" genannt. Die Frage seiner Wünschbarkeit bleibe außerhalb der Betrachtung.

Eine solche Problemstellung impliziert die Behandlung eines beliebten Diskussionsthemas: „Können Maschinen denken?"

Mit Recht weist FLECHTNER (1966) darauf hin, daß die Auseinandersetzungen um dieses Thema zu einem großen Teil in einem Aneinandervorbeireden bestehen, da der Begriff „Denken" von verschiedenen Diskussionspartnern verschieden aufgefaßt wird. In diesem Abschnitt sei das „Denken" als Sammelbegriff für die rein rationalen Tätigkeiten des Menschen definiert, wobei sowohl das Bewußtsein als auch die Gefühlssphäre vorerst nicht tangiert werden. Zum Unterschied von anderen Umschreibungen sei das so verstandene Wort „Denken" stets unter Anführungszeichen gesetzt.

Es scheint kein Grund zu bestehen, dem beschriebenen Homunculus unter diesen Umständen die Fähigkeit des „Denkens" abzusprechen. Die in diesem Zusammenhang in neuerer Zeit vorgebrachten Bedenken können kaum überzeugen:

KLAUS (1961) betont zwar sicher zu Recht den Unterschied zwischen Isomorphie und Identität: Wenn eine Maschine die gleichen von außen feststellbaren Leistungen vollbringt wie der Mensch, so ist damit über den inneren Aufbau beider noch nicht viel ausgesagt, denn der Mensch bleibt im

Sinne Ashbys (1961) eine „black box". Klaus stellt damit übrigens den viel zitierten Ausspruch von Turing (1956) richtig, man müsse einer Maschine Denkfähigkeit zuschreiben, wenn man im (beispielsweise fernschriftlichen) Verkehr mit ihr nicht unterscheiden könne, ob „am anderen Ende" ein Mensch oder eine Maschine sitze. Hier ist dem bedeutenden Mathematiker offenbar ein Fehler unterlaufen, der nur aus der Nichtbeachtung der Eigenschaften der „black boxes" entspringen konnte („am anderen Ende" könnte ja beispielsweise nur eine riesige „Denkkonserve" sitzen, ein Informationsspeicher, der alle überhaupt möglichen vernünftigen Fragen und die dazugehörigen Antworten — einschließlich „ich weiß es nicht" — enthielte). Aber die Möglichkeit von Verschiedenheiten ändert nichts an der Tatsache, daß beide — Mensch wie Maschine — unter Umständen gleichartige rationale Leistungen vollbringen können, die unter den oben definierten Sammelbegriff „Denken" fallen. Auch Taube (1966) spricht der Maschine das Denkvermögen ab, weil er von einer anderen Definition des Denkens ausgeht. Schließlich unternimmt Weiss (1963), gestützt auf Gedankengänge von Heitler (1966 a, 1966 b), den interessanten Versuch, aus der großen Zahl der Ne und der daraus resultierenden Verknüpfungsmöglichkeiten einen grundsätzlichen Unterschied zum Computer abzuleiten. Dabei glaubt er einen Beweis seiner Überlegungen in der Fähigkeit des Menschen zu sehen, auch metamathematische Systeme (also Systeme außerhalb des Geltungsbereiches der Logik von Boole, siehe Abschnitt 4.2) zum Gegenstand seiner Betrachtungen zu machen. Eine Entgegnung von Engeler und Speiser (1964) läßt erkennen, daß der Mensch trotz der ungeheuren Zahl seiner Ne nicht aus dem die Tätigkeit dieser Ne bestimmenden Kreis von Gesetzmäßigkeiten „herausschlüpfen" kann. Brutal ausgedrückt: Wir können zwar metamathematische Systeme zum Gegenstand unserer Betrachtungen machen, wir können sie aber mit keinen anderen Mitteln als denen der uns zu Gebote stehenden Logik (derjenigen von Boole) behandeln. Die an sich bemerkenswerten Betrachtungen von Unger (1967) bedürfen in diesem Zusammenhang keines Kommentars, da sie die (hier ausgeklammerten) Beziehungen zwischen Metamathematik und Bewußtsein betreffen.

Es scheint also sicher zu sein, daß der Homunculus Sapiens Cybernetes tatsächlich mit der Fähigkeit des „Denkens" (vorerst nicht mehr) ausgestattet werden könnte, wenn die eingangs formulierten Bedingungen hinsichtlich unbegrenzter technischer Perfektion und materieller Mittel erfüllt werden könnten. [Eine konsequente Ausrichtung auf diese Bedingungen schützt übrigens nicht nur vor den stets möglichen Überraschungen durch unerwartete technische Fortschritte, sondern macht auch die Auseinandersetzung mit vielen skeptischen Stimmen überflüssig, selbst wenn sie so humorvoll dar-

## 8.3 Bau des Homunculus Sapiens Cybernetes

geboten sind wie bei GIULIANO (1967), der von der Unfähigkeit eines Computers zum Auffinden einer Sitzgelegenheit in einem Walde spricht.]
Mehr noch: Wir sind heute schon eifrig daran, Teile eines solchen Homunculus zu verwirklichen. Denn was sind unsere heutigen Computer in ihren verschiedensten Abwandlungen anderes, als maschinelle Mittel zur Vollbringung von Leistungen, die allgemein unter dem Namen „geistige Arbeit" bekannt sind? Und haben diese Maschinen auf gewissen — allerdings eher primitiven — Gebieten die Möglichkeiten des Menschen nicht schon weit in den Schatten gestellt?

Wie weit allerdings die Voraussetzungen für den Bau aller Teile des Homunculus jemals erfüllt werden können, ist eine Frage, deren Beantwortung man gerne dem delphischen Orakel überlassen möchte. Einerseits hat die Technik zu oft Prophezeiungen über die angeblich grundsätzliche Unmöglichkeit eines bestimmten Unterfangens Lügen gestraft. Andererseits ist auch die Bemerkung von KÜPFMÜLLER richtig, die Technik habe einstweilen noch nicht einmal die Entwicklungsgeschwindigkeit des menschlichen Gehirns auch nur im entferntesten erreicht: Das Gehirn mit seinen $10^{10}$ Ne entspreche nach seiner Größenordnung einer elektronischen Schaltung mit etwa $10^{11}$ Transistoren; es sei in etwa $10^6$ Jahren so weit gediehen, was einer mittleren jährlichen Zuwachsrate von $10^5$ Transistoren entspreche. Ohne Zweifel kann eine solche Zuwachsrate nur im Zusammenhang mit der weitgehenden Automatisierung der Entwicklungsarbeit erreicht werden: Der Computer muß helfen, den besseren Computer zu bauen.

Zusammenfassend sei festgestellt: Der oben definierte Homunculus ist theoretisch möglich dank der zurückhaltenden Definition des ihm zugemuteten „Denkens". Als technische Verwirklichung liegt er in einer noch keineswegs absehbaren Ferne.

Ohne Bewußtsein und Gefühle bleibt er auf alle Fälle ein ärmliches Gebilde.

Die Welt ist tief,
Und tiefer als der Tag gedacht.
Tief ist ihr Weh —,
Lust — tiefer noch als Herzeleid.

NIETZSCHE

## 9. Überblick der psychologisch-philosophischen Problemstellung

### 9.1 Fragestellung nach Bewußtsein und Seele

Welche Konsequenzen müßten gezogen werden, wenn es der Kybernetik gelänge, einem Neuronensignal, beginnend bei einem Sinnesrezeptor, über alle Übertragungen zuerst in die niederen, dann bis zu den höchsten Zentren zu folgen, die Geschehnisse beim Fassen eines Entschlusses zu registrieren und, wieder absteigend, Zeuge der Befehlserteilung bis zu den Muskeln zu sein?

Mit dieser Fragestellung ist der Problemkreis erreicht, dem bis zu diesem Punkt sorgfältig ausgewichen wurde und der unter dem Generalthema „psychosomatisches Grundproblem" seit Urzeiten die Menschen beunruhigt. Will man die Betrachtungen nicht — was nur zu häufig geschieht — an dieser Stelle abbrechen, so sieht man sich genötigt, den genannten Problemkreis nach bestem Vermögen zu untersuchen.

Zunächst sei versucht, einige Fragen möglichst präzis und konkret zu formulieren. Dann sollen die von verschiedenen Denkern gegebenen Antworten einer eingehenden Prüfung unterzogen werden. Schließlich soll versucht werden, aus den vorliegenden Gegebenheiten die Schlüsse zu ziehen, denen die beste Aussicht zugebilligt wird, einer kritischen Prüfung standzuhalten.

Es scheint, daß insbesondere drei Fragen sich immer wieder in den Vordergrund drängen:
1. Sollte das eingangs skizzierte Experiment tatsächlich gelingen (oder doch Gewißheit über die grundsätzliche Möglichkeit eines solchen Gelingens

bestehen), schließen dann die Resultate vollumfänglich auch das ein, was wir als den gemütsbedingten und bewußten Bereich bezeichnen? Ist also eine physikalische Beschreibung nicht nur des rationalen, sondern auch des seelischen Aspektes dieser Vorgänge möglich?
2. Sollte die erste Frage bejaht werden, ist es dann wenigstens theoretisch möglich, eine Maschine zu bauen, die nicht nur die intellektuellen, sondern alle psychischen Leistungen eines Menschen zu erbringen vermag? Konkret ausgedrückt: Kann man einer solchen Maschine ein Bewußtsein, eine Seele, ein „Ich" zuerkennen? Kann man ihr die Fähigkeit zu Freude und Leid zubilligen? Kann man einem solchen der Freude fähigen „Homunculus Gaudens Cybernetes" eine Verantwortung überbinden und ihn strafen, wenn er versagt? Ist es ein Mord, einen solchen Homunculus zu zerstören? Ist es ein Mord, wenn er einen Menschen tötet?
3. Sollte die erste Frage verneint werden, wie hat man sich dann die Nahtstelle zwischen dem physikalisch Erfaßbaren (also maschinell auch Realisierbaren) und dem physikalisch nicht Erfaßbaren, Seelischen vorzustellen? Wie kann physikalisch nicht Erfaßbares auf diese physikalische Welt einwirken? Wie beschaffen ist der „Sitz der Seele", dessen topographische Lage neben dieser Frage höchst unwichtig erscheint?

Mit Absicht sind die Fragen zum Teil so formuliert, daß sie zur Spontanreaktion „Unsinn!" reizen. Es wird sich nämlich im Verlauf der weiteren Ausführungen zeigen, daß die Grenze zwischen Sinn und Unsinn gelegentlich kaum auszumachen ist.

Die Geister scheiden sich bei der Beantwortung der ersten Frage.

## 9.2 Bewußtsein als physikalisches Phänomen

Beantwortet man die erste Frage des vorangehenden Abschnittes entschieden mit „ja", so ergibt sich folgende Konstellation, die zuerst von JAMES (1890) formuliert wurde und heute mit besonderer Konsequenz von STEINBUCH (1961 b, 1962) vertreten wird:
1. Auch das „Geistige", das „Seelische", die „Gefühle" sind physikalisch erklärbar. Ein „Ich" oder ein „Bewußtsein" gibt es nicht als etwas „für sich", sondern nur als Gesamtheit der höchsten Zentren des Nervensystems. Ein außerphysikalisches Sein gibt es überhaupt nicht. Natürlich hat eine solche materialistische Auffassung des Bewußtseins nur im Rahmen einer streng deterministisch-kausalistischen Weltanschauung Platz, in der ein indeterministisches Element einzig dank den probabilistischen Unbestimmtheiten vertreten ist.

2. Damit ergibt sich von selbst eine ebenso apodiktische Beantwortung der zweiten Frage: Da es kein außerphysikalisches Sein gibt und alles Physikalische seinem Wesen nach erforschlich ist, besteht auch kein prinzipielles Hindernis gegen den Bau eines Homunculus Gaudens Cybernetes. In Umkehrung der Fragestellung könnte man sagen: Der Homunculus ist möglich, weil der Mensch ohnehin eine Maschine ist. Zwischen dem Homunculus Gaudens und dem Homunculus Sapiens besteht überhaupt kein Unterschied. Ja der Homunculus wird von selber bewußt werden, wenn einmal Systeme einer an ein Gehirn angrenzenden Kompliziertheit gebaut werden können (was allerdings aus technischen Gründen als zweifelhaft betrachtet wird). „Bis zum Beweis des Gegenteils ist zu vermuten, daß ein solches System von sich behaupten würde, es habe ein Bewußtsein" (STEINBUCH, 1962).

Als wichtigstes Argument zugunsten dieser Hypothese ist ihre Geschlossenheit zu betrachten. Hat man sich einmal zu ihren Grundprinzipien bekannt, so plagen einen „keine Skrupel noch Zweifel", denn alles weitere ordnet sich wie von selber ein: Dem Mediziner bereitet der enge Zusammenhang zwischen der Verabreichung gewisser Drogen (oder auch nur dem Alkoholgenuß) und dem Seelenzustand des Patienten keine Probleme mehr, und auch die künstliche Erzeugung eines Bewußtseinsschwundes oder die Abwesenheit von „Jenseitserlebnissen" bei Herzstillstand werden zu leicht deutbaren Ereignissen, ganz zu schweigen von den atemraubenden Ergebnissen moderner Hirnoperationen, wo zum Beispiel nach Trennung der beiden Cortexhälften die linke Hand buchstäblich „nicht weiß, was die rechte macht", obgleich der Mensch sich nach wie vor als Einheit empfindet [SPERRY (1966) erzählt von einem Mann, dessen rechte Hand liebevoll seine Frau zu sich zog, während die „böse Linke" sie zugleich gehässig zurückstieß]; der Physiker kann sich der Gewißheit hingeben, eine einheitliche Welt vor sich zu haben und muß keine „Purzelbäume aus einer anderen Welt" befürchten.

So ist es nicht verwunderlich, wenn sich die kritischen Argumente durchwegs nicht gegen das Gebäude der Hypothese, sondern gegen ihr Fundament richten. Denn hier liegt der wesentliche schwache Punkt: Unseres Bewußtseins sind wir uns unmittelbar bewußt. Mehr noch: Das Bewußtwerden unseres eigenen Bewußtseins ist die einzige sichere Erfahrung, über die wir verfügen, während die gesamte Körper- und Außenwelt und damit auch die Physik nur auf dem Umweg über die Sinne zugänglich ist und somit auch allen möglichen Täuschungen ausgesetzt. Nicht umsonst anerkennen extrem skeptische Hypothesen, wie der Solipsismus, die die Außenwelt (als Schöpfung unserer Phantasie) in Frage stellen, das diese vermeint-

## 9.2 Bewußtsein als physikalisches Phänomen

liche Welt erlebende Ich als einzige gesicherte Existenz. Nicht umsonst ging DESCARTES (benützte Ausgabe: 1908 bis 1919) bei der Errichtung seines philosophischen Gebäudes vom berühmten „cogito ergo sum" aus. Es hilft gar nichts, wenn konstatiert wird, das „bewußte" Erleben sei nichts als die Reizung gewisser identifizierbarer Gehirnneuronen. Denn die Antwort ist durchaus berechtigt: „Es ist mir gleich, ob hier Ne oder Transistoren erregt werden. Was mich angeht, ist, daß ich dabei etwas erlebe." Das Erleben von Glück oder Leid kann gewiß ein Korrelat in Form feuernder Ne besitzen, es ist mit diesem Korrelat aber so wenig identisch, wie das Erleben „Rot" mit einer Wellenlänge des Lichtes oder wiederum mit dem Feuern von Ne identisch ist. Auch an diesem letzten Beispiel kann der Sicherheitsgrad der Erkenntnis demonstriert werden: Nicht, daß dieser Gegenstand rot oder überhaupt vorhanden ist, wohl aber, daß ich jetzt „Rot" erlebe, ist gewiß.

Die Auseinandersetzung mit einer konsequent materialistischen Auffassung des Bewußtseins ist natürlich nicht erst mit dem Aufkommen der Kybernetik lebendig geworden, sondern wurde in der Philosophie immer wieder zur Sprache gebracht. In neuerer Zeit hat der Vater des Verfassers (1950), fußend auf ähnlichen Gedankengängen wie soeben dargelegt, die strenge Trennung zwischen dem Erlebnis und seinem materiellen Träger oder Korrelat herausgearbeitet. Unter den Kybernetikern hat ASHBY (1962), dem gewiß kein Mangel an materialistischer Einstellung vorgeworfen werden kann, die (dank kybernetischer Forschung) „in strahlender Klarheit" dastehende objektive Welt der noch höchst undurchsichtigen subjektiven gegenübergestellt. FLECHTNER (1966) drückt diesen Zweifel an der Zuständigkeit materialistischer Erklärungsversuche für das Bewußtsein mit den Worten aus: „Man kann Bewußtsein beschreiben, kann es analysieren ... aber als solches bleibt es ein Ur-Phänomen, das als vorhanden hingenommen werden muß." ZEMANEK (1962 b) spricht vom Bewußtsein als „Fremdling in der Naturwissenschaft". Den ernsthaften Versuch einer auch philosophisch befriedigenden Lösung unternimmt aber keiner der kybernetisch orientierten Autoren.

Originell ist in diesem Zusammenhang die Auffassung von WEIDEL (1962), der die Fragestellung mit aller Schärfe formuliert und sich nicht mit der Konstatierung einer ungeklärten Sachlage zufriedengibt. Er gelangt zum Schluß, Empfindungen, Erlebnisse und das Bewußtsein seien „Innen-Aspekte" (also Epiphänomene) des physikalisch Zugänglichen, rational nicht faßbare, völlig wirkungslose Begleiterscheinungen. Aus dem letzten Satz seiner Schrift klingt eine begreifliche Unruhe: „Es ist für das Verständnis seines Funktionierens vollkommen gleichgültig, ob er dabei irgend etwas empfindet oder nicht. Aus mancherlei Gründen ist dies vielleicht eine erschreckende Erkenntnis."

Eine ähnliche Unsicherheit wie die von ASHBY und von WEIDEL ausgesprochene macht sich bei zahlreichen Autoren bemerkbar, die in jüngster Zeit zu Wort gekommen sind und vielfach auf SHERRINGTON [„The energyscheme brings us to the threshold of the act of perceiving, and there... bids us good-by" (1940)] hinweisen: ECCLES betrachtet das Bestehen zweier Realitäten — der objektiven und der subjektiven — als Gegebenheit, glaubt aber dennoch, die „transzendente Leistung" im Bewußtsein entspringe einzig aus der ungeheueren strukturellen und dynamischen Kompliziertheit des vorliegenden Apparates (1966 b); MACKAY, auf dessen Betrachtungen noch näher eingegangen werden soll, steht auf einem ähnlichen Standpunkt (1966); dagegen vertritt SCHAEFER die Epiphänomen-Hypothese, dämpft sie aber mit dem Hinweis, die physikalische Welt könne umgekehrt als Epiphänomen der Bewußtseinswelt betrachtet werden, und betont auch [mit EDDINGTON (1928) und anderen bedeutenden Physikern] die Tatsache, daß das Bewußtsein für uns die einzige unmittelbare Erfahrung darstellt (SCHAEFER, 1966).

So kann man denn die hier dargelegte Hypothese vorläufig als physikalisch befriedigend, dem unmittelbaren Erleben des Bewußtseins aber nicht völlig gerecht werdend charakterisieren.

## 9.3 Bewußtsein als außerphysikalisches Phänomen

Eine kompromißlose Verneinung der ersten Frage des Abschnittes 9.1, wie sie sich beispielsweise aus den Gedankengängen DESCARTES (benützte Ausgabe: 1908 bis 1919) oder KANTs (benützte Ausgabe: 1910 bis 1966) ergibt, kann in ihren Konsequenzen wie folgt umschrieben werden:
1. Es gibt zwei Welten, von denen die eine körperlich-physikalischen, die andere seelisch-außerphysikalischen, ja außerrationalen Charakter trägt (mit Absicht wird hier der naheliegende Ausdruck „metaphysisch" vermieden). Jede dieser Welten hat ihre eigenen Gesetzmäßigkeiten, wobei diejenigen der außerphysikalischen Welt — im Gegensatz zur physikalischen — nicht unbedingt streng kausal geordnet sein müssen. Die außerphysikalische Welt beherbergt die wesentlichen Persönlichkeitswerte, vor allem das Bewußtsein. Sie kann mit der physikalischen durch ein Transzendieren in Kontakt treten, dessen Wesen sich der rationalen Erfassung entzieht.
2. Es ist klar, daß ein Homunculus Gaudens Cybernetes nur gebaut werden könnte, wenn sein Erbauer (um die Qualität des „gaudere" zu verwirk-

## 9.3 Bewußtsein als außerphysikalisches Phänomen

lichen, die zur außerphysikalischen Welt gehört) „freien Zutritt" zu beiden Welten hätte. Da dies mit den dem tätigen Menschen zugänglichen physikalischen Mitteln nicht möglich ist, bleibt der Bau des Homunculus ewig ein unerfüllbarer Wunschtraum, völlig unabhängig vom zu irgendeiner Zeit erreichten technischen Stand.

Die Argumente pro und contra sind denjenigen des vorangehenden Abschnittes genau entgegengesetzt: Für die dargelegte Hypothese spricht in erster Linie die zwanglose Einordnung des Bewußtseinserlebnisses, dagegen der dualistische Rigorismus, mit dem die Einheit der physikalischen Welt durchbrochen wird. Damit rückt die Frage nach dem Transzendieren zwischen zwei Welten in den Brennpunkt der kritischen Betrachtung.

Stellt man diese Frage von der physikalischen Seite her, sucht man also nach der Stelle eines psychosomatischen Schaltkreises, an der der Übergang zwischen den beiden Welten vollzogen werden soll, so gelangt man in bedenkliche Nähe der antiquiert geglaubten Streitfrage nach dem „Sitz der Seele". Dieser Sitz hat übrigens im Laufe der Geschichte einen bemerkenswerten topographischen Aufstieg erlebt: Die Antike glaubte ihn im Zwerchfell lokalisiert zu haben; später verlagerte man ihn nach dem Herzen (von wo ihm nur gelegentliche Abstecher zum Hosenboden, im russischen Sprachgebrauch sogar bis zu den Fersen, gestattet wurden); heute hat er sich — etwas bescheidener als „Sitz des Bewußtseins" etikettiert — offenbar ziemlich definitiv im Zentralnervensystem etabliert, nach Ansicht einiger Fachleute im Cortex, nach PENFIELD (1966) eher in tieferen Schichten, im Diencephalon. Es müßte aber doch wohl als gewaltige Überraschung gewertet werden, wenn man an einem Neuronenschaltkreis der höchsten Zentren eines Tages eine „Sackgasse" entdecken würde, wohin Information „zuhanden der anderen Welt" scheinbar spurlos versenkt oder von wo andere Information scheinbar spontan entspringen würde. Obgleich man eine solche Patentlösung unwiderlegt (wie sollte sie widerlegt werden?) „bis zum Beweis des Gegenteils" ebenso erwarten könnte wie das Bewußtsein an einem genügend komplizierten Automaten, dürfte man doch während der recht langen Wartezeit dem Ruf der Naivität nicht entgehen...

Aus dieser Erkenntnis heraus unternimmt MacKay (1966) einen hochinteressanten Versuch zu einem Brückenschlag zwischen objektiver physikalischer und subjektiver Bewußtseinserfahrung. Ausgehend von Ashbys Gedankengängen (1952) sieht er die geistige Tätigkeit vorab als ein äußerst kompliziertes Zusammenspiel zahlreicher Regelkreise, das Bewußtsein als Innenaspekt dieses Zusammenspiels. Die Besonderheit des Geistigen und in erster Linie das subjektive Erleben freier Entscheidungen erklärt er sich aus der Tatsache, daß die Tätigkeit der höchsten Regelkreise (der „Metaorganisation") erst durch Rückkoppelung in das Zusammenspiel eingeht, so daß subjektiv stets eine unvollständige Information vorliegt, was den Schein eines — objektiv gar nicht bestehenden — Indeterminismus erweckt. Seine Formulierung: „No information system can embody within itself an up-to-date and detailed representation of itself, including that representation" erinnert an metamathematische Überlegungen (siehe auch Abschnitt 8.3). Der erhoffte Brückenschlag bleibt aber aus. Denn ausgesagt wird nur, daß wir einen allfällig vorliegenden Determinismus nie als solchen erleben können, nicht aber, daß ein solcher Determinismus (und mit ihm auch die dargelegte Leib-Seele-Beziehung) auch wirklich besteht. Mit Recht zweifelt MACKAY übrigens an der gelegentlich vorgebrachten Ansicht, der Indeterminismus könnte [wie bei EDDINGTON (1928) und anderen Physikern] auf dem Umweg über physikalische Unbestimmtheitsrelationen in den Bereich des Bewußtseins eingeschleust werden. Denn wir verfügen nur über den Beweis für die Unmöglichkeit, Kausalität bis ins Letzte festzustellen, nicht über denjenigen für das Fehlen der Kausalität im unbestimmten Bereich.

Man könnte auch versuchen, den dargelegten unbefriedigenden Zustand dadurch aufzulösen, daß man „außerphysikalisch" durch „außerhalb der erforschten physikalischen Dimensionen stehend" ersetzt. Man würde damit einerseits dem einheitlichen Aufbau der Welt Rechnung tragen, andererseits aber auch die völlig von allem anderen verschiedene Art des Bewußtseins berücksichtigen. Ein konsequentes Durchdenken dieser Idee führt aber zu folgendem Schluß: Entweder handelt es sich bei den neuen Dimensionen um erforschbare oder um nicht erforschbare Gebiete. Tertium non datur. Sind sie erforschbar, so besteht eine der Physik (im konventionellen Sinn) zugängliche Brücke zwischen den bekannten und den noch unbekannten Dimensionen. Dann ist die Zusammenfassung der alten mit der neuen Physik zu einem umfassenden Lehrgebäude nur noch eine Frage der Zeit und unserer Forscherintelligenz. Damit ist die scheinbar neue Lösung auf die rein materialistische des vorangehenden Abschnittes zurückgeführt. Sind dagegen die neuen Dimensionen ihrem Wesen nach nicht erforschbar, führt also keine Brücke von unserer Physik zu ihnen hin, so hat man es mit zwei verschiedenen, getrennten physikalischen Welten zu tun, zwischen denen sich das Problem des Transzendierens ebenso stellt wie zwischen einer physikalischen und einer außerphysikalischen. Man kann sich dann mit Fug fragen, warum auch die neue Welt (die vielleicht der Kausalität nicht in gleicher Weise untersteht wie die alte) als physikalisch bezeichnet wird. Mit anderen Worten: In diesem Fall ist die scheinbar neue Lösung auf die dualistische des vorliegenden Abschnittes zurückgeführt. Es zeigt sich also, daß es sich um eine Scheinlösung handelte.

Wie die materialistisch-kausalistische befriedigt also auch die dualistische Hypothese nicht vollständig: Sie trägt zwar der Besonderheit des Bewußtseins Rechnung, tut aber einem einheitlichen Weltbild Gewalt an.

## 9.4 Versuch einer Synthese

Man kann sich aber auch andere Vorstellungen vom Aufbau der Welt machen, die weder in einem materialistischen noch in einem dualistischen Rigorismus stehenbleiben. Man kann beispielsweise einräumen, das Bewußtsein (auch die Seele, das Ich) sei die Summe des Inhaltes der höheren Nervenzentren (ja vielleicht des ganzen Körpers), zugleich aber die Frage stellen, ob nicht schon auf viel tieferer Stufe, etwa in der lebenden Zelle, ja vielleicht schon im Atom und in seinen Teilen Eigenschaften vorhanden sind, die — und sei es auch in höchst rudimentärer Form — über das physikalisch Beschreibbare hinausgehen.

Eine solche Auffassung bedeutet eine weitgehende, unter Umständen vollständige gegenseitige Durchdringung des Physikalischen und des Außerphysikalischen, eine Durchdringung, bei der jedes Elementarteilchen „Sitz der Seele", also Träger zweier komplementärer Qualitäten ist und diese miteinander verbindet.

Zwei wichtige Fragen bleiben dabei offen, dürfen es aber auch im vorliegenden Zusammenhang, da beide eindeutig über den kybernetischen Problemkreis hinausgehen: Über die Gesetzmäßigkeiten der außerphysikalischen Schicht kann kaum etwas ermittelt werden, so daß auf dieser Stufe der Betrachtung keine Aussagen über Determinismus und Indeterminismus möglich sind. Desgleichen kann nicht festgestellt werden, ob die außerphysikalischen Bindungen so unabhängig von den physikalischen sind, daß sie auch ohne diese bestehen können. Mit anderen Worten: Die offen bleibenden Fragen sind die nach der Willensfreiheit und nach der Unsterblichkeit der Seele.

Die dargelegte Durchdringung eröffnet die Möglichkeit gegenseitiger Beeinflussung auf allen Stufen. Sie widerspricht somit nicht der Eigenart des Bewußtseins, stört aber auch nicht die physikalisch so wichtige Vorstellung vom einheitlichen Aufbau der Welt.

Es handelt sich also für das Bewußtsein nicht etwa um die passive Rolle eines wirkungslosen „Zuschauers". Allerdings ist die erwähnte „gegenseitige Beeinflussung auf allen Stufen" so zu verstehen, daß das Ausmaß der Beeinflussungsmöglichkeit äußerst stark vom Niveau abhängt, auf dem man sich befindet: Beim Einzeller kann sie als völlig vernachlässigbar gelten, selbst beim Säugetier erreicht sie nur ein sehr bescheidenes Maß und erst beim Menschen ist sie etwas ausgeprägter. Der Grad des bewußten Einflusses auf die Aktivität eines Wesens könnte schlechterdings als Maßstab seiner Stellung in der Welthierarchie betrachtet werden. Nicht umsonst hat AUGUSTINUS (benützte Ausgabe: 1927) dem göttlichen Wesen den Beinamen „Actus Purus" gegeben und damit die höchste Stufe bewußter Aktivität gemeint.

Parallel zu dieser Einflußnahme des Bewußtseins ist auch die ungeheuer wichtige Fähigkeit zur Freude und zum Leid einzustufen. Auch sie ist eindeutig irrational und dennoch eine Realität, die sich nicht in einer abnormalen Nervenreizung einfangen läßt. Wir berühren beide Schichten der Welt, wenn wir sagen: „Mein Bein schmerzt. Ich leide darunter."

Die Konzeption eines zweischichtigen, dabei aber nicht dualistisch getrennten, sondern eng zusammenhängenden Aufbaues der Welt kann letzten Endes bis zu PLATONs (benützte Ausgabe: 1938) Ideenlehre zurückverfolgt werden. Sie findet ihren Niederschlag im Pantheismus, wie ihn SPINOZA (benützte Ausgabe: 1914 bis 1922) entwickelt hat. Vor einigen Jahren hat der Vater des Verfassers (1950) eine ähnliche Auffassung zu formulieren versucht. In den phylogenetischen Betrachtungen des naturwissenschaftlich geschulten, allerdings auch konfessionell gebundenen TEILHARD DE CHARDIN (1950) klingen ebenfalls verwandte Töne an.

Fragt man im Rahmen der dargelegten Betrachtungsweise nach der Möglichkeit, einen Homunculus Gaudens Cybernetes zu bauen, so liegt die Antwort auf der Hand: Wer einen solchen Homunculus bauen will, muß ganz sicher zuerst eine lebende Zelle herzustellen wissen, was aber nur als notwendige, keineswegs als hinreichende Bedingung für das Fortschreiten zum Homunculus anzusehen ist. Mit anderen Worten: Sollte die Wissenschaft je die Hürde der lebenden Zelle mit synthetischen Mitteln zu nehmen lernen, so ist damit die Möglichkeit eines mit biologisch-technischen Mitteln hergestellten höheren Organismus noch nicht erwiesen. Das Gegenteil allerdings auch nicht schlechterdings.

In diesem Zusammenhang sei nochmals auf die Frage nach der Denkfähigkeit von Maschinen eingegangen. Für einen Homunculus Gaudens Cybernetes, ein wenigstens zum Teil mit lebenden Grundelementen bestücktes Gebilde (das getötet, also auch ermordet werden kann), wäre das Wort Denken ohne Anführungszeichen zu schreiben (im Gegensatz zum Homunculus Sapiens Cybernetes des Abschnittes 8.3). Denn hier läge ein Denken wie beim Menschen vor: Verbunden mit Bewußtsein und mit den vielen irrationalen Zutaten (Werten, Freude, Leid usw.), die wir gemeinhin (meist unbewußt) mit einbeziehen, wenn wir vom Denken reden. In diesem Sinne denken könnte der Homunculus Gaudens Cybernetes aber nur darum, weil er eben keine Maschine mehr wäre, sondern ein Lebewesen. In der für diese

## 9.4 Versuch einer Synthese

Schrift gewählten Terminologie lautet die Antwort auf die gestellte Frage also: Maschinen können „denken", aber nicht denken.

Die Argumente zugunsten der hier entwickelten Hypothese sind naheliegend: Es besteht kein Widerspruch zum vorliegenden Wissen auf den berührten Gebieten. Der enge Zusammenhang zwischen Leib und Seele und vor allem der einheitliche Aufbau der Welt im physikalischen Sinn bleiben unangetastet. Gleichzeitig werden die Besonderheiten des Seelischen (das Bewußtsein, die Fähigkeit zu Freude und Leid, die Fähigkeit zum Erleben überhaupt) ebenfalls respektiert, ohne eine rigoristische Form des Transzendierens in Kauf nehmen zu müssen.

Auf der anderen Seite kann gegen den Urheber der Hypothese der Vorwurf erhoben werden, es sei bequem, die letzten Probleme auf ein außerphysikalisches, ja außerrationales Gebiet zu verschieben. Damit sei er der Notwendigkeit enthoben, sich gegen allfällige Einwände mit rationalen Mitteln zu verteidigen, sondern könne die Hände „bis zum Beweis des Gegenteiles" (einem Beweis, der gar nie zu erbringen sein wird, weil ein Beweis seinem Wesen nach rational sein muß) in den Schoß legen.

Diese Situation konnte aber gar nicht ausbleiben. Denn eine bis zu den letzten Konsequenzen geführte Betrachtung der Kybernetik muß zwangsläufig auch zur Frage nach dem Außerrationalen vordringen. Ebenso zwangsläufig muß die Stellungnahme zum Außerrationalen (das ja rational weder bewiesen noch verworfen werden kann) Bekenntnischarakter tragen. Und wenn das Bestehen eines Außerrationalen anerkannt wird, so muß die Ratio sich damit abfinden.

In Abwandlung einer bekannten Redensart könnte man sagen: „La raison doit accepter les raisons qu'elle ne comprendra jamais."

> It is in the nature of an hypothesis, when once a man has conceived it, that it assimilates every thing to itself, as proper nourishment; and, from the first moment in our begetting it, it generally grows the stronger by every thing you see, hear, read or understand. This is of great use.
>
> LAURENCE STERNE
> (The life and opinions of Tristram Shandy gentleman)

## 10. Schlußbemerkungen

Die Kybernetik ist eine junge Wissenschaft.

Sie ist in mancher Hinsicht auch eine erfolgreiche Wissenschaft: Sie hat in kurzer Zeit ein ungeheueres Feld menschlichen Wissens aus einem Mosaik spezieller Fachkenntnisse zu einem strukturierten (wenn auch nicht homogenen) Gebilde zusammengefügt. Sie hat weite Perspektiven in bisher unbekannte Gebiete geöffnet.

Sie ist auch eine faszinierende Wissenschaft: Denn sie befaßt sich mit Problemen, die die Menschheit zum Teil schon seit Urzeiten in Atem gehalten haben und etwas vom Zauber eines Steines der Weisen an sich tragen.

Gerade darum sollte man bestrebt sein, sie vor dem Absinken in den Stand einer fragwürdigen Wissenschaft zu bewahren.

Die größte Gefahr liegt in der Notwendigkeit, die weiten Strecken mangelnden gesicherten Wissens mit Arbeitshypothesen zu überbrücken. Dabei stützen sich die Widerlager dieser Brücken keineswegs immer beiderseits auf soliden Grund, sondern sind teilweise selber auf die ungewisse Tragkraft anderer Brücken angewiesen. Mit anderen Worten: Man steht noch nicht einmal vor einem vollständigen morphologischen Schema der Möglichkeiten [im Sinne von ZWICKY (1959)] und sieht sich dennoch schon veranlaßt, eine Wahrscheinlichkeitsaussage über die von der Natur in einem konkreten Fall gewählte Lösung zu machen. Trotzdem haben solche Hypothesen häufig die Eigenschaften, die ihnen das boshafte Zitat am Eingang dieses Abschnittes nachsagt: Es bedarf nur weniger bestätigender Feststellungen, um aus dem „es könnte so sein" ein verfrühtes „es ist so" zu machen.

Besonders verführerisch ist in dieser Hinsicht die Überbewertung der Analogien zwischen organischen und technischen Datenverarbeitungssyste-

## 10. Schlußbemerkungen

men. Etwas simplifiziert könnte man behaupten, unser gesichertes Wissen um diese Analogien beschränke sich auf die Erkenntnis der Möglichkeit fundamentaler Datenverarbeitungsfunktionen des Ne sowie auf die Feststellung von Leistungen des Organismus, die schwerlich anders als durch das Vorhandensein datenverarbeitender Mittel erklärbar sind.

Von da an bis zur Behauptung, jede geistige Leistung, ja das Bewußtsein und das Seelische schlechthin sei nichts als das Resultat einer — allerdings imposanten — von der Natur betriebenen Computer-Entwicklung, ist es ein großer Schritt. Dieser Schritt wurde aber dennoch zu wiederholten Malen und ohne große Bedenken getan, mit dem Resultat, daß die Kritik sich oft in einer Weise meldete, die das Kind wiederum mit dem Bade auszuschütten drohte (Beispiele wurden im Abschnitt 8.3 erwähnt), allerdings gewissermaßen auf die andere Seite der Badestube.

Wenn der Verfasser den ganzen Saum des zurückgelegten Weges fast bis zum Überdruß mit Warnungstafeln (Aufschrift meist „Black Box!" oder „Nescismus!") gespickt hat, so war dies nichts als eine Konsequenz aus den soeben angestellten Überlegungen.

So sei es denn gestattet, diese Betrachtungen mit einer Rekapitulation der wichtigsten Probleme zu schließen, die heute der Lösung harren: Wir wissen zu wenig über die Einzelheiten der Synapsentätigkeit; wir wissen zu wenig über die Entstehung neuer oder Aktivierung untätiger Synapsen; wir wissen zu wenig Sicheres über die Art der Informationsspeicherung im Gedächtnis; wir haben noch keine einzige datenverarbeitende Neuronenschaltung von einiger Bedeutung, geschweige denn eine solche für „Denkoperationen", vollständig analysieren können.

Die Schwierigkeiten, die der umfassenden Lösung dieser Aufgaben im Wege stehen, sind so enorm, daß es des Bewußtseinsproblems gewiß nicht bedarf, um den Forschern auch auf weite Sicht höchst anspruchsvolle Ziele zu setzen.

# Literatur

Hinweise auf Literaturstellen sind im Text durchwegs in Klammern gesetzt, wobei jeder Hinweis zumindest das Jahr des Erscheinens, nötigenfalls den Autor, gelegentlich auch eine kurze Bemerkung umfaßt [Beispiel: „(siehe FUKUSHIMA, 1970)"]. Autornamen sind nur dann mit nachgestellten Anfangsbuchstaben versehen, wenn dies zur Unterscheidung bei gleichen Familiennamen erforderlich ist. Sind mehrere Publikationen eines Autors im gleichen Jahr erschienen, so wird dem betreffenden Jahrgang bei der ersten Publikation ein „a", bei der zweiten ein „b" usw. nachgestellt. Bei Sammelwerken werden die Namen der Herausgeber mit einem „Ed." versehen.

AISERMAN/GUSSEW/ROSONOER/SMIRNOVA/TAL. Logik, Automaten, Algorithmen. München/Wien 1967 (aus dem Russischen).
AKERT/WASER (Ed.) et al. Mechanisms of synaptic transmission. Amsterdam 1969.
AKERT/WIESENDANGER/VILLOZ/DUMERMUTH. Computeranwendung in der Hirnforschung. Neue Züricher Zeitung 3. 4. 1968.
ALBERS/LUDWIG. Kybernetische Aspekte der Wärmetachypnoe. Kybernetik 4, Heft 3, 1968.
ANDERSEN. Correlation of structural design with function in the archicortex. In: Brain and conscious experience (Ed. Eccles). Berlin-Heidelberg-New York: Springer 1966.
ANDERSEN. A memory storage model utilizing special correlation functions. Kybernetik 5, Heft 3, 1968.
ANKE/HOESCHELE.Einfache Erkennungsgeräte für die gesprochenen Zahlen Null bis Neun. Kybernetik 4, Heft 6, 1968.
ASHBY. Design for a brain. New York 1952.
ASHBY. General system theory and the problem of the black box. In: Regelungsvorgänge in lebenden Wesen. München 1961.
ASHBY. What is mind? In: Theories of the mind (Ed. Scher), New York/London 1962.
ATTNEAVE. Informational aspects of visual perception. Psychol. Rev. 61, 183, 1954.
AUGUSTINUS. Des heiligen Augustinus Bekenntnisse. Jena 1927.
BARLOW. The information capacity of nervous transmission. Kybernetik 2, Heft 1, 1963.
BARLOW. Trigger features, adaptation, and economy of impulses. In: Information processing in the nervous system (Ed. Leibovic). Berlin-Heidelberg-New York: Springer 1969.

BECKER. Zur Berechnung statistisch schwankender Impulsfolgen und ihrer Überlagerung. Kybernetik 3, Heft 4, 1966.
BENNET/CALVIN. Failure to train planatarians reliability. Neurosciences Research Bulletin 11, 1964.
BISHOP/KEEHN. Neural correlates of the optomotor response in the fly. Kybernetik 3, Heft 6, 1967.
BOOLE. The mathematical analysis of logic, Oxford 1951 (Original 1847).
BOSSOM. The effect of brain lesions on prism adaptation of monkey. Psychon. Sci. 2, 1965.
BROOKES/WISE. Requirements for adequate learning models in self-optimizing control systems. Proc. 3rd IFAC Congress, 1, Paper 14 c, London 1966.
BUNNING. The physiological clock. Berlin-Heidelberg-New York: Springer 1967.
CHAMBERS/COURTNEY-PRATT. Bibliography on holography. Jour. Soc. Mot. Pictures and Television 75, April 1966.
COUSTEAU. Auch Taucher sind schuld, wenn Haie für sie lebensgefährlich werden. Tier 11, Heft 6, 1971.
DESCARTES. Philosophische Werke. Leipzig 1908 bis 1919.
DIGMAN/SPORN. Molecular theories of memory. Science 144, 1964.
DÜCHTING. Krebs, ein instabiler Regelkreis. Kybernetik 5, Heft 2, 1968.
ECCLES. The physiology of nerve cells. Baltimore 1957.
ECCLES. The physiology of synapses. Berlin-Göttingen-Heidelberg: Springer 1964.
ECCLES. Cerebral synaptic mechanisms. In: Brain and conscious experience (Ed. Eccles). Berlin-Heidelberg-New York: Springer 1966 a.
ECCLES. Conscious experience and memory. In: Brain and conscious experience (Ed. Eccles). Berlin-Heidelberg-New York: Springer 1966 a.
ECCLES. The dynamic loop hypothesis of movement control. In: Information processing in the nervous system (Ed. Leibovic). Berlin-Heidelberg-New York: Springer 1969.
ECCLES/KRNJEVIC/MILEDI. Delayed effects of peripheral severance of afferent nerve fibres on the efficacy of their central synapses. Journ. Physiol. 145, London 1959.
ECCLES/MCINTYRE. The effects of disuse and of activity on mammalian spinal reflexes. Journ. Physiol. 121, London 1953.
ECCLES (Ed.) et al. Brain and conscious experience. Vatikan 1965 und Berlin-Heidelberg-New York: Springer 1966.
EDDINGTON. The nature of the physical world. New York 1928.
ENGELER/SPEISER. Zur Analogie zwischen einer elektronischen Rechenmaschine und dem Gehirn. Vierteljahresschrift der Naturforschenden Gesellschaft Zürich, Heft 1, Zürich 1964.
ERISMANN, T. H. Digitale Integrieranlagen (DDA) und semidigitale Methoden. In: Digitale Informationswandler (Ed. Hoffmann). Braunschweig 1962.
ERISMANN, T. H. Zwischen Technik und Psychologie. Berlin-Heidelberg-New York: Springer 1968.
ERISMANN, T. H. Industrielle Organisation und Kybernetik. Industrielle Organisation 38, Heft 7, 1969.
ERISMANN, T. P. Das Werden der Wahrnehmung. Bericht Kongr. Berufsverb. dt. Psychol. 1947, Hamburg 1948.
ERISMANN, T. P. Denken und Sein. Wien 1950.

ERISMANN, T. P. Allgemeine Psychologie III. Göschen 833. Berlin 1962.
ERISMANN, T. P./KOHLER/SCHEFFLER. Verkehrte Welten (Film). Wien 1957.
FACK. Die Impulsübertragung im Nervensystem. In: Impulstechnik. Berlin-Heidelberg 1956.
FERMI/REICHARDT. Optomotorische Reaktionen der Fliege Musca domestica. Kybernetik 2, Heft 1, 1963.
FINDLER. An information processing theory of human decision making under uncertainty and risk. Kybernetik 3, Heft 2, 1966.
FISCHER. Vergleichende Pharmakologie von Überträgersubstanzen in tiersystematischer Darstellung. Handbuch der exp. Pharmakologie XXVI, Berlin-Heidelberg-New York: Springer 1971.
FLECHTNER. Grundbegriffe der Kybernetik. Stuttgart 1966.
FRANK. Kybernetische Grundlagen der Pädagogik. Baden-Baden 1960.
FREYGANG. Some functions of nerve cells in terms of an equivalent network. Proc. Inst. Radio Eng. 47, 1959.
v. FRISCH. Tanzsprache und Orientierung der Bienen. Berlin-Heidelberg-New York: Springer 1965.
FUKUSHIMA. A feature extractor for curvilinear patterns. Kybernetik 7, Heft 4, 1970.
FUKUTOME/TAMURA/SUGATA. An electric analogue of the neuron. Kybernetik 2, Heft 1, 1963.
FOURTES. Initiation of impulses in the visual cell of limulus. Journ. Physiol. 148, 1959.
FURMAN. Comparison of models for subtractive and shunting lateral inhibition in receptor-neuron fields. Kybernetik 2, Heft 6, 1965.
GABOR. A new microscopic principle. Nature (Lond.) 161, 1948.
GABOR. Associative holographic memories. IBM Journ. Res. Develop. 13, Heft 2, 1969.
GAINES/ANDREAE. A learning machine in the context of the general control problem. Proc. 3rd. IFAC Congress, 1, Paper 14 b, London 1966.
GAZE. Regeneration of the optic nerve in xenopus laevis. Quart. Journ. exp. Physiol. 44, 1959.
GEORGE. Inductive machines and the problem of learning. Cybernetica 2, 1959.
GIULIANO. How to find patterns. Science and Technology, Februar 1967.
GLEES. Ist das Gedächtnis strukturell disponiert? Umschau 62, 1962.
GLEES. Wie arbeitet unser Gehirn? Universitas 21, 1966.
GÖTZ. Optomotorische Untersuchung des visuellen Systems einiger Augenmutanten der Fruchtfliege Drosophila. Kybernetik 2, Heft 2, 1964.
GÖTZ. Die optischen Übertragungseigenschaften der Komplexaugen von Drosophila. Kybernetik 2, Heft 5, 1965.
GÖTZ. Flight control in drosophila by visual perception of motion. Kybernetik 4, Heft 6, 1968.
GÖTZ/GAMBKE. Zum Bewegungssehen des Mehlkäfers Tenebrio Molitor. Kybernetik 4, Heft 6, 1968.
GRANIT. Sensory mechanisms in perception. In: Brain and conscious experience (Ed. Eccles). Berlin-Heidelberg-New York: Springer 1966.
GRENIEWSKI. Cybernetics without mathematics. Warschau-London 1960.

GRÜSSER/GRÜSSER. Die Signalübertragung durch Nervenzellen. Dt. med. Wschr. **88**, Heft 21/22, 1964.
GRÜSSER/HELLNER/GRÜSSER. Die Informationsübertragung im afferenten visuellen System. Kybernetik **1**, Heft 5, 1962.
GRÜSSER/KLINKE (Ed.) et al. Zeichenerkennung durch biologische und technische Systeme. Berlin-Heidelberg-New York: Springer 1971.
HAMMING. Error detecting and error correcting codes. Bell Syst. Techn. **26**, April 1950.
HARMON. An artificial neuron. Science **129**, 1959.
HARMON. Studies with artificial neurons I. Kybernetik **1**, Heft 3, 1961.
HARTH/BEEK/PERTILE/YOUNG. Signal stabilisation and noise suppression in neural systems. Kybernetik **7**, Heft 3, 1970.
HARTLINE. Inhibition of activity of visual receptors by illuminating nearby retinal elements in the limulus eye. Fed. Proc. **8**, 1949.
HARTLINE/WAGNER/MACNICHOL. The peripheral origin of nervous activity in the visual system. Cold Spr. Harb. Sympos. quant. Biol. **17**, 1952.
HASSENSTEIN. Modellrechnung zur Datenverarbeitung beim Farbensehen des Menschen. Kybernetik **4**, Heft 6, 1968.
HASSENSTEIN/REICHARDT. Drei Aufsätze über Bewegungswahrnehmung und Autokorrelationsauswertung. Zeitschr. Naturforschg. **11**, Heft 9/10, 1956; **12 b**, Heft 7, 1957; **13 b**, Heft 1, 1958.
HAUSKE. Ein elektronisches Funktionsmodell für Verhaltensweisen eines Fisches. Kybernetik **3**, Heft 1, 1966.
HAUSKE. Stochastische und rhythmische Eigenschaften spontan auftretender Verhaltensweisen von Fischen. Kybernetik **4**, Heft 1, 1967.
HEBB. The organisation of behaviour. New York 1949.
HEITLER. Der Mensch und die naturwissenschaftliche Erkenntnis. Braunschweig 1966 a.
HEITLER. Ist ein lebender Organismus eine Maschine? Technische Rundschau **58**, Nr. 53, 1966 b.
HELD. Exposure history as a factor in maintaining stability of perception and coordination. Journ. Nerv. Ment. Dis. **132**, 1961.
HELD/HEIN. Movement-produced stimulation in the development of visually guided behaviour. Journ. Comp. Physiol. Psychol. **56**, 1963.
HELMHOLTZ. Die Lehre von den Tonempfindungen. Braunschweig 1863, 1865 und 1870.
HENN. The history of Cybernetics in the 19th century. In: Zeichenerkennung durch biologische und technische Systeme (Ed. Grüsser/Klinke). Berlin-Heidelberg-New York: Springer 1971.
HESS, R. Das Gedächtnis als biologisches Organisationsproblem. Neue Zürcher Zeitung 3. 11. 1963.
HILBERT/ACKERMANN. Grundzüge der theoretischen Logik. Berlin 1938.
HILTZ. Artificial neuron. Kybernetik **1**, Heft 6, 1963.
HODGKIN/HUXLEY. A quantitative description of membrane current and its application to conduction and excitation in nerve. Journ. Physiol., London 1952.
HOFFMAN. Memory grows. Kybernetik **8**, Heft 4, 1971.
HOLUBÁR. The sense of time. M. I. T. Press **12**, 1969.

HUBEL/WIESEL. Receptive fields of single neurons in the cat's striate cortex. Journ. Physiol. 148, 1959.

HUBEL/WIESEL. Shape and arrangement of columns in cat's striate cortex. Journ. Physiol. 165, 1960.

HUBEL/WIESEL. Receptive fields, binocular interaction and functional architecture in the cat's visual cortex. Journ. Physiol. 160, 1962.

HUBEL/WIESEL. Receptive fields of cells in striate cortex of very young, visually inexperienced kittens. Journ. Physiol. 26, 1963.

HYDÉN. Biochemical changes in glial cells and nerve cells at varying activity. In: Proceedings 4. Internat. Congr. Biochemistry (Ed. Hoffmann), Band 3, London 1959.

HYDÉN. Biochemistry of CNS cells during learning. Goeteborg 1966.

JAMES. The principles of psychology. New York 1890.

JENIK. Electronic neuron models as an aid to neurophysiological research. Ergebn. Biol. 25, 1962.

JENIK/HOEHNE. Über die Impulsverarbeitung eines mathematischen Neuronenmodelles. Kybernetik 3, Heft 3, 1966.

KANT. Gesammelte Schriften. Bände 3, 4, 5, 7, 17 und 18, Berlin 1910 bis 1966.

KATZ. Nerve, muscle, and synapse. New York 1966.

KIRSCHFELD/REICHARDT. Die Verarbeitung stationärer optischer Nachrichten im Komplexauge von Limulus. Kybernetik 2, Heft 2, 1964.

KLAUS. Kybernetik in philosophischer Sicht. Berlin 1961.

KOHLER. Gestaltbegriff und Mechanismus. Festschrift Ehrenfels. Darmstadt 1960.

KOHLER. Pawlow und sein Hund. Kybernetik 1, Heft 1, 1961.

KOHLER. Interne und externe Organisation in der Wahrnehmung. Psychologische Beiträge 6, Heft 3/4, 1962.

KOHLER. The formation and transformation of the perceptual world. Psychol. Issues 3, Heft 4, 1964.

KOHLER. Die Zusammenarbeit der Sinne und das allgemeine Adaptationsproblem. In: Handbuch der Psychologie (Ed. Metzger) I, Göttingen 1966.

KOTTENHOFF. Was ist richtiges Sehen mit Umkehrbrillen und in welchem Sinne stellt sich das Sehen um? Psychologia Universalis 5, 1961.

KREIL/SCHWEIZER. Der Mensch als Regler. Regelungstechnik 16, Heft 2, 1968.

KÜPFMÜLLER. Die Vorgänge im Regelsystem mit Laufzeit. Arch. elektr. Übertrag. 7, 1953.

KÜPFMÜLLER. Informationsverarbeitung durch den Menschen. Nachrichtentechn. Zeitschr. 12, 1959.

KÜPFMÜLLER/JENIK. Über die Nachrichtenverarbeitung in der Nervenzelle. Kybernetik 1, Heft 1, 1961.

LANDGRAF/SCHNEIDER. Elemente der Regelungstechnik. Berlin-Heidelberg-New York: Springer 1970.

LASHLEY. Studies in cerebral functions in learning. Arch. Neurol. Psychiat. 12, 1924.

LASHLEY. The problem of central organisation in vision. In: Visual mechanisms (Ed. Klüver). Biol. Sympos. 7, 1942.

LEIBOVIC (Ed.) et al. Information processing in the nervous system. Berlin-Heidelberg-New York: Springer 1969.

LEIBOVIC/SABAH. On synaptic transmission, neural signals, and psychophysiological phenomena. In: Information processing in the nervous system (Ed. Leibovic). Berlin-Heidelberg-New York: Springer 1969.

LETTVIN. Form-function relations in neurons. MIT Res. Lab. Electronics Quart. Progr. Rept. 66, 1962.

LILLIE. The passive wire model of protoplasmic and nervous transmission and its physiological analogues. Biol. Ref. 11, 1936.

LONGUET-HIGGINS. The non-local storing and associative retrieval of spatio-temporal patterns. In: Information processing in the nervous system (Ed. Leibovic). Berlin-Heidelberg-New York: Springer 1969.

LORENZ. Er redete mit dem Vieh, den Vögeln und den Fischen. Wien 1949.

MACKAY. Anomalous responses as clues to visual organization. Pasadena 1960.

MACKAY. Cerebral organisation and the conscious control of actions. In: Brain and conscious experience (Ed. Eccles). Berlin-Heidelberg-New York: Springer 1966.

MACKAY. The human touch. In: Zeichenerkennung durch biologische und technische Systeme (Ed. Grüsser/Klinke). Berlin-Heidelberg-New York: Springer 1971.

MARKO. Die Theorie der bidirektionalen Kommunikation. Kybernetik 3, Heft 3, 1966.

v. MATT. Der Schachtürke. Neue Zürcher Zeitung 11. 4. 1971.

MATTHEWS. Muscle spindles and their motor control. Physiol. Rev. 44, 1964.

MAYNE. Some engineering aspects of the mechanism of body control. Electr. Engineering 70, 1951.

MAZZETTI/MONTALENTI/SOARDO. Experimental construction of an element of thinking machine. Kybernetik 1, Heft 4, 1962.

McCULLOCH/PITTS. A logical calculus of the ideas immanent in nervous activity. Bull. Math. Biophys. 5, 1943.

McKEAN/POPPELE/ROSENTHAL/TERZUOLO. The biologically relevant parameter in nerve impulse trains. Kybernetik 6, Heft 5, 1970.

MENZEL. Theorie der Lernsysteme. Berlin-Heidelberg-New York: Springer 1970.

MEYER-EPPLER. Grundlagen und Anwendungen der Informationstheorie. Berlin-Heidelberg-New York: Springer 1969.

MILNER. A neural mechanism for the immediate recall of sequences. Kybernetik 1, Heft 2, 1961.

MINSKY. Theory of neural-analog reinforcement systems and its application to the brain-model problem. Dissertation, Princeton 1953.

MITTELSTAEDT. Regelungsvorgänge in der Biologie. München 1956.

MITTELSTAEDT. Sinn und Wert einer Kybernetik des Zeichenerkennens. In: Zeichenerkennung durch biologische und technische Systeme (Ed. Grüsser/Klinke). Berlin-Heidelberg-New York: Springer 1971.

MORUZZI. The functional significance of sleep with particular regard to the brain mechanisms underlying consciousness. In: Brain and conscious experience (Ed. Eccles). Berlin-Heidelberg-New York: Springer 1966.

MOUNTCASTLE. Modalities and topographic properties of single neurons of cat's sensory cortex. Journ. Neurophysiol. 20, 1954.

MOUNTCASTLE. The neural replication of sensory events in the somatic afferent system. In: Brain and conscious experience (Ed. Eccles). Berlin-Heidelberg-New York: Springer 1966.

v. MURALT. Die Signalübermittlung in Nerven. Basel 1946.

v. NEUMANN. Die Rechenmaschine und das Gehirn. München 1960.
NEWELL/SIMON. Computers in psychology. In: Handbook of mathematical psychology (Ed. Luce et al.). Band I, New York 1960.
NISHI/KOKETSU. Electrical properties and activities of single synaptic neurons in frogs. J. cell. comp. Physiol. 55, 1960.
OPPELT. Kleines Handbuch technischer Regelvorgänge. Weinheim 1960.
PALMIERI/WANKE. A pattern recognition machine. Kybernetik 4, Heft 3, 1968.
PAPI. La luna come fattore di orientamento degli animali. Bull. Istit. Mus. Zool. Universit. Torino 4, Heft 1 bis 4, 1954.
PAPI/PARDI. Nuovi reperiti sull'orientamento di Talitrus saltator. Zeitschr. vergl. Physiol. 41, 1959.
PARDI. L'orientamento astronomico degli animali. Bollet. di Zoolog. 24, Heft 8, 1957.
PAWLOW. Conditioned reflexes. London 1927.
PENFIELD. Speech, perception and the uncommitted cortex. In: Brain and conscious experience (Ed. Eccles), Berlin-Heidelberg-New York: Springer 1966.
PENFIELD/RASMUSSEN. The cerebral cortex of man. New York 1950.
PERKEL. A digital computer model of nerve-cell functioning. Memorandum RM-4132-NIH (Ed. The Rand Corp.), Sta. Monica 1964.
PETERS. Die Psychiatrie der Gedächtnisstörungen unter informationspsychologischen Gesichtspunkten. Kybernetik 4, Heft 3, 1968.
PFLUGER. Optische Leser für elektronische Datenverarbeitungsanlagen. Neue Zürcher Zeitung 26. 4. 1971.
PIEWINGER. Regelungstechnik für Praktiker. Düsseldorf 1966.
PLATO. Hauptwerke. Leipzig 1938.
PLATT. Functional geometry and the determination of pattern in mosaik receptors. Pergamon Press, New York 1958.
POE. Maelzel's chess player, Richmond 1836.
PREUSS. Some fundamental aspects of information dynamics. Kybernetik 4, Heft 3, 1968.
RAIBLE/GIBSON. A computer study of learning control system. Proc. 3rd. IFAC Congress, Paper 14 e, London 1966.
RANKE. Physiologie des Zentralnervensystems vom Standpunkt der Regelungslehre. München-Berlin 1960.
RASHEVSKY. Mathematical biophysics. Chicago Univ. Press 1938.
REICHARDT. Visual detection and fixation of objects by fixed flying flies. In: Zeichenerkennung durch organische und technische Systeme (Ed. Grüsser/Klinke). Berlin-Heidelberg-New York: Springer 1971.
REICHARDT/MCGINTIE. Zur Theorie der lateralen Inhibition. Kybernetik 1, Heft 4, 1962.
RICCIARDI/UMEZAWA. Brain and physics in many-body problems. Kybernetik 4, Heft 2, 1967.
ROSENBLUETH/WIENER/BIGELOW. Behaviour, purpose, and teleology. Philosophy and science 10, 1943.
RÖVER. Einführung in die selbsttätige Regelung. Essen 1966.
RUNGE. Können Maschinen denken? Neue Zürcher Zeitung, 16. 6. 1965.

SCHAEFER. Psychosomatic problems of vegetative regulatory functions. In: Brain and conscious experience (Ed. Eccles). Berlin-Heidelberg-New York: Springer 1966.
SCHAEFER. Die Automatik des Lebens. Berlin-Frankfurt-Wien 1967.
SCHMIDT, H. Regelungstechnik. ZVDI 85, Heft 4, 1941.
v. SEELEN. Zur Informationsverarbeitung in homogenen Netzen von Modellneuronen. Dissertation TU Hannover 1968.
v. SEELEN. Die Anwendung von Inhibitionsfeldern bei Mustererkennung im visuellen System der Wirbeltiere. In: Zeichenerkennung durch organische und technische Systeme (Ed. Grüsser/Klinke). Berlin-Heidelberg-New York: Springer 1971.
SELFRIDGE. Pandemonium: A paradigm for learning. In: Mechanisation of thought processes (Ed. Minsky). NPL Symp. 10, London 1959.
v. SENDEN. Space and sight. London 1960.
SHANNON. A mathematical theory of communication. Bell Syst. techn. 27, 1948.
SHANNON. Computers and automata. Proc. Inst. Radio Eng. 41, 1953.
SHANNON/WEAVER. Mathematical theory of communication. Univ. of Illinois Press. Urbana 1949.
SHERRINGTON. The integrative action of the nervous system. New Haven-London 1906.
SHERRINGTON. Man on his nature. Cambridge Univ. Press 1940.
SIMON/NEWELL. Information processing in computer and man. Carnegie Inst. Paper 67, 1964.
SPERRY. Mechanisms of neural maturation. In: Handbook of experimental physiology (Ed. Stevens). New York 1951.
SPERRY. Brain bisection and mechanisms of consciousness. In: Brain and conscious experience (Ed. Eccles). Berlin-Heidelberg-New York: Springer 1966.
SPINOZA. Sämtliche Werke. Leipzig 1914 bis 1922.
SPRENG/KEIDEL. Neue Möglichkeiten der Untersuchung menschlicher Informationsverarbeitung. Kybernetik 1, Heft 6, 1963.
SPRICK. Ein Verfahren zur Zeichenerkennung. Nachrichtentechn. Fachber. 14, 1958.
STACHOWIAK. Denken und Erkennen im kybernetischen Modell. Berlin-Heidelberg-New York: Springer 1965.
VAN STEENIS. The IBM 1275 recognition system and its developments. In: Zeichenerkennung durch organische und technische Systeme (Ed. Grüsser/Klinke). Berlin-Heidelberg-New York: Springer 1971.
STEINBUCH. Automatische Zeichenerkennung. Nachrichtentechn. Zeitschr. 11, Heft 4/5, 1958.
STEINBUCH. Die Lernmatrix, Kybernetik 1, Heft 1, 1961 a.
STEINBUCH. Automat und Mensch. Berlin-Göttingen-Heidelberg: Springer 1961 b.
STEINBUCH. Bewußtsein und Kybernetik. In: Kybernetik — Brücke zwischen den Wissenschaften (Ed. Frank). Frankfurt 1962.
STEINBUCH/FRANK. Nichtdigitale Lernmatrizen als Perzeptoren. Kybernetik 1, Heft 3, 1961.
STRATTON. Vision without inversion of the retinal image. Psychol. Rev. 4, 1897.
TANZI. Fatti e la induzione nell'odierna istologia del sistema nervoso. Rev. sperimentale Freniat. 19, 1893.
TAUBE. Computers and common sense. Columbia Univ. Press, New York, 1966.

TÄUMER/SCHLIER/SCHMID C./SCHUPP. Die Abhängigkeit der Reaktionszeit von der zeitlichen Folge optischer Reize. Kybernetik 7, Heft 5, 1970.
TEILHARD DE CHARDIN. Le phénomène humain. Paris 1950.
TERHARDT. Beitrag zur automatischen Erkennung gesprochener Ziffern. Kybernetik 3, Heft 3, 1966.
TERZUOLO/BAYLY. Data transmission between neurons. Kybernetik 5, Heft 3, 1968.
TEUBER. Alterations of perception after brain injury. In: Brain and conscious experience (Ed. Eccles). Berlin-Heidelberg-NewYork: Springer 1966.
THOENEN/MUELLER/AXELROD. Transsynaptic induction of adrenal tyrosyne hydroxylase. Journ. Pharm. Exp. Therapeut. 169, Heft 2, 1969.
THOMPSON. Digital techniques for the analysis of postsynaptic potentials. Dissertation Univ. Texas. Dallas 1969.
TRUXAL. Entwurf automatischer Regelsysteme. München 1960.
TURING. Can a machine think? In: The world of mathematics. New York 1956.
UHLEMANN/V. SEELEN. Eigenschaften von Nervenimpulsfolgen. Kybernetik 6, Heft 5, 1970.
UNGER. Die Kybernetik und die Verantwortung des Menschen für sein Bewußtsein. Technische Rundschau 59, Hefte 44, 45, 46, 1967.
VAPNIK/LERNER/CHERVONENKIS. Learning machines and pattern recognition on the basis of generalized portraits. Proc. 3rd. IFAC Congress 1, Paper 14 f, London 1966.
VARJÚ. Nervöse Wechselwirkungen in der pupillomotorischen Bahn des Menschen. Kybernetik 3, Heft 5, 1967.
VOSSIUS. Der sogenannte „innere" Regelkreis der Willkürbewegung. Kybernetik 1, Heft 1, 1961.
WAGNER, F. (Ed.) et al. Menschenzüchtung. München 1969.
WALTER. The living brain. London 1957.
WEIDEL. Kybernetik und psychophysisches Grundproblem. Kybernetik 1, Heft 4, 1962.
WEISS, K. Gibt es eine Analogie zwischen einer elektronischen Rechenmaschine und dem Gehirn? Vierteljahresschrift der Naturforschenden Gesellschaft Zürich, Heft 4, Zürich 1963.
WEISS, P. The problem of specificity in growth and development. Yale Journ. Biolog. Med. 19, 1947.
WESTLAKE. The possibilities of neural holographic processes within the brain. Kybernetik 7, Heft 4, 1970.
WEVER. Theory of hearing. New York 1949.
WIELAND/PFLEIDERER. Molekularbiologie. Frankfurt 1967.
WIENER. Cybernetics. MIT Press 1948 und 1961.
WIENER. The human use of human beings. Boston 1950.
WILLIS. Plastic neurons as memory elements. Proc. of the Internat. Conf. on Informat. Processing, Paris 1959.
ZEMANEK. Elementare Informationstheorie. München 1959 a.
ZEMANEK. Regelungsvorgänge in lebenden Wesen. MTW-Mitteilungen 6, Wien 1959 b.
ZEMANEK. Lernende Automaten. In: Taschenbuch der Nachrichtenverarbeitung (Ed. Steinbuch). Berlin-Göttingen-Heidelberg: Springer 1962 a.

ZEMANEK. Automaten und Denkprozesse. In: Digitale Informationswandler (Ed. Hoffmann). Braunschweig 1962 b.

ZORKOCZY. Cybernetic models of pattern sensitive units in the visual system. Kybernetik 3, Heft 3, 1966.

ZWICKER. Über ein einfaches Funktionsmodell des Gehörs. Acustica 12, Heft 1, 1962.

ZWICKER. A program for automatic speech recognition. In: Zeichenerkennung durch organische und technische Systeme (Ed. Grüsser/Klinke). Berlin-Heidelberg-New York: Springer 1971.

ZWICKER/HESS, W./TERHARDT. Erkennung gesprochener Zahlworte mit Funktionsmodell und elektronischer Rechenanlage. Kybernetik 3, Heft 6, 1967.

ZWICKY. Morphologische Forschung. Winterthur 1959.

# Namen- und Sachverzeichnis

Jedem Stichwort sind die Nummern der Abschnitte des Buches beigefügt, auf die das betreffende Wort sich bezieht. Die gleichen Nummern finden sich zur Erleichterung des Suchens am oberen Rand jeder Seite. Bei Literaturstellen mit mehreren Autoren sind die Namen des zweiten und weiterer Autoren mit einem Pfeil (→) versehen, der auf den Namen des ersten Autors hinweist.

Abtasten (Gesichtsfeld) 6.6
Abtasten (Gestalten) 6.4
Abtastvorrichtung 6.1, 7.3
ACKERMANN → HILBERT
Addition 3.3, 3.4, 4.2
AISERMAN 4.1, 7.3
AKERT 3.1, 8.2
Akustische Gestalten 6.7
ALBERS 7.3
ALVAREDES 5.3
Analog-digitale Natur (Ne) 4.3
Analoge Funktionsweisen 3.3, 3.4
ANDERSEN 3.3, 3.4, 5.7
ANDREAE → GAINES
ANKE 6.7
Anwendungen (Kybernetik) 8.2
Artgedächtnis 5.3
ASHBY 2.3, 4.1, 5.4, 7.1, 8.3, 9.2, 9.3
Assoziativer Zugriff 5.5 bis 5.9
ATTNEAVE 5.2, 7.4
Aufbau (Ne) 3.1
AUGUSTINUS 9.4
AXELROD 5.2, → THOENEN
Axon 3.1

BARLOW 3.3, 5.2, 7.4
BAYLY → TERZUOLO
BECKER 3.2
Bedingter Reflex 5.4, 5.5, 5.8
BEEK → HARTH
BENNET 5.3
Bewußtsein 1.1, 7.1, 9.1 bis 9.4
Bienen 4.5, 6.5, 7.5

BIGELOW → ROSENBLUETH
Binäres System 4.2
BISHOP 4.1
Bit 5.1
Black Box 4.1, 7.1, 7.4, 10
Blinde (Sehhilfe) 8.2
Blindenschrift 6.2
BOOLE 4.2, 8.3
BOSSOM 5.4, 7.5
BRAILLE 6.2
Brillenversuche 7.5
BROOKES 5.4
BUNNING 4.5
BURIDAN 4.4, 6.1

CALVIN → BENNET
CHAMBERS 5.7
CHAPLIN 7.3
Chemische Speicher 5.3
CHERVONENKIS → VAPNIK
Chromosome 5.3
Cogito ergo sum 9.2
Computerbau 8.2
Conjunctio rerum omnium 5.8
Corpora mammillaria 5.1
COURTNEY-PRATT → CHAMBERS
COUSTEAU 6.1

Datenaustausch (Zentren) 7.2
Datenverarbeitung (Ne) 3.1, 3.3, 3.4
Dauergedächtnis 5.1, 5.8
Definition (Gestalt) 6.1
Definition (Kybernetik) 2.1

# Namen- und Sachverzeichnis

Dendriten 3.1
Denken 1.1, 8.3
Denkmaschine 8.3
DESCARTES 9.2, 9.3
Determinismus 9.2
Diagonalmatrix 5.7
Differentiation 4.5
Digital-analoge Natur (Ne) 4.3
Digitale Funktionsweisen 3.3, 3.4, 4.2, 4.3
DIGMAN 5.3
Disjunktion 4.2
Doppel-Helix 5.3
Drosophila 7.4
DÜCHTING 7.3
DUMERMUTH → AKERT

ECCLES 3.1, 3.3, 3.4, 4.1, 4.3, 5.2, 5.3, 7.3, 9.2
EDDINGTON 9.2, 9.3
Eigenschaften (Ne) 3.1
Einfache Ne 7.4
Einheitliche Signale 3.1
Ekphoration 5.3, 5.9
Elementarschaltung 4.4
ENGELER 8.3
Engramm 5.3, 5.9
ERISMANN T. H. 4.3, 4.5, 6.1, 6.6, 7.3
ERISMANN T. P. 6.6, 7.5, 9.2, 9.4
Erkennungskriterien (Gestalten) 6.1 bis 6.5
Erregung (Ne) 3.1

Facettenauge 6.5
FACK 4.3
Farbensehen 7.4
FERMI 4.1
Fesselflug 7.4
Feuern (Ne) 3.1
Feuerzeit 3.1
FINDLER 4.1, 7.6
Fische 7.6
FISCHER 3.1
FLECHTNER 3.1, 4.4, 5.3, 7.6, 8.3, 9.2
Fliegerabwehr 2.3
Flip-Flop 5.1
Flügelschub 7.4
Flugstabilisation 7.4
Forschung (Stand) 2.3, 7.7

FRANK 5.2, → STEINBUCH
FREUD 7.1
Freude 9.4
FREYGANG 3.1
v. FRISCH 4.5, 6.5, 7.5
Frischgedächtnis 5.1
FUKUSHIMA 4.1, 6.3, 6.5, 6.6, 7.4
FUKUTOME 3.1
Funktionsgenerator 4.3
Funktionstüchtigkeit (Gedächtnis) 5.5
Funktionsweisen (Ne) 3.3, 3.4, 4.3
FUORTES 4.1
FURMAN 4.4

GABOR 5.7
GAINES 5.4
GAMBKE → GÖTZ
Gasanalyse 6.6
GAZE 5.2
Gedächtnis 5.1 bis 5.9
Gedächtnis (Organisation) 5.6 bis 5.9
Gedächtnis (Speicher) 5.1, 5.2, 5.3
Gedächtnis (Versuche) 5.8
Gegentaktverstärker 4.4
GEORGE 5.4
Geruchsinn 6.6
Geschwindigkeitsmessung 4.5
Gesichtsfeld 8.2
Gesichtssinn 6.1 bis 6.6, 7.4
Gestalt 6.1
Gestalterkennung 6.1 bis 6.7, 7.4
GIBSON → RAIBLE
GIULIANO 8.3
Glaukom 8.2
GLEES 5.1, 5.3
GÖTZ 4.1, 7.4
GRANIT 4.4, 6.6
GRENIEWSKI 4.2
Größe (Gestalt) 6.1
Grundoperationen 4.2
GRÜSSER 3.2, 3.3, 4.3, 6.1, 6.5
GUSSEW → AISERMAN

HAMMING 5.8
HARMON 3.1
HARTH 6.5
HARTLINE 4.1, 4.4, 8.1
HASSENSTEIN 4.1, 4.5, 7.4
HAUSKE 7.6

Hebb 6.2
Hein → Held
Heitler 8.3
Held 6.6, 7.5
Hellner → Grüsser
Helmholtz 6.7
Hemmung (Ne) 3.1
Henn 2.3
Hess R. 5.3
Hess W. → Zwicker
Hibernierung 5.1
Hierarchie (Zentren) 7.2
Hilbert 4.2
Hiltz 3.1
Hintergrund 6.1
Hippocampus 5.1
Hodgkin 3.1
Hoehne → Jenik
Hoeschele → Anke
Hoffman 5.2, 5.7
Holographie 5.7
Holubár 4.5
Homunculus gaudens 9.1 bis 9.4
Homunculus sapiens 8.3
Hornussen 2.3
Hubel 4.1, 5.2, 6.3, 6.5, 6.6, 7.4
Huxley → Hodgkin
Hydén 5.3
Hyperkomplexe Ne 7.4

Ich 7.1, 9.2
Impulsfolgen 3.1, 3.3
Impulsfrequenzen 3.3, 3.4
Indeterminismus 9.3
Informationstheorie 4.3
Inhibition (lateral) 4.4, 6.5
Innere Uhr 4.5, 7.5
Integration 4.5
Intramolekulare Speicher 5.3
Invarianzen 6.5

James 9.2
Jenik 3.1, → Küpfmüller

Käfer 4.5
Kannphase 5.6
Kant 9.3
Kapazität (Gedächtnis) 5.2
Katz 3.1

Kausalismus 9.2
Keehn → Bishop
Keidel → Spreng
Kirschfeld 4.1, 6.5
Klaus 8.3
Kleinkrebse 4.5
Klinke → Grüsser
Kohärentes Licht 5.7
Kohler 5.6, 6.1, 6.6, 7.5, 7.6, →
  Erismann T. P.
Koinzidenzvergleich 5.7, 6.2, 6.6
Koketsu → Nishi
Koma 5.1
Komplexe Ne 7.4
Konjunktion 4.2
Korsakowsches Syndrom 5.1
Kottenhoff 7.5
Kreil 4.1
Krnjevic → Eccles
Küpfmüller 3.1, 3.2, 4.4, 7.3, 8.3
Kurssteuerung 7.4

Landgraf 4.3, 7.3
Lashley 5.3
Laterale Inhibition 4.4, 6.5
Laufzeitschaltung 4.4
Laufzeitspeicher 5.1
Leibnitz 4.2
Leibovic 3.1
Leib-Seele-Problem 1.1, 9.1 bis 9.4
Leid 9.4
Lernen 5.4, 5.5
Lernenswerte Information 5.8
Lerner → Vapnik
Lernfähige Ne 5.2
Lernfähige Synapsen 5.2
Lernmatrix 5.6
Lernphase 5.6
Lesegeräte 6.2, 6.4
Lettvin 4.4
Lillie 3.2
Limbisches System 5.1, 5.8
Logische Operationen 4.2
Longuet-Higgins 5.7
Lorenz 5.3
Ludwig → Albers

MacKay 6.2, 6.6, 7.6, 9.2, 9.3
MacNichol → Hartline

Namen- und Sachverzeichnis 201

MARKO 5.6, 7.2, 7.6
v. MATT 7.6
MATTHEWS 7.3
MAYNE 4.1
MAZZETTI 3.1, 3.2, 5.2
MCCULLOCH 3.1
MCGINTIE → REICHARDT
MCKEAN 3.3
MCINTYRE → ECCLES
Medizinische Anwendungen 8.2
MENZEL 5.4
Meßtechnik 7.4, 8.1
Metamathematik 8.3
Metaorganisation 9.3
MEYER-EPPLER 4.3
MILEDI → ECCLES
MILNER 4.5, 5.9
MINSKY 3.1
MITTELSTAEDT 4.1, 6.1
Modell (Ne) 3.1, 3.2, 3.3
Molekularbiologie 5.3
MONTALENTI → MAZZETTI
Morphologie 10
MORUZZI 3.3
MOUNTCASTLE 4.1, 6.5
MUELLER → THOENEN
Multiplikation 3.3, 3.4, 4.2
v. MURALT 4.3
Muskelsinn 6.6

Nachbild 6.6
Naheliegend 5.5, 5.8
Negation 4.2
Negationssperrung 3.3, 3.4
Nervenzelle 3.1
v. NEUMANN 5.2
Neuron 3.1
Neuronenmodelle 3.1, 3.2, 3.3
Neuronenschaltungen 4.1 bis 4.5, 7.4
NEWELL 4.1, 7.6, → SIMON
NISHI 3.1
Nuklein 5.3

Oder-Tor 4.2
Ommatidien 6.5, 7.5
OPPELT 4.3
Optomotorisches System 7.4
Orientierung (Raum) 4.5, 7.5

PALMIERI 6.4
PAPI 4.5
PARDI 4.5, → PAPI
Pattern 6.1
Pattern recognition 6.1 bis 6.7
PAWLOW 5.4
PENFIELD 7.2, 8.2, 9.3
PERKEL 3.1
PERTILE → HARTH
PETERS 5.1, 5.9
PFLEIDERER → WIELAND
PFLUGER 6.4, 6.6
Phylogenese 4.3
PIEWINGER 4.3, 7.3
PITTS → MCCULLOCH
PLATO 9.4
PLATT 6.4
POE 7.6
Polarisationsmuster 7.5
POPPELE → MCKEAN
PREUSS 6.6
Protein 5.3
Psychologie 1.1
Psychosomatisches Problem 1.1, 9.1 bis 9.4

RAIBLE 5.4
RANKE 7.3
RASHEVSKI 5.1
RASMUSSEN → PENFIELD
Ratten 5.3
Redundanz 5.7, 6.2, 6.4
Refraktärzeit 3.1
Regelgröße 7.3
Regelkreise 7.3
Regler 7.3
REICHARDT 6.5, 7.4, → FERMI, → HASSENSTEIN, → KIRSCHFELD
Relaisverstärker 3.3
Rezeptoren 6.1
Rezeptorfelder 6.6, 7.4
Ribonuklein 5.3
RICCIARDI 7.2
Roboter 8.3
ROSENBLUETH 2.3
ROSENTHAL → MCKEAN
ROSONOER → AISERMAN
RÖVER 7.3

Rundfrage 5.8
RUNGE 5.5

SABAH → LEIBOVIC
SCHAEFER 4.1, 7.3, 9.2
Schaltungssynthese 4.1 bis 4.5, 7.4
SCHEFFLER → ERISMANN T. P.
SCHLIER → TÄUMER
SCHMIDT C. → TÄUMER
SCHMIDT H. 2.3
SCHNEIDER → LANDGRAF
SCHUPP → TÄUMER
Schwänzeltanz 7.5
SCHWEIZER → KREIL
Schwellensprung 3.3, 3.4
Seele 9.1 bis 9.4
v. SEELEN 3.1, 4.4, 6.6, 7.6, →
UHLEMANN
Sehhilfe (Blinde) 8.2
Sehnerv 6.6
SELFRIDGE 5.4
v. SENDEN 7.5
SHANNON 4.3, 5.4, 6.2, 7.6
SHERRINGTON 6.5, 9.2
SIMON 7.6, → NEWELL
Sinneskoordination 6.6, 7.5
Situationsnachbild 6.6
Situationstransformation 6.6
Sitz der Seele 9.1, 9.3
SMIRNOVA → AISERMAN
SOARDO → MAZZETTI
Sonnenkompaß 4.5, 7.5
Sonnenwinkel 7.5
Spangenglobus 4.5
Speicherkapazität 5.2
Speicherung 5.1 bis 5.4
SPEISER → ENGELER
SPERRY 5.2, 5.4, 9.2
Sperrzeit 3.3
SPINOZA 9.4
Spitzenleistungen 7.5
SPORN → DIGMAN
SPRENG 4.4, 6.7, 7.5, 8.1
SPRICK 6.4, 6.6
STACHOWIAK 7.6
Stand (Forschung) 2.3, 7.7
VAN STEENIS 6.2
STEINBUCH 5.4, 5.6, 6.2, 6.4, 6.6, 7.2, 7.6, 9.2

Stellglied 7.3
Stellgröße 7.3
Störgröße 7.3
STRATTON 7.5
Strudelwürmer 5.3
Suchbiene 7.5
SUGATA → FUKUTOME
Synapse 3.1
Synapsenaktivierung 5.2
Synapsenwachstum 5.2

TAL → AISERMAN
TAMURA → FUKUTOME
TANZI 5.2
Tastsinn 6.6
TAUBE 5.4, 8.3
TÄUMER 7.3
TAUSCHEGG 6.2
Teilgestalten 6.3, 6.6, 7.4
TEILHARD DE CHARDIN 9.4
TERHARDT 6.7, → ZWICKER
TERZUOLO 3.1, → McKEAN
TEUBER 5.4, 6.6, 7.2
THOENEN 3.1, 3.3, 5.3
THOMPSON 3.1
Tintenfische 6.6
TRUXAL 4.3, 7.3
TURING 8.3

Überschwellig 3.3
UHLEMANN 3.1
UMEZAWA → RICCIARDI
Umkehrbrillen 7.5
Und-Tor 4.2
UNGER 8.3
Unterschwellig 3.3

VAPNIK 5.4
VARJÚ 4.1, 7.3
Verantwortung 9.1
Vergessen 5.4, 5.5
Verhalten (Ne) 3.3
Verhaltensmodelle 7.6
Verzögerung 4.4
VILLOZ → AKERT
Volley-Verfahren 6.7
Vorgeschichte 2.3
Vorhaltrechner 7.3

# Namen- und Sachverzeichnis

Vorzeichenumkehr 3.4
VOSSIUS 4.3

Wachstum (Synapsen) 5.2
WAGNER F. 5.3
WAGNER H. G. → HARTLINE
WALTER 7.6
WANKE → PALMIERI
WASER → AKERT
WEAVER → SHANNON
WEIDEL 9.2
WEISS K. 8.3
WEISS P. 5.2
WESTLAKE 5.7
WEVER 3.3, 6.7
Wiedererkennen 6.1
WIELAND 5.3
WIENER 2.3, 5.1, 5.9, 6.4, 6.5, 6.6, 8.2, → ROSENBLUETH
WIESEL → HUBEL

WIESENDANGER → AKERT
WILLIS 5.2
WISE → BROOKES
Wissenslücken 8.1, 10

YOUNG → HARTH

Zählen 4.5
Zeitmessung 4.5
Zellkörper 3.1
Zellmembran 3.1
ZEMANEK 4.1, 4.3, 5.4, 6.2, 7.3, 7.6, 9.2
Zentrieren (Gestalt) 6.6
Zielsetzung 1.1, 1.2
ZORKOCZY 4.1
Zündschwelle 3.1, 3.3
Zündspannung 3.1, 3.3
ZWICKER 6.7
ZWICKY 10

If you have any concerns about our products,
you can contact us on
ProductSafety@springernature.com
In case Publisher is established outside the EU,
the EU authorized representative is:
Springer Nature Customer Service Center GmbH
Europaplatz 3, 69115 Heidelberg, Germany
Printed by Libri Plureos GmbH
in Hamburg, Germany

MIX
Papier aus verantwortungsvollen Quellen
Paper from responsible sources
FSC® C105338
www.fsc.org
FSC